高等学校计算机专业规划教材

Network Plan and Design, Second Edition

网络规划与设计
（第2版）

尤国华　师雪霖　赵英　编著

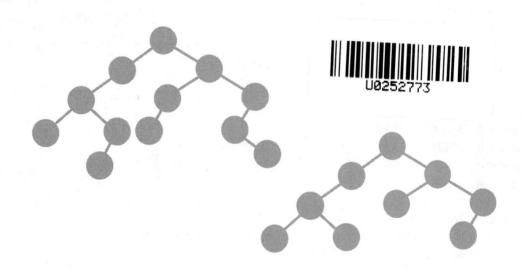

U0252773

清华大学出版社
北京

内 容 简 介

本书详细介绍了计算机网络规划和设计方面的知识，书中内容涵盖了计算机网络设计过程、网络生命周期、设计模型、具体实现技术、工程标准规范等各方面的技术以及网络安全、网络管理、基础网络服务等相关技术。本书还通过综合案例，详细展示了从需求分析、逻辑网络设计、物理网络设计、部署施工和验收的一系列网络建设过程，以及如何设计网络安全保障、网络管理策略，如何搭建网络基础信息服务等。

本书作者不但多年从事相关课程的教学工作，并且负责大学校园网规划与日常管理，具有丰富的实践工程经验。本书是学习和设计大型园区网络的实用指南，可供高等院校计算机及信息专业学生作为计算机网络课程之外的相关选修课教材，也可作为工程技术人员的参考手册。

图书在版编目（CIP）数据

网络规划与设计/尤国华，师雪霖，赵英编著. --2 版. --北京：清华大学出版社，2016（2021.11重印）
高等学校计算机专业规划教材
ISBN 978-7-302-43598-3

Ⅰ. ①网… Ⅱ. ①尤… ②师… ③赵… Ⅲ. ①计算机网络－网络规划－高等学校－教材 ②计算机网络－网络设计－高等学校－教材 Ⅳ. ①TP393

中国版本图书馆 CIP 数据核字（2016）第 082049 号

责任编辑：龙启铭
封面设计：何凤霞
责任校对：时翠兰
责任印制：杨 艳

出版发行：清华大学出版社
    网 址：http://www.tup.com.cn，http://www.wqbook.com
    地 址：北京清华大学学研大厦 A 座   邮 编：100084
    社 总 机：010-62770175   邮 购：010-83470235
    投稿与读者服务：010-62776969，c-service@tup.tsinghua.edu.cn
    质量反馈：010-62772015，zhiliang@tup.tsinghua.edu.cn
    课件下载：http://www.tup.com.cn，010-83470236
印 装 者：三河市少明印务有限公司
经 销：全国新华书店
开 本：185mm×260mm   印 张：14   字 数：327 千字
版 次：2012 年 12 月第 1 版 2016 年 7 月第 2 版 印 次：2021 年 11 月第 8 次印刷
定 价：29.00 元

产品编号：067875-01

前言

　　网络规划与设计课程近年来在越来越多的高校里作为计算机高年级本科生专业选修课开设。如何引导学生在计算机网络理论知识的基础上掌握网络规划设计方法，熟悉网络建设实施的相关工程标准，是教学的重点和难点。

　　与软件工程课程类似，网络规划与设计课程也应首先介绍方法论：即网络生命周期、网络规划设计建设步骤、设计模型等，其次针对每一步细节具体展开。本书以设计方法论为主体，减少对计算机网络基本知识的重复介绍，重点突出设计方法论，补充工程标准内容。

　　全书共12章，从基本设计方法论开始，深入讲解相关技术及工业标准，每章都保证理论和实用性紧密结合，并在最后一章给出一个大型网络设计实例。

　　第1章"网络设计"主要讲述网络生命周期、进行网络需求分析的方法、衡量网络性能的技术指标以及设计模型与方法。

　　第2章"局域网设计"主要涉及以太网相关标准、网络设备、传输介质原理及物理布线技术。具体包括局域网(LAN)概述、以太网(Ethernet)技术、网络互连设备、交换式网络、网络传输介质、虚拟局域网(VLAN)、局域网布线及测试。

　　第3章"广域网接入设计"主要介绍常见的接入Internet技术及其原理。

　　第4章"IP地址和路由规划"介绍网络地址规划、层次化地址模型、路由协议原理及如何选择配置路由协议，尤其是增加了IPv6技术介绍，包括如何实现从IPv4到IPv6迁移、IPv6地址管理等。

　　第5章"无线局域网设计"介绍无线传输介质和无线网标准，以及如何设计无线局域网并保证其安全，尤其介绍了移动通信原理、移动通信技术发展(包括4G技术)等。

　　第6章"网络前沿发展与应用"介绍网络技术发展趋势及其最新应用，包括下一代互联网、三网融合、物联网和云计算等。

　　第7章"网络安全设计"介绍网络安全背景和风险降低技术，以及如何实现模块化安全设计。

　　第8章"服务质量(QoS)"介绍QoS的基本概念、实现方法以及QoS设计的指导方针。

　　第9章"网络管理"介绍网络管理概念、系统体系结构、网络管理协议以及网络管理策略。

第 10 章"网络应用服务设计"介绍基本网络应用服务的实现技术和配置管理方法：包括域名系统(DNS)、Web 服务器、FTP 服务器和邮件系统等。

第 11 章"网络调试运行和验收"介绍网络工程实施中的相关法规、实施流程、工业标准和现状等。

第 12 章"网络规划与设计案例"以一个大型机构为案例背景，介绍了从逻辑网络设计到物理设计和网络相关服务设计等。

附录 A 和附录 B 是学习本书的必要基础知识，介绍了网络互连设备和 Internet 各层数据包格式。缺乏相关背景的读者可先学习这两个附录，以便对全书的理解和掌握。授课教师可根据学生情况，酌情将附录 A 和附录 B 列为教学内容。

附录 C 是子网掩码速查表，可作为工程实践中的快速查找表。

附录 D 为全书中出现的英文缩略语全称及其相应的中文翻译，供读者参考。

希望通过本书的学习，读者不仅能理解基本的设计方法论，也能掌握相关技术与工业标准，更重要的是了解新技术的发展，为将来网络扩展融合打下基础。

编　者

目 录

第 6 章　网络前沿发展与应用　　/91

第1章

网 络 设 计

设计通常是指计划如何创建或建设某物,各领域内的设计往往都需要一定的方法,以满足目标要求。对于任何一个项目来说,优秀的设计需要好的输入——明确的需求,当然在设计过程中也要允许修改需求,还要有专业的技能来确定方案和具体实施方法。网络设计也是同样的。

本章介绍网络设计基本过程、网络生命周期以及衡量网络性能的技术指标,重点介绍网络设计的基本方法论与模型。层次化设计模型是模块化网络设计中的常用模型,在实际工程中应用较为广泛。

1.1 什么是网络设计

在学习网络实际方法论和具体相关技术之前,需要对网络设计有直观的了解。什么是网络设计? 网络设计要解决什么问题,达到什么目标? 相信通过以下 3 个由小到大不同规模的网络规划设计案例,读者就能有一个初步印象。

1.1.1 案例一：家庭区域网络设计

目前 Internet 已经接入千家万户,网络设施建设与电话、有线电视一样成为家庭装修必不可少的弱电项目。如何满足多个家庭成员在不同房间的上网需要,这就是家庭区域网络(Home Area Network,HAN)设计要解决的问题。确定每个家庭成员的需求后,选择合适的 Internet 接入服务(如 ADSL、小区宽带服务等),选择合适的网络设备(集线器或路由器),采取双绞线布线或无线网络信号覆盖的方式保证各房间均有网络接入点,即完成了 HAN 基础设施的搭建,如图 1.1 所示。

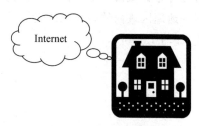

图 1.1　HAN 设计场景

在此基础上,还要考虑设计相应的管理策略和安全策略,例如,配置路由器 DHCP 策略,如采用无线局域网时,是否需要加密等。至此才能算是完成了一个 HAN 的规划设计。

1.1.2 案例二：小型局域网设计

在家庭区域网络设计的基础上,如果再复杂一些,需要为更多用户提供上网服务,必须配置更专业的网络互连设备(如交换机、路由器等),此时就是一个局域网(Local Area Network,LAN)设计问题了,如图 1.2 所示。

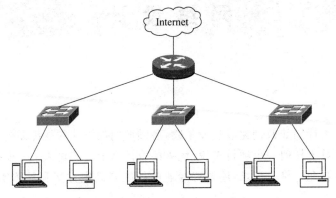

图 1.2 小型 LAN 设计场景

对于这样的小型局域网,除了要像 HAN 规划设计一样,选择合适的 Internet 接入服务,采取物理布线或无线网络信号覆盖的方式保证用户在需要的办公场所均能上网,它与 HAN 最大的区别是:由于接入的主机更多,为了网络性能、管理和安全的需要,必须分层次或者分区域设计。图 1.2 所示的网络拓扑图就体现了层次化设计的特点,多个主机通过多个交换机汇聚后接入核心层路由器;而不再像 HAN 一样只有一个路由器,所有节点都接在上面。

1.1.3 案例三:大型局域网设计

与案例二相比,案例三的目标客户可能是大型企业或高等院校,需要为更大规模的用户提供网络服务。而且从地理分布上看,也超过了传统 LAN 的概念,如大学的多个园区可能分布在城市的不同位置,公司的多个分部可能在不同的城市甚至不同的国家。除了同一地理区域内的园区网络设计外,还要考虑地理位置分散的分部和总部之间的安全互连,如图 1.3 所示。

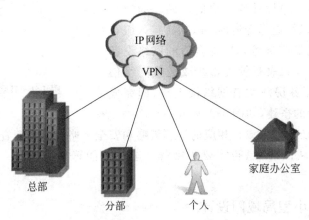

图 1.3 大型 LAN 设计场景

对于这样的大型局域网,总部和各分部都分别是一个 LAN,而两者之间还需要专线或 VPN(虚拟专用网)技术连接,为用户提供透明的网络互连服务。此外,还可能考虑为在家办公或出差的员工提供接入服务。由于网络覆盖的范围更广,需要服务的用户更多,对网络设备、安全和管理策略的要求也会更高,网络需要承载的应用服务也会更复杂,这些都是需要在网络规划与设计中解决的问题。

通过上面 3 个案例可以发现,网络设计要解决的基本问题是综合布线,即保证物理介质(包括有线或无线)覆盖到需要的区域;其次要解决网络通信问题,即采用某些网络设备、协议和软件等保证通信正常,有需要的话还要保证接入 Internet;最后则是针对网络所要承载的应用以及要服务的用户,制定合理的安全策略和管理策略,保证用户获得满意的服务质量。本章将介绍如何解决这些问题。

1.2　基　本　概　念

在开始计算机网络设计之前,还需要明确两个基本概念:首先,什么是一个完整的网络信息系统;其次,什么是网络生命周期。

1.2.1　网络信息系统体系架构

什么是一个完整的网络信息系统? 这绝不是单纯地用网线和网络设备把多台主机互连起来而形成的网络物理环境,这些基础设施仅仅是网络信息系统的底层而已。一个完整的网络信息系统体系架构如图 1.4 所示。

图 1.4　网络信息系统体系架构

从图 1.4 可以看出:基础设施(即综合布线)是整个架构的物理基础;第二层是计算机网络通信协议及服务,相当于软件标准基础;在此之上搭建基础网络服务,如数据库、网站服务(即 Web 系统)、文件传输(FTP)服务和电子邮件(E-mail)系统等。这三层构成了可满足一般用户的网络服务系统。但随着信息化技术的发展,越来越多的信息管理系统和信息服务系统不断涌现,它们均需要使用基础网络服务,并且对网络服务质量有一定的要求,在网络设计中必须考虑对这些信息系统的支持。因此第四层为办公自动化(OA)系统、网络电话(VoIP)、视频会议、电子商务、企业资源管理(ERP)系统等。

在这由下至上的四层中,均需要配套的网络管理机制与网络安全策略。因此,网络管理平台和网络安全平台是贯穿整个四层的支撑平台。网络管理平台和网络安全平台不仅包括相关设备,还包括协议、软件和策略等。由此构成一个完整的网络信息系统体系架构。

明确网络信息系统体系架构的概念对网络规划设计十分重要。完善的网络设计不能只关注物理线路的连通,更要考虑对用户信息服务的支持,而且安全、管理策略的设计与支持也是不可缺少的重要环节。

1.2.2 网络生命周期

与软件一样,网络也有生命周期。技术的升级换代、硬件的使用寿命限制、用户需求的不断增加,都导致一个网络无法永远使用下去。根据网络所经过的不同阶段,思科公司提出了规划-设计-实现-运行-优化(PDIOO)网络生命周期,并得到业界认可,如图 1.5 所示。

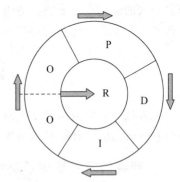

图 1.5 PDIOO 网络生命周期

- 规划(Planning):确定详细的网络需求,并检查现有网络。
- 设计(Design):根据初始的需求和对现有网络分析中所收集到的额外信息设计网络,并与用户一起改进设计方案。
- 实现(Implementation):根据得到认可的设计方案构建网络。
- 运行(Operation):网络开始运转,并且受到监测,这个阶段是设计方案的最终测试。
- 优化(Optimization):在这个阶段会发现和纠正一些问题,或者在问题出现之前,或者在发生故障之后。如果存在的问题太多,可能需要重新设计。
- 退役(Retire):虽然没包含在 PDIOO 中,但网络淘汰是不可避免的,当升级的代价等于甚至大于重新建设的成本时,则必须考虑网络退役。

PDIOO 循环过程描述了网络生命周期中的所有阶段,网络规划和设计是生命周期的两个重要部分,同时还会影响到其他各个阶段。

网络生命周期概念贯穿于整个网络设计实施过程中,根据用户期望的生命周期长短,并考虑网络的可扩展性、硬件使用寿命以及技术发展趋势等问题。

1.3 设 计 过 程

在 PDIOO 模型中,网络设计是生命周期的一个必要部分,同时还影响到其他各个阶段。广义的网络设计不仅是 PDIOO 模型中的一个阶段,而且是一个涵盖整个网络生命周期的工程过程,类似于软件工程,包括从需求分析到测试的一系列周期,即网络规划、设计与实施全过程,简称为网络设计过程。

典型的网络设计过程包括用户需求分析、逻辑网络设计、物理网络设计、部署网络、调试和验收,如图 1.6 所示。

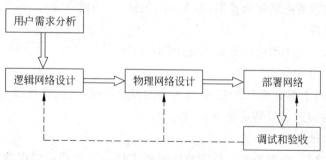

图 1.6　网络设计过程

图 1.6 所示过程中的各个任务往往是迭代循环的过程：每个任务为下一任务提供基础，但当前步骤发现问题时，往往需要回溯至上一步，直至回溯至第一步，重新改进，直到问题解决。下面将一一分析这些任务。

1.3.1　需求分析

需求分析属于 PDIOO 中的第一阶段，主要针对用户的现有网络及相关系统进行调研，明确用户目标、功能需求和应用需求等。需求分析是整个网络设计工程中最关键的一步，所获取的信息决定了下一步对整个网络架构的设计和资金投入的规模。这不仅需要有计算机网络技术的知识，还涉及商业和社会因素等各方面的问题。本书仅从技术方面加以介绍。

1. 需求调研

需求调研是为了真正了解用户建设网络的目的以及现有的基础和环境。具体调研手段包括问卷调查、用户访谈和实地环境考察等。其中的难题就是如何把用户模糊的要求转换为一个可实现、可测量的需求。比如，用户可能说新网络必须有助于降低总成本，则必须要明确用户是否意味着把某些电话业务迁移到网络上来减少成本。因此，作为网络专业设计人员，在需求调研中的重要任务就是合理引导用户表述出清晰、可行的需求。

需求调研应从技术上考虑以下内容。

（1）网络运行的应用程序。

（2）互联网联通性要求。

（3）地址的限制，比如是否使用私有 IPv4 地址。

（4）对 IPv6 的支持。

（5）在网络上运行的其他协议。

（6）物理布线的要求。

（7）冗余备份的要求。

（8）私有设备和私有协议的使用。

（9）必须支持现有的设备。

（10）用户要求的网络服务，包括服务质量和无线网络。

（11）怎样把安全特性集成到网络中去。

（12）用户要求的网络解决方案（如 VoIP、组播、存储网络等）。

（13）网络管理。

（14）在引入新应用的同时还必须支持现有应用。

（15）网络可用带宽。

针对每一种需求都必须有详细的、可实现的界定描述，而且要对每一项的重要性进行评估，以备发生冲突时尽量满足更重要的需求。

2．需求分析报告

在需求调研之后，需要形成一份完整的报告文档。该文档将详细地说明网络必须支撑的应用和达到的性能需求，文档大小视网络系统的规模而定。需求分析报告需要包含以下内容。

（1）网络调研和用户需求资料。

（2）网络预期方案设计描述。

（3）网络可行性分析及研究结论。

（4）网络使用寿命。

（5）网络可维护性、可管理性及可扩展性。

（6）网络运行方式描述。

（7）网络提供的应用和服务内容。

（8）网络支持的通信负载容量。

（9）系统需要的设备类型。

（10）成本/效益分析。

（11）风险预测。

（12）项目管理进度的具体安排等。

完善清晰的需求分析报告是下一步进行网络设计的依据。需求分析是设计者和用户交互的一个过程，任何一方的不投入都会导致项目的失败。但是，在网络设计、部署和调试运行过程中发生需求变更也是常见的。

1.3.2　逻辑网络设计

逻辑网络设计主要以网络拓扑结构设计和 IP 地址规划为主，另外还涉及网络管理和网络安全的设计。逻辑网络设计的第一步是设计网络拓扑结构，网络拓扑是标识网络分段、互连位置和用户群体的网络结构图，这种图的主要目的是显示网络的抽象结构，而不考虑实际地理位置和设备实现。如果用户网络的规模较大，设计网络拓扑结构时一般需要采用相应的设计模型分层和结构化设计。相关内容将在 1.4 节中介绍。

逻辑网络设计的第二步是 IP 地址规划和子网划分。根据用户所申请到的 IPv4/IPv6 地址空间以及需要接入网络的主机终端数量，决定使用相应策略：是使用静态地址设置、动态地址分配还是私有地址＋网络地址转换（NAT）。而且为了网络安全和管理的需要，往往需要划分不同的子网，确定子网个数和子网掩码等。相关内容将在第 4 章中介绍。

第三步是交换策略和路由协议的选择。交换策略的选择主要涉及是否需要划分 VLAN,如何设计冗余链路和配置生成树协议等。路由协议选择是指确定应采用哪种路由协议:在算法上应该简单而且适应网络拓扑结构的实时变化,应有稳定性、公平性和最佳的特点。这两方面内容分别在第 2 章和第 4 章加以介绍。

最后则是网络安全机制和网络管理策略的设计。过去的网络设计把网络连通性作为唯一目的,如今,健全的安全机制已成为网络设计中最重要也是最困难的任务之一:既要保证网络的高可用性、完整性和数据的机密性,又不能牺牲网络性能。网络管理在以前被认为是网络运行后的操作问题,而不是设计问题。但是如果一开始就考虑网络管理策略,就能避免设计完成后添加网络管理而引起的扩展和性能问题。相关内容将在第 7~9 章中介绍。

1.3.3 物理网络设计

物理网络设计是指选择具体的技术和设备来实现逻辑设计。这一任务具体包括局域网技术的选择、确定网络设备以及选择不同的传输介质(如双绞线、光纤或无线信号),此时需要确定网络设备型号、信息点的数量和具体地理位置,设计综合布线方案。这部分内容将在第 2 章中介绍。

另外,物理网络设计还包括选择广域网接入技术,实现接入 Internet,或者大型网络案例中地理位置分散很远的总部与分部之间的网络互连。这部分内容将在第 3 章中介绍。

1.3.4 部署网络

部署网络即是具体的施工建设,包括机房建设装修和综合布线。机房是核心网络设备和网络服务器的放置场所,对机房的标准化、规范化设计是十分必要的。机房建设主要包括温度和湿度的控制,防止静电(接地)、防雷、防晒,机房电源及 UPS 电源设计,机房地板承重设计等多项内容。机房建设同样是一门专业技术,本书不详细介绍。

网络工程的综合布线施工需要绘制建筑物平面图,标明建筑群间的距离,在确定每栋楼宇信息点数量和位置以及通信所用介质的基础上,规划好线缆走线方式(管道法或托架法),绘制布线施工图,确定具体用料,然后实行施工。综合布线系统(Premises Distribution System,PDS)是建筑技术与信息技术相结合的产物,是计算机网络工程的基础工程,它涉及很多跨学科方法和国家标准,不是本书的重点,第 2 章将简单介绍。

1.3.5 调试和验收

调试和验收是对网络工程质量的测试和检查。为了保证网络工程的质量,在网络布线施工过程中就需要进行大量的测试工作。布线测试分为连通测试和认证测试两类。连通测试一般是边施工边测试,主要监督布线质量和安装工艺,它是重要的施工环节。认证测试则是对布线系统的安装、电气特性、传输性能、设计、选材及施工质量的全面检查,是评价工程质量的科学手段。

网络系统建成后,往往需要 1~3 个月的试运行期,进行系统总体性能的综合测试。通过系统综合测试,一是为了充分暴露系统是否存在潜在的缺陷及薄弱环节,以便及时修复;二是要检验系统的性能是否达到设计标准要求。在此期间,可根据实际运行状态,针对原始设计方案进一步优化和改进。

网络建设项目成功完成的标志就是通过验收环节。往往由建设单位、监理单位、用户和相关专家组成验收小组,对所有建设内容进行实地验收。只有通过验收,确认建设内容与需求目标相符,工程质量达到设计标准要求,签发验收合格报告后,才标志着网络工程正式竣工。调试和验收内容将在第 11 章详细介绍。

1.4　技　术　指　标

许多用户希望自己能够规定所需要的网络性能水平或服务水平。这就需要一些具体的、可量化的技术指标来描述,这也是将来网络验收的衡量指标。这些性能指标包括网络带宽、吞吐量、差错率、网络时延和网络路由等,下面加以介绍。

1.4.1　网络带宽

网络带宽(bandwidth)是指给定时间内通过某个网络的信息量,它与网络的传输容量和传输能力是息息相关的。它具有如下特点。

(1) 带宽是有限的。即在给定物理网络环境下,其带宽是固定有限的。

(2) 带宽不是免费的。这体现在两个方面:首先,局域网内部带宽的大小取决于网络设备和传输媒介的性能,更大的带宽意味着更昂贵的成本;其次,如果接入 Internet,选择 Internet 服务提供商的不同,带宽接入服务所需的费用也不同,但自然是带宽越大费用越高。

(3) 带宽是决定网络性能的重要因素。普通用户对网络性能的要求往往体现在"快"上,能否满足用户的需求,带宽自然是首要决定因素。

(4) 用户对带宽的需求会快速增长。

带宽的基本单位是 b/s(比特/秒),即每秒通过网络的比特数。常用单位还有 Kb/s、Mb/s、Gb/s、Tb/s,换算关系如表 1.1 所示。

表 1.1　带宽单位换算

单　　位	换　算　关　系
b/s	带宽基本单位
Kb/s	$1Kb/s \approx 1000b/s(10^3 b/s①)$
Mb/s	$1Mb/s \approx 1\,000\,000b/s(10^6 b/s)$
Gb/s	$1Gb/s \approx 1\,000\,000\,000b/s(10^9 b/s)$
Tb/s	$1Tb/s \approx 1\,000\,000\,000\,000b/s(10^{12} b/s)$

---

① 严格来说在计算机专业领域,$1K = 2^{10} = 1024$,但在网络工程度量描述时,往往简略为 $1K = 1000$。

在设计网络中,决定带宽的因素主要包括传输介质和广域网接入方式。传输介质是指所选择的不同网络物理介质,如 3 类双绞线的传输率为 10Mb/s,而 5 类双绞线的传输率为 100Mb/s。广域网接入方式指的是局域网接入 Internet 的技术,如选择 ISDN 传输率是 128Kb/s,选择 ADSL 传输率是 1.544～8Mb/s。因此,在需求分析中,用户所需带宽决定着后续网络设计方案。

1.4.2 吞吐量

吞吐量(throughput)是指一组特定的数据在特定的时间段,经过特定的路径所传输的信息量的实际测量值。理想情况下吞吐量和带宽是相等的,但在实际网络通信中,由于网络处理性能、拥塞等各种因素,吞吐量是绝对小于带宽的。

衡量网络设备性能时,吞吐量往往使用每秒包数(Packet Per Second,PPS)、每秒事务数(Transaction Per Second,TPS)等作为单位。表示应用层的吞吐量,往往使用与带宽一样的单位,即 b/s 等。

影响应用层吞吐量的因素包括:计算机性能(包括用户客户端的计算机性能和用户所访问的服务器性能)、LAN 上其他用户的情况(如果多个用户同时使用网络,则吞吐量下降)、网络拓扑设计、传输的数据类型以及时间段等。

1.4.3 差错率

通过计算机网络相关模型协议我们已经知道,在数据链路层和网络层都存在差错控制。差错控制其实与网络传输的服务质量相关,不同的用户对服务质量的要求是不同的,选择的网络设备也不同,这样就关系到性价比。网络系统的主要设备是交换机和路由器,均为分组方式实现交换和转发,分组数据传输服务质量与用户业务和网络服务有关。

因此,在需求分析时,需要考虑到用户业务对差错率的要求,选择合适的网络设备、传输媒介和广域网接入方式。

1.4.4 网络时延

网络时延是指从发送方发送报文的第一个比特开始,到网络另外一端接收方接收到这个报文的最后一个比特为止所花费的时间。时延由 4 个部分组成:处理时延、排队时延、传播时延和传输时延。处理时延(processing delay)包括交换机或路由器等网络设备检查报文头并决定如何转发该报文的时间,这与网络设备的处理性能有关。排队时延(queue delay)是指报文在交换机或路由器等网络设备中进行排队的时延,排队时延是不固定的,它因网络的负载不同而变化,负载越大,排队时延越长。传播时延(propagation delay)是指信号在物理链路上的传播时间,传播时延通过距离除以传输速度计算得到。传输时延(transmission delay)是指从发送报文的第一比特开始,到发送完最后一比特为止所花费的时间,传输一个报文的时间取决于报文的大小和链路带宽。

影响网络时延的因素主要与网络设备和传输媒体有关。关于传输媒体,在网络系统工程中使用的是铜介质、光介质或无线信号,根据用户需求可以估算网络时延的大小,根据用户地理环境来确定选择哪类介质。网络时延既与网络设备的响应速度和处理分组数据的能力有关,也与设备的吞吐量指标有关。

1.4.5　网络路由

在 Internet 和企业内部网、局域网之间互连主要都是通过 IP 路由器实现的。路由器的主要功能就是负责接收各个网络入口的分组,并把分组从相应的出口转发出去。路由器使用各种路由协议,提供网络路径选择,并对流量和访问进行控制。

在网络需求分析时,依据用户需求和网络服务形式等确定网络间路由的选择,以及这种路由算法应采用哪种路由协议。目前,路由协议多种多样,所选择的路由协议在算法上应该简单而且能适应网络拓扑结构的实时变化,应该具有稳定性、公平性和最佳性的特点。具体路由协议的选择还得根据用户网络间的通信量和网络服务要求来确定。

1.5　设 计 方 法

一个好的网络设计必须能够体现客户的各种商业和技术需求,包括可用性、可扩展性、可付性、安全性和可管理性。而各种网络构建或升级需求会导致设计问题的复杂和重复,这就需要一种有效、有序的设计方法及相关模型。

在软件工程领域通常采用自底向上(如面向服务的软件设计方法)、自顶向下(模块化软件设计方法等)等各种设计方法。计算机网络设计通常采用自顶向下(Top-Down)的模块化设计方法,即从网络模型上层开始,直至底层,最终确定各模块,满足应用需求,如图 1.7 所示。

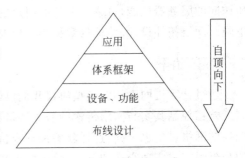

图 1.7　自顶向下的网络设计方法

自顶向下是一种模块化设计方法,对应到 OSI 网络七层参考模型,即先研究应用层、会话层和传输层的需求和功能,确定网络体系框架,然后设计、选择较低层的路由器、交换机和物理线路。根据某种设计模型将网络设计问题分割成多个模块,分别设计,模块之间确定标准接口,使它们互相匹配起来。将模块化设计方法应用于网络设计中有以下好处。

(1) 理解和设计较小且简单的模块比理解和设计整个网络更容易。

(2) 与整个网络相比,查明较小模块存在的故障更加容易。

(3) 模块重用可以节省花费在设计与实现上的时间和精力。

(4) 模块重用使网络更容易扩展,以保证网络的可扩展性。

(5) 修改模块比改动整个网络更加容易,由此带来设计的灵活性。

下面将介绍模块化网络设计中使用的两个模型:层次化模型和企业复合网络模型。前者广泛用于网络设计工程中,后者则经常作为层次化模型的补充出现在网络方案设计中。

1.5.1　层次化模型

层次化网络设计模型如图 1.8 所示。

层次化模型由外向内由接入层、分布层和核心层 3 个功能层组成。

- 接入层：为用户提供接入网络的服务，也称为访问层。
- 分布层：提供用户到核心层之间的连接，也称为汇聚层。
- 核心层：高速的网络骨干。

这 3 层也可以视为 3 个模块，每个模块都有特定的功能，设计网络时需要选择不同的网络设备满足这些需求。图 1.9 给出了一个从实际网络拓扑图到层次化模型的映射。

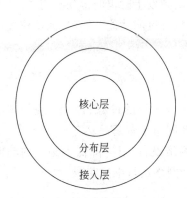

图 1.8　层次化网络设计模型

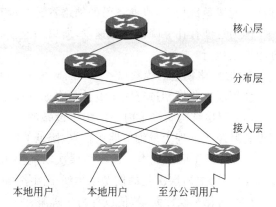

图 1.9　网络拓扑图到层次化模型的映射

使用层次化模型进行网络设计时，并不是每一层都需要有对应的网络设备。例如，对一个较小型的网络，所有用户直接接入核心层设备，此时就没有分布层。而设计大型网络时，接入点可能不是一台主机，而是一个分支网络，如图 1.9 所示，分公司网络接入主干网时，可认为它属于接入层的一个节点，但是针对分公司网络设计时，依然可使用层次化模型依次分为核心层、分布层和接入层来设计。下面分别对这 3 个层次进行讨论。

1．接入层

接入层又称访问层，是用户接入网络的地方，用户可以是本地的，也可以是远程的。接入层可以通过集线器、交换机、网桥、路由器和无线访问点为本地用户提供接入服务，也可以通过 VPN 技术让远程用户经 Internet 接入内部网络。

接入层往往需要有相应的策略来保证只有授权用户才可接入网络。

2．分布层

分布层又称汇聚层，是核心层和接入层之间的接口。分布层的功能和特性如下。

（1）通过过滤、优先级和业务排队来实现策略。

（2）在接入层和核心层之间进行路由选择。如果在接入层和核心层使用的路由协议不同，那么分布层负责在各路由协议之间重新共享路由信息，如果有必要，还需要对路由信息进行过滤。

（3）执行路由汇总。当路由被汇总后，路由器只需要在路由表中保存较少的汇总路由信息，这会使路由表变小，减少路由器查找路由表时间和对内存的需求。此外路由的更新信息也会减少,从而占用的网络带宽减少。

(4) 提供到接入设备和核心设备的冗余连接。

(5) 把多个低速接入的连接汇聚到高速的核心连接上,如果有必要,还需要在不同的传输介质之间转换。

3. 核心层

核心层提供高速的网络主干。核心层的功能和属性如下。

(1) 为了在骨干网上快速地传输数据,核心层应具有高速度、低延时的链路和设备。

(2) 通过提供冗余设备和链路使得网络不存在单点故障,从而实现高可靠的网络骨干。

(3) 使用快速收敛路由协议可以迅速适应网络变化。此外,路由协议还可以在冗余链路上配置负载均衡,以便备份的网络资源在没有网络故障发生时也能得到利用。

因为过滤往往会降低处理速度,所以一般核心层不执行过滤功能,而将过滤操作放在分布层上执行。

4. 层次化模型的优缺点

使用层次化模型进行网络设计具有如下优点。

(1) 三层结构减轻了内层网络主设备的负载。由于分布层的过滤和汇聚,使得核心层设备避免了处理大量细节路由信息,降低 CPU 开销和网络带宽消耗。

(2) 降低了网络成本。按不同层次功能要求选择网络设备,可以降低不必要的功能投入花费。此外,层次化的模型结构便于网络管理,降低网络运行维护花费。

(3) 简化了设计元素,使设计易于理解。

(4) 容易变更层次结构。局部升级不会影响其他部分,扩展方便。

但是使用层次化模型设计也存在局限性。处理大型复杂的网络设计时接入层往往容易引入设计错误。如上所述,每个接入点可能又是一个层次化拓扑子结构,随着网络复杂性提高,有可能将两个分支连接起来,如图1.10所示。

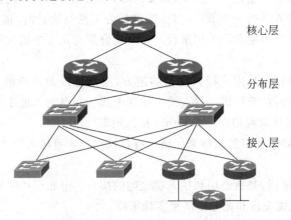

核心层

分布层

接入层

图 1.10 接入层的错误连接

这种错误会造成网络回环,如果没有配置合适的交换策略(如生成树协议)或路由协议,可能带来广播风暴、数据包丢失等严重错误,而且对编制网络文档和排错带来巨大麻烦。

此外,层次化模型很难体现不同的安全级别需求,如企业边界和企业园区往往需要不同的安全保护,而对应到三层模型上可能同样是接入层的一个节点而已。所以可以考虑选用或者配合使用其他网络设计模型,如接下来将要介绍的企业复合网络模型。

1.5.2 企业复合网络模型

企业复合网络模型也是一种模块化设计方法,它来自思科公司的 SAFE 模型(Security Architecture for Enterprise Networks),这个模型与层次化模型相比可以支持更大的网络,更为重要的是它阐明了网络中的功能界线。

企业复合网络模型把网络分成 3 个功能区,如图 1.11 所示。

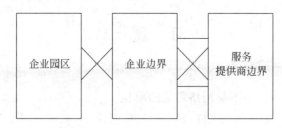

图 1.11 企业复合网络模型的功能区

这 3 个功能区如下所述:

- 企业园区:这个功能区包含了一个园区中独立运行网络所需的所有功能,但它不提供远程连接。一家企业可以有多个企业园区。
- 企业边界:这个功能区包含了企业园区与远程站点(包括 Internet、其他企业园区等)通信所需要的所有功能。
- 服务提供商边界:这个功能不是由企业实现的,而是用来表示服务提供商(ISP)所提供的与 Internet 连接的接入方式。

这 3 个功能区内部按照层次化模型的核心层、分布层和接入层来设计功能结构。企业园区主要包含了基础的网络设施。企业边界区是企业园区和服务提供商之间的接口,为了保证企业网的安全,往往需要在企业边界区设置防火墙。此外,为了使授权的远程用户能接入企业网,企业边界区经常需要设置虚拟专用网络(VPN)接口,这部分内容将在第 7 章中详细介绍。

服务提供商边界不是由企业实现的,但是网络设计时必须根据用户需求选择合适的服务提供商。为了确保服务的可用性,可以采用多个 ISP 服务冗余连接,具体内容将在第 4 章中详细介绍。

1.6 本章小结

本章首先介绍了网络信息系统体系架构和网络生命周期的概念。通过网络信息系统体系架构,明确网络设计不仅是简单的安置网络设备和布线,还需要网络通信协议规划、网络服务搭建、网络安全和网络管理策略设计,而且必须考虑用户网络所需支撑的应用系统。与软件一样,网络也具有生命周期的概念,设计时同样需要考虑时间周期需求。

广义的网络设计过程包括用户需求分析、逻辑网络设计、物理网络设计、部署网络以及调试和验收。每一阶段都需要完成特定的目标,在工程进展过程中有可能需要回溯至前一个乃至第一个阶段,保证最终达到用户目标。

设计过程中往往需要量化的和具体的技术指标,本章介绍了带宽、吞吐量、差错率、网络时延和网络路由等 5 个概念。

最后是本章的重点——设计方法,介绍了自顶向下的模块化设计方法,特别介绍了两个设计模型:层次化模型和企业复合模型。在逻辑网络设计阶段,需要选取相应的设计模型设计网络拓扑结构。本章是网络设计的方法论,从下一章开始将介绍具体实现技术和方法。

习   题   1

一、选择题

(1) 下列选项中( )不是网络带宽的单位。

    A. b/s   B. 比特/秒   C. Kb/s   D. MB

(2) 下列关于 PDIOO 的描述中( )不正确。

    A. PDIOO 是网络生命周期模型

    B. PDIOO 分别是 Planning、Design、Initialization、Operation 和 Optimization 的缩写

    C. PDIOO 代表了网络生命周期的规划、设计、实现、运行和优化

    D. 在 PDIOO 简写中,其实少包含了一项,即 Retire(退役)阶段

(3) 下列选项中( )是用于描述某种网络介质的吞吐能力的。

    A. 带宽(Bandwidth)   B. 基带(Baseband)

    C. 延迟(Delay)   D. 响应时间(Latency)

二、填空题

(1) 按照层次化网络设计模型,可以把网络分成 3 个功能层,分别是_____、_____和_____。

(2) 图 1.12 是网络设计过程模型图,A、B、C、D、E 分别表示相应的步骤。

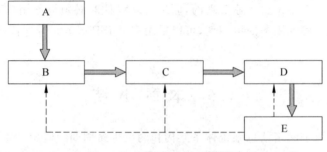

图 1.12　网络设计过程模型图

A 为_____,B 为_____,C 为_____,D 为_____,E 为_____。

三、思考题

（1）图 1.13 是某高校校园网改造的网络设计逻辑图。请根据图示分析该工程采用的是哪种设计模型，设计模型的各个层次分别对应图中的哪个部分。

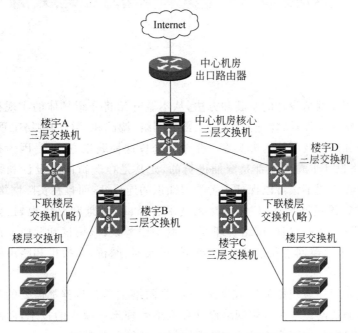

图 1.13　某高校校园网改造网络设计逻辑图

（2）比较网络设计过程与软件工程各个步骤的异同点，以及本章介绍的网络设计模型和常用软件设计模型的异同点。

第2章

局域网设计

第1章介绍了网络设计的步骤和方法,从本章开始将介绍具体的实现技术。本书没有严格按照逻辑网络设计、物理网络设计、部署网络、调试和运行的网络工程步骤来展开,而是根据各步骤所涉及的技术分类逐一介绍。选择这种编排方式,是因为在实际网络设计中,各个网络设计步骤往往都是穿插进行的,尤其是在逻辑网络设计和物理网络设计时。按技术分类介绍不仅可以保证读者学习知识的连贯性,而且在实际网络设计中,也可按本书这样进行局域网设计、广域网接入技术选择、IP 地址和路由规划、无线局域网设计、网络安全设计、QoS 设计、网络管理设计、网络服务设计、调试和验收。读者开始具体学习之前,若需要了解网络互连设备(中继器、集线器、网桥、交换机和路由器等)知识,可先参考附录 A。

本章首先介绍局域网相关技术背景,这些是网络工程各步骤都需要的基础知识。交换技术和虚拟局域网设计是逻辑网络设计和网络管理不可缺少的技术,而网络传输介质和综合布线技术则是物理网络设计和部署网络等过程中必需的。

2.1 局域网概述

局域网(Local Area Network,LAN)是整个网络的基础单元,无数的局域网构成了庞大的 Internet。LAN 在有限的地理范围内运行,多个用户共享介质,即多台计算机和打印机可以直接接入本地连接,共享底层传输介质。局域网只涉及通信子网的功能,它是同一个网络中节点与节点之间的数据通信问题,不涉及网络层。

2.1.1 局域网标准

1980 年 2 月,美国电气电子工程师协会(IEEE)成立了局域网标准委员会(简称 IEEE 802 委员会),802 委员会制定的局域网标准 IEEE 802 获得了广泛应用,已经被 ISO 作为国际标准,称为 ISO 8802。IEEE 802 标准有时也称为局域网参考模型,如图 2.1 所示。

局域网参考模型包含了 OSI 参考模型的物理层和数据链路层。其中的物理层与 OSI 物理层类似,但局域网的数据链路层分为逻辑链路控制(Logical Link Control,LLC)子层和介质访问控制(Media Access Control,MAC)子层。LLC 子层的功能是保证站点之间数据传输的正确性,而 MAC 子层的功能是解决多个站点对共享信道的访问问题。局域网参考模型定义了不同的 MAC 和物理层协议,但所有局域网的 LLC 子层都是兼容的。

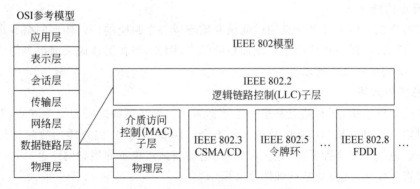

图 2.1　IEEE 802 局域网参考模型

IEEE 802 系列常用标准如下：

- IEEE 802.1：局域网体系结构、寻址和网间互连。
- IEEE 802.2：逻辑链路控制(LLC)协议。
- IEEE 802.3：CSMA/CD 访问方法及物理技术规范。
- IEEE 802.4：令牌总线访问方法及物理层技术规范。
- IEEE 802.5：令牌环访问方法及物理层技术规范。
- IEEE 802.6：城域网访问方法及物理层技术规范。
- IEEE 802.7：宽带网络访问方法及物理层技术规范。
- IEEE 802.8：光纤网络技术标准(FDDI)。
- IEEE 802.9：综合数据/语音局域网(IVD LAN)。
- IEEE 802.10：可互操作局域网安全标准(SILS)。
- IEEE 802.11：无线局域网。
- IEEE 802.12：100BaseVG 高速网络访问方法。
- IEEE 802.15：描述无线个域网介质访问控制子层和物理层规范。
- IEEE 802.16：描述无线城域网介质访问控制子层和物理层规范。
- IEEE 802.20：描述无线广域网介质访问控制子层和物理层规范。

2.1.2　局域网拓扑结构

局域网拓扑结构是指网络中通信线路和站点(计算机和设备)的相互连接的几何形状。局域网基本拓扑结构有星型网络、环型网络和总线型网络等 3 种基本类型。

1. 星型网络

在星型网络结构中，各个计算机使用各自的线缆连接到网络中，因此，如果一个站点出了问题不会影响整个网络的运行。星型网络结构是最常用的网络拓扑结构，如图 2.2 所示。

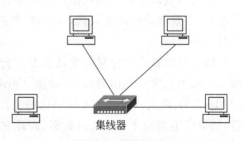

图 2.2　星型网络

2. 环型网络

环型网络结构中的各个站点通过通信介质连成一个封闭的环。环型网络容易安装和监控,但容量有限,网络建成后难以增加新的站点,因此,现在组建局域网很少使用环型结构,其拓扑结构如图2.3所示。

3. 总线型网络

在总线型网络中,所有站点共享一条数据通道。总线型网络安装简单方便,需要铺设的电缆最短,成本低,某个站点的故障一般不会影响整个网络,但介质的故障会导致整个网络瘫痪。总线网安全性低,监控比较困难,增加新站点也不如星型网络容易,因此,总线型网络也很少使用,其拓扑结构如图2.4所示。

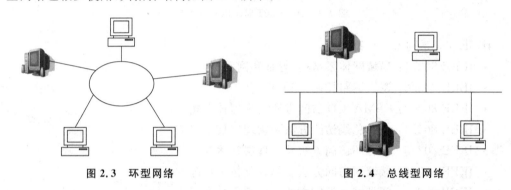

图2.3　环型网络　　　　　　　　　图2.4　总线型网络

在这3种网络拓扑结构的基础上,还可以组合出树型网、簇星型网和网状网等其他类型的网络拓扑结构。

2.2　以太网技术

以太网(Ethernet)是目前最成功的局域网,它采用CSMA/CD技术共享传输介质。IEEE 802.3及扩展的IEEE 802.3x定义了一系列以太网标准。802.3标准的最早前身是夏威夷大学的ALOHA系统,1972年美国施乐(Xerox)公司建立了以太网实验系统。1980年,由数字设备公司(DEC)、Intel公司和施乐公司组成的联盟(DIX)发布了第一个以太网标准——DIX 1.0,这就是802.3标准的基础。1985年,IEEE 802委员会发布了802.3标准。IEEE 802.3标准定义了OSI模型的第一层(物理层)和第二层(数据链路层)下半部分的需求。从本质上说,以太网和IEEE 802.3是相同的标准。

以太网技术之所以能获得广泛使用,是因为它具有如下特点:(1)协议简单;(2)易于维护,安装和升级成本较低,可以在网络运行时安装新站点,不必终止网络运行;(3)技术升级快。

以太网的核心思想是各个站点共享传输介质传输数据,其基本特征是在MAC子层次采用载波监听多路访问/冲突检测(Carrier Sense Multiple Access/Collision Detection,CSMA/CD)协议。CSMA/CD协议的工作原理是:所有工作站在发送数据前都要侦听信道,如果信道空闲才开始发送数据,而且在发送数据过程中要不断地进行冲突检测,如果发生冲突则停止,等待后重发。

2.2.1 以太网分类和命名规则

802.3 标准定义了速率为 10Mb/s 的以太网标准，但随着信息技术的发展，以及用户对带宽的需求不断增加，又出现了快速以太网、千兆以太网和万兆以太网的高速以太网标准：

- IEEE 802.3u：100Base-T 技术规范。
- IEEE 802.3ab：基于 UTP 的 1000Base-T 技术规范。
- IEEE 802.3ac：虚拟局域网(VLAN)以太帧扩展协议。
- IEEE 802.3z：基于光缆和短距离铜介质的 1000Base-X 技术规范。
- IEEE 802.3ae：10Gb/s 以太网技术规范。

当以太网需要对新的介质或传输能力进行扩展时，IEEE 会对 802.3 标准发布新的增补，新的增补通过一个或两个字母来表示，例如 802.3u(表示快速以太网)、802.3z(表示千兆以太网)等。

此外，每种传输速率的以太网还支持不同的传输电缆和物理层标准。因此，IEEE 802 委员会制定了如下以太网命名规则：以太网名称由传输速率(Speed)、信号传输方法(Signal Method)和传输介质(Medium) 3 部分组成，如表 2.1 所示。

表 2.1 以太网命名规则

传 输 速 率	信号传输方法	传 输 介 质
10	Base	2, 5, -CX
100	Broad	-T, -TX, -T2, -T4
1000		-F, -FX, -SX, -LX, -SW, -LW, -EW
10G		

- 传输速率：以太网速率为 10Mb/s，快速以太网速率为 100Mb/s，千兆以太网速率为 1Gb/s，万兆以太网速率为 10Gb/s。在以太网命名规则中分别记作 10、100、1000 和 10G。
- 信号传输方法：有基带(Base)信号和宽带(Broad)信号两种[①]。计算机网络通信都使用基带信号，在以太网命名规则中记作 Base。
- 传输介质：包括同轴电缆、双绞线和光纤，分别有不同的表示方法。

按照上述命名方法可以清楚地标明以太网类型。例如，10Base2 表示采用细同轴电缆作为传输介质、速率为 10Mb/s 的以太网；100Base-TX 表示采用 5 类非屏蔽双绞线、速率为 100Mb/s 的快速以太网。下面分别介绍以太网、快速以太网、千兆以太网和万兆以太网对应的物理层标准及命名。

---

① 在基带信号传输中，整个传输介质的带宽都被所发送的信号占用，数据信号直接在传输介质上传输，不需要其他特殊的信号(即载波信号)。在宽带信号传输中，数据信号并非直接在传输介质上传输，一个模拟信号(载波信号)要经过数据信号的调制才能传输。以太网没有采用宽带信号传输，无线广播和有线电视都使用宽带信号传输。

2.2.2　以太网物理层标准

最早的以太网以粗同轴电缆作为传输介质,采用总线拓扑结构,记作 10Base5,表示其工作速率为 10Mb/s,采用基带信号,最大支持段长为 500m。由于细同轴电缆更容易弯曲安装,又出现了 10Base2 以太网,也采用总线拓扑结构,工作速率为 10Mb/s,最大支持段长为 200m。

10Base-T 是 1990 年通过的以太网物理层标准,10Base-T 需要两对 3 类非屏蔽双绞线,一对用于发送数据,另一对用于接收数据,使用 RJ-45 模块作为端接器,通过将计算机连接到集线器(Hub)构成星型拓扑结构。这种结构使增添或移去站点变得十分简单,并且容易检测电缆故障。它的缺点是距集线器最大有效长度为 100m,最多可以使用 4 个中继器(Repeater)构成 5 个网段,因此最大的网络直径为 500m。

此外还有 10Base-F,它采用一对光纤,组成星型拓扑结构,最大传输距离可达到2000m,但光纤连接器造价高,成本昂贵。表 2.2 给出了 802.3 物理层标准。

表 2.2　802.3 物理层标准

名　　称	传 输 介 质	最大段长度(单位:m)	特　　点
10Base5	粗同轴电缆	500	适合于主干
10Base2	细同轴电缆	200	低廉的网络
10Base-T	3 类双绞线	100	星型拓扑,易于维护
10Base-F	光纤	2000	适合远程连接

2.2.3　快速以太网物理层标准

随着网络技术的发展,802.3 以太网 10Mb/s 的速率无法满足需要,IEEE 802 委员会于 1995 年批准了快速以太网(Fast Ethernet)标准 802.3u。它在原有的 802.3 基础上速率提高了 10 倍,但保留了原有工作方式:帧格式、CSMA/CD 机制和最大传输单元(MTU),因此它完全兼容 802.3 以太网。

快速以太网支持 3 种不同的物理层标准:100Base-TX、100Base-T4 和 100Base-FX,如表 2.3 所示。

表 2.3　快速以太网物理层标准

名　　称	传 输 介 质	最大段长度(单位:m)	特　　点
100Base-TX	两对 5 类双绞线	100	全双工
100Base-T4	四对 3、4、5 类双绞线	100	不对称
100Base-FX	单模或多模光纤	2000 或 412	全双工

100Base-TX 物理层标准使用两对 5 类非屏蔽双绞线,一对用于发送数据,另一对用于接收数据,最大段长度为 100m。由于 100Base-TX 要以传统以太网 10 倍的速率传输信号,因此无法使用 3 类非屏蔽双绞线。

100Base-T4 通过把 100Mb/s 数据流分割成 3 个数据流来达到高速率要求。它使用四对非屏蔽双绞线：3 个数据流通过三对双绞线发送,第四对双绞线则用于冲突检测,因此 100Base-T4 可以使用低成本的 3 类非屏蔽双绞线。

100Base-T4 技术使用的四对双绞线只能用于单向信号的传输,不支持全双工。而 100Base-TX 支持全双工传输,所以 100Base-TX 比 100Base-T4 更流行,也是当前网络中常见的版本。

100Base-FX 使用多模光纤或单模光纤。它的最大段长度根据连接方式不同而变化。

快速以太网技术问世后,以太网 RJ-45 连接器上可能出现多种不同的以太网信号,如 10Base-T、100Base-TX 或 100Base-T4。为了简化管理,IEEE 推出了自动协商机制,使得集线器和网卡知道线路另一端的速率,把速率自动调节到线路两端都能达到的最高速度。

2.2.4　千兆以太网物理层标准

以太网从 10Mb/s 升级到 100Mb/s,后来又出现了交换式以太网。随着这些技术的普及和网络设备价格的下降,用户对网络主干提出了更高的速度要求。1998 年 IEEE 802 委员会又推出了千兆以太网(Gigabit Ethernet),制定了基于光纤和同轴电缆的 802.3z 标准和基于超 5 类非屏蔽双绞线的 802.3ab 标准。

千兆以太网和 802.3 以太网相比,仍使用相同的帧格式。但由于传输速率提高了 10 倍,为了保证网络直径,使用了载波扩展和帧突发技术,具体请参考相关文献。

千兆以太网物理层标准如表 2.4 所示。

表 2.4　千兆以太网物理层标准

名　　称	传 输 介 质	最大段长度(单位：m)
1000Base-SX	多模光纤	220～550
1000Base-LX	单模光纤 多模光纤	5000 550
1000Base-CX	同轴电缆	75
1000Base-T	四对 5 类双绞线	100

1000Base-SX 支持直径为 $62.5\mu m$ 或 $50\mu m$ 的多模光纤,传输距离为 220～550m。

1000Base-LX 采用直径为 $62.5\mu m$ 或 $50\mu m$ 的多模光纤时,最大段长度为 550m；采用直径为 $10\mu m$ 的单模光纤时,最大段长度为 5km。

1000Base-CX 物理层标准支持使用同轴电缆,最大段长度为 75m。

1000Base-T 物理层标准支持使用四对非屏蔽双绞线,最大段长度为 100m。

2.2.5　万兆以太网物理层标准

万兆以太网也称为 10G 以太网。万兆以太网具有与以太网相似的特点,采用相同的帧格式和 MTU。但万兆以太网只支持全双工工作模式,不支持半双工工作模式。在万兆以太网中,所有站点都与交换机连接,不存在站点竞争信道的问题,因此就不需要使用 CSMA/CD 协议。此外,万兆以太网不支持自动协商(自动协商功能的目的是方便用户,但在实践中却证明是造成连接性障碍的主要原因)。去除自动协商可能将简化故障的查找。

万兆以太网的标准有 IEEE 802.3ae,这是专门针对光纤传输介质而制定的。它支持多项 TIA 和 ISO 标准定义的光纤媒体的 10Gb/s 传输应用。该标准为千兆光纤主干提供了简单的升级途径,也为以太局域网(LAN)与城域网(MAN)和广域网(WAN)的连接进行了准备。IEEE 802.3ae 标准规定的最常见物理层标准如表 2.5 所示。

表 2.5 802.3ae 万兆以太网物理层标准

名　称	传输介质	最大段长度(单位:m)
10GBase-SW	多模光纤,短波	2～300
10GBase-LW	单模光纤,长波	2～10 000
10GBase-EW	单模光纤,超长波	2～40 000

此外,还有针对铜缆布线的万兆以太网标准 IEEE 802.3an,它对基于 6 类双绞线、超 6 类双绞线以及 7 类双绞线均作出了具体描述。表 2.6 列出了 802.3an 物理层标准。

表 2.6 802.3an 万兆以太网物理层标准

名　称	传输介质	最大段长度(单位:m)
10GBase-T	6 类双绞线 超 6 类双绞线 7 类双绞线	100

目前很多网络主干均已升级至万兆以太网,多采用 802.3ae 光纤万兆以太网解决方案,而 802.3an 铜缆解决方案多用于数据中心内部。

2.3　交换式网络设计

早期的局域网规模较小,采用总线型拓扑结构(如 10Base5 以太网)或使用集线器搭建星型拓扑结构(如 10Base-T 以太网)。网络中连接的 PC、服务器和打印机等多个站点共享信道(如以太网采用的 CSMA/CD 协议),所有站点在同一个冲突域。这样为了保证传输速率,对网络直径以及所能接入的站点有严格限制。例如 10Base-T 以太网,单段双绞线长度不能超过 100m,最多使用 4 个中继器或集线器构成 5 个网段,因此最大的网络直径为 500m,不能超过 1024 个节点数。

随着计算机的普及,这种共享传输介质(所有站点在同一个冲突域)的局域网已经难以满足网络通信的需求,因此交换式网络技术应运而生。交换式网络是把一个局域网划分成多个小型局域网,通过交换机把它们互连起来。因为交换机的每个端口都是一个冲突域,所以每个端口都可以同时传输信息,提高了网络性能。此外,交换机的加入可以使局域网范围大大扩充,地理位置更加分散。

由于当前的局域网几乎都采用以太网技术,因此下面只介绍交换式以太网的工作原理及相关设计方法。

2.3.1　交换式以太网工作原理

交换式以太网离不开两层交换机(Switch)①,它是从双端口网桥(Bridge)发展来的。网桥工作在 OSI 模型的第 2 层——数据链路层,对数据帧进行存储转发,它隔断了冲突域,网桥两个端口分别处于不同的冲突域。

交换机可以看作是多端口网桥,它提供更多的端口、更好的性能和更强的管理功能,且价格便宜,因此大大促进了交换式以太网的发展。交换机将一个网络分段成多个冲突域,在默认情况下交换机的所有端口都处于相同的广播域内。

交换机的功能是通过硬件——专用集成电路(ASIC)来实现的,因此处理数据的速度较快。下面介绍交换机的工作原理。

交换机系统内有一张 MAC 地址表,该表中包含经交换机可达的 MAC 地址列表。MAC 地址表可以通过静态方式配置,也可以由交换机动态学习。当交换机初次启动时,MAC 地址表是空的,如图 2.5 所示。

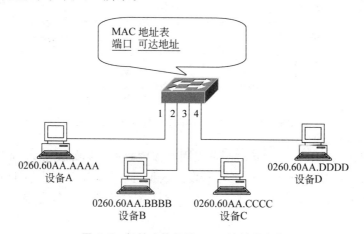

图 2.5　初始交换机的 MAC 地址表为空

当图 2.5 中设备 A 向设备 D 发送数据帧时,交换机在端口 1 上会接收到设备 A 发送的数据帧,该数据帧包含源 MAC 地址和目的 MAC 地址。因为此时 MAC 地址列表为空,交换机不知道设备 D 连接在哪个端口上,所以它会向其他所有端口广播这个数据帧,即向 2、3、4 端口转发,这就意味着设备 B、C 和 D 都会收到该数据帧。然而,只有设备 D 认识数据帧中的目的 MAC 地址,因此只有 D 会对数据帧做进一步处理。

此时,交换机了解到设备 A 通过端口 1 可达,因此交换机把设备 A 的 MAC 地址和端口 1 的映射关系存入 MAC 地址表,这就是一个学习过程。

设备 D 在某一时刻可能会回复设备 A,这时交换机在端口 4 上收到来自设备 D 的数据帧,交换机会在 MAC 地址表中记录该信息,这又是一个学习过程。因为 MAC 地址表

---

①　本书中没有特殊标明时,交换机仅指二层交换机,即工作在数据链路层上,仅检查第 2 层数据帧。现在随着集成电路技术的发展,出现了越来越多的 3 层交换机,3 层交换机本质上就是路由器,可以处理第 3 层网络层的报文,与路由器的区别仅在于物理实现的不同。从功能上看,3 层交换机和路由器是同义的。详细介绍参见附录 A。

中已经有了设备 A 的 MAC 地址映射信息,此时交换机只会把该数据帧转发给端口 1,而不再是向其他所有端口广播该帧,这个过程称为过滤。过滤可以降低其他端口的流量,并且可以减少其他设备被中断的次数。

随着时间的推移,交换机会获取到所有设备的位置,如图 2.6 所示,此时 MAC 地址表中填满了相关信息。

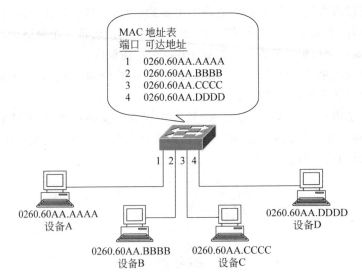

图 2.6   通过学习后的交换机 MAC 地址表

过滤过程还意味着不同设备之间可以同时传输数据。例如设备 A 和设备 B 之间进行通信,交换机只在端口 1 和端口 2 之间发送数据,此时设备 C 和设备 D 可以在端口 3 和端口 4 之间进行通信,不会受端口 1 和端口 2 上流量的影响。因此整个网络的吞吐量会增加。

MAC 地址表保存在交换机的内存中,它的大小是有限的。如果大量设备连接到交换机上,那么交换机可能没有足够的内存空间来存放所有设备的表项,因此,如果某个 MAC 表项一段时间里没有被使用就会因超时而被删除,只有最活跃的信息保存在 MAC 表中。

MAC 地址也可以静态配置在 MAC 地址表中,与某个端口绑定,这些静态配置的表项不会因超时而被删除,而且还能减少广播。这种静态 MAC 地址绑定方法可以确保只有特定设备才能接入网络。

2.3.2   广播域与广播风暴

我们知道在以太帧中必须包含源 MAC 地址和目的 MAC 地址,MAC 地址的长度为 6B(48b),通常以十六进制方式表示,如 0260.60AA.AAAA。以太网帧中的目的 MAC 地址可以分为单播地址、组播地址和广播地址。

单播地址是指向某个特定网卡的地址。组播地址用于标识一组机器,0100.5E00.0000～0100.5E7F.FFFF 保留用于组播地址。广播地址是指 48 位全为 1 的地址,即 FFFF.

FFFF.FFFF,用于指向局域网内的所有站点。目的地址为广播地址的以太帧,可以被局域网内的所有网卡接收到。

前面已经提到,交换机利用 MAC 地址来控制帧的传播,从而实现了冲突域的分割,每一个端口都处于不同冲突域中。但是它不能划分广播域,因此广播域(Broadcast Domain)实质就是由两层交换机所连接的一组冲突域,如图 2.7 所示。其中所有主机都处于一个广播域内,当一台主机发出广播帧时,所有主机均可接收到。

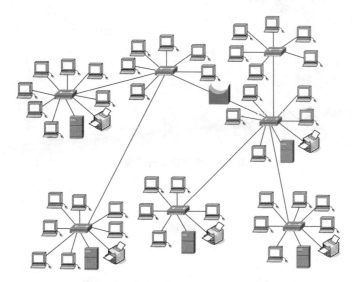

图 2.7　多个交换机连接成的广播域

一个大型的两层交换式以太网仍然是一个广播域,因此所有的广播帧和组播帧将充斥整个网络。广播帧往往来源于 ARP(地址解析协议)请求和路由协议信息。组播帧是对第 3 层(网络层)IP 组播报文封装而成。随着广播域增大和网络使用量增加,广播和组播流量将大幅度增长,增加了交换机的负荷,大大降低了网络性能,同时会显著地降低网络上主机的性能,因为网卡必须中断 CPU 来处理所接收到的每个广播和组播帧。

默认情况下只有路由器可以控制广播域的范围,即阻挡广播帧和组播帧,因为路由器转发数据包是基于目标 IP 地址(而不是 MAC 地址)的,如图 2.8 所示。

在图 2.8 中,粗线连接的区域为一个广播域,但这个区域内的广播无法通过路由器,因此路由器划分了广播域。

在网络设计中往往需要增加冗余链路,当链路或者设备发生故障时,可以使用备用链路保证通信的正常进行。图 2.9 给出了一个交换式以太网中的冗余链路情况。

在图 2.9 中,由于冗余链路的存在,当交换机 Y 发生故障时,设备 A 和设备 B 仍然可以正常通信。这种设计提高了网络的可靠性,但是也会带来一些问题,当设备 A 为了寻找设备 B 的 MAC 地址而发送 ARP 请求时,该请求会作为广播帧发送出去,交换机 X 和交换机 Y 都会收到这个广播帧,交换机 X 在端口 1 上收到广播帧,X 将这个广播帧从端口 2 广播出去,这样交换机 Y 在端口 2 又收到了这个广播帧,Y 将这个广播帧接着广播到它的端口 1。这个广播帧又被交换机 X 的端口 1 收到,X 又将它广播到端口 2。这样就

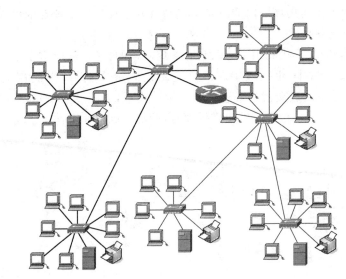

图 2.8　路由器划分广播域

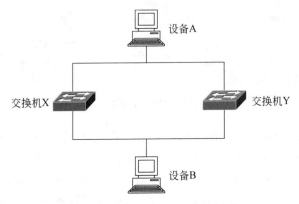

图 2.9　交换式以太网中的冗余链路

造成广播帧在网络中循环进行,消耗了网络带宽和处理能力,这就是"广播风暴"。

广播风暴是指由于网络拓扑的设计和连接问题或其他原因使广播帧在局域网内循环传播,导致网络性能下降甚至网络瘫痪的情况。广播风暴的产生有多种原因,除了上述冗余链路会造成广播风暴之外,蠕虫病毒、交换机故障、网卡故障和双绞线线序错误也可引起广播风暴。冗余链路可以通过启用生成树协议来避免广播风暴。

2.3.3　生成树协议

生成树协议(Spanning Tree Protocol,STP)可以很好地解决有冗余链路中出现广播风暴的问题。STP 协议的基本原理是:首先选择一个交换机作为根网桥,即生成树的根,计算出其他所有交换机到根网桥的最佳路径,而把备用路径状态设为堵塞状态,即从逻辑上关闭备用路径,当最佳路径发生故障时再启用备用路径,这样就可以避免广播风暴。

1. STP（802.1d 标准）

IEEE 802.1d 定义了 STP 协议标准。所有运行 STP 的交换机都向外发送网桥协议数据单元（BPDU），交换机使用 BPDU 和邻居交换机共享信息。在 BPDU 中有一个网桥标识（ID）域，它包括 2 字节的网桥优先级和 6 字节的 MAC 地址。STP 使用网桥 ID 选举根网桥——网桥 ID 最小的作为根网桥。如果所有交换机的网桥优先级都使用默认值，那么 MAC 地址最小的交换机将成为根网桥[①]。在图 2.10 中，交换机 Y 被选举为根网桥。

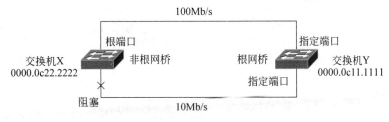

图 2.10　STP 工作示意图

所有根网桥的端口都称为指定端口，这些端口都处于转发状态，即它们可以发送和接收数据。在非根网桥的端口中，到根网桥代价最小的一个端口会成为根端口，它将进入转发状态。默认情况，每条链路的代价与链路的带宽成反比，因此到根网桥全程路径最快的端口将被选举为交换机的根端口。在图 2.10 中，交换机 X 的根端口是 1，它到根网桥 Y 最快。

如果交换机上多个端口到根网桥的全程路径代价相同，那么 STP 将根据各端口接收的 BPDU 信息选择根端口：去往根网桥路径上的下一个网桥 ID 最小的端口将成为根端口。若网桥 ID 也相同，那么端口 ID 最小的端口成为根端口。

在局域网上既不是根端口也不是指定端口的都称为非指定端口，非指定端口属于堵塞状态，即不能发送数据。这样冗余的链路在逻辑上被关闭，但堵塞端口仍然可以监听 BPDU 信息。

如果网络出现故障，根网桥或指定端口发生故障，交换机将发送拓扑变化 BPDU 信息，并重新计算生成树。新的生成树不包括发生故障的端口和交换机，之前处于堵塞状态的端口现在可能进入转发状态，这就是在交换式局域网中 STP 支持冗余链路的原因。

图 2.11 给出了不同的 STP 端口状态。

当端口初始化完成后，它处于堵塞状态并监听 BPDU 信息，在一个运行的网络中，如果端口在最大老化时间（默认为 20s）没有收到任何 BPDU 信息，端口将从堵塞状态进入监听状态，除正常数据外，端口可以发送和接收 BPDU 信息。根网桥和所有端口的状态就是在监听阶段确定的。如果交换机的端口被选举为根端口或者指定端口，那么经过一个转发时延（默认为 15s），端口从监听状态进入学习状态。在学习状态下，端口不能发送数据，但如果收到数据则可以开始生成 MAC 地址表。再经过一个转发时延后，端口进入

---

①　我们知道在 48 位的 MAC 地址中，高 24 位是组织唯一标识符（OUI），用来标识厂商，由 IEEE 负责分配；低 24 位为序列号，由厂商自行分配。对同一品牌的产品，MAC 地址最小的交换机可能是一台最老的交换机。因此应该修改交换机的网桥优先级，保证性能最好的交换机优先级越高，作为根网桥，而不能使用 STP 默认选项。

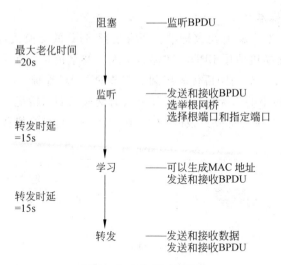

图 2.11　STP 端口状态

转发状态,开始正常工作。如果端口没被选举为根端口和指定端口,那么它就成为非指定端口,转换回堵塞状态。

2. RSTP(802.1w 标准)

IEEE 802.1d 定义的 STP 协议收敛时间较慢,为了解决这个缺陷,IEEE 推出了802.1w标准,即快速生成树协议(Rapid Spanning Tree Protocol,RSTP),作为对 802.1d 标准的补充。

RSTP 协议在 STP 协议基础上做了 3 点重要改进,使得收敛速度快得多。

(1)为根端口和指定端口设置了快速切换用的替换端口和备份端口两种角色,在根端口与指定端口失效的情况下,替换端口与备份端口就会无时延地进入转发状态。

(2)在只连接了两个交换端口的点对点链路中,指定端口只需与下游网桥进行一次握手就可以无时延地进入转发状态。如果连接了 3 个以上网桥的共享链路,下游网桥是不会响应上游指定端口发出的握手请求的,只有等待两倍转发时延时间后才进入转发状态。

(3)直接与终端相连而不是把其他网桥相连的端口定义为边缘端口。边缘端口可以直接进入转发状态,不需要任何延时。由于网桥无法知道端口是否是直接与终端相连,所以需要人工配置。

2.4　虚拟局域网

在 2.3 节讲到所有使用两层交换机连接的局域网处于同一个广播域中。随着局域网规模增大,广播和组播流量大幅度增长,将增加交换机的负荷,降低网络性能,同时会显著地降低网络上主机的性能。在出现病毒、存在冗余链路又没有配置合适的交换协议等情况下,还会造成广播风暴,导致整个局域网瘫痪。默认情况下,路由器可以划分广播域,与路由器一个端口相连的所有设备构成一个广播域。

为了提高网络性能和安全性,通常希望广播域不要太大,除了使用路由器划分广播域之外,有些交换机支持将一个交换式局域网划分成多个虚拟局域网(Virtual LAN,VLAN),每个 VLAN 都是一个广播域。

图 2.12 举例说明了 VLAN 的概念。某个企业下设 3 个部门:财务部、工程部和市场部。这 3 个部门的成员分散在办公楼内的不同地理位置。综合布线时,依照地理位置设计将财务部的主机 1、工程部的主机 2、市场部的主机 3 和主机 4 连接到交换机 A 的 1～4 号端口上,将财务部的主机 5、工程部的主机 6 和市场部的主机 7 连接到交换机 B 的 1～3 号端口上,它们构成了一个广播域。

为了优化网络性能,同时也是从网络安全考虑,往往希望每个部门的主机处于同一个广播域内。只要交换机具有该功能,就可以将主机 1 和主机 5 划分成 VLAN 1,将主机 2 和主机 6 划分成 VLAN 2,将主机 3、主机 4、主机 7 划分成 VLAN 3。每个 VLAN 都是一个广播域,广播帧和组播帧只在 VLAN 内传播,而不会被转发到其他 VLAN 上,从而减少了广播帧和组播帧对网络性能的消耗,并且还能控制某些病毒的蔓延,提高了网络的安全性,便于管理。例如,划分了 VLAN 后,主机 1 发出的 ARP 请求广播帧只会被交换机转发给主机 5,不影响其他主机。

在图 2.12 中,交换机 A 和交换机 B 之间的链路同时承载 3 个 VLAN 的业务,这条链路称为干线(VLAN Trunk)。链路两端的交换机 A 和交换机 B 的端口称为干线端口。

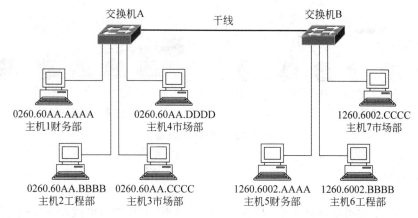

图 2.12　VLAN 案例

2.4.1　配置 VLAN

交换机的非干线端口同一时刻只能属于一个 VLAN,有静态和动态两种方式来配置端口属于某个 VLAN。

静态配置方法是基于交换机端口来划分 VLAN,是指将交换机的一个或多个端口配置到某个 VLAN,连接到该端口的设备就属于该 VLAN。这种配置方法与设备无关,完成端口配置后,主机从交换机的一个端口移动到另一个端口,其所属的 VLAN 也会发生变化。

动态配置方法是基于主机的 MAC 地址来划分 VLAN。此时需要使用 VLAN 成员策略服务器(VMPS),VMPS 可以是一台单独的服务器,也可以是支持 VMPS 的交换机。VMPS 上存放 MAC 地址和 VLAN 的映射关系。交换机根据连接到端口上的主机的 MAC 地址把端口分配到相应的 VLAN。当设备被从一个端口移动到另一个端口时(可以是同一个交换机,也可以是不同交换机),交换机通过查询 VMPS 动态地将端口分配到正确的 VLAN。

2.4.2 VLAN 间路由

同一个 VLAN 的设备可以使用交换机和干线相互通信,但是不同 VLAN 上的设备需要借助 3 层设备(路由器)实现相互通信。

接入路由器实现 VLAN 间通信的方法有两种:使用多条物理链接或只使用一条物理链接。图 2.13 给出了这两种连接方法。图 2.13(a)是使用多条物理链接的连接方法,路由器和交换机之间有 3 条物理链接,每条物理链接仅承载一个 VLAN 的流量。

图 2.13(b)是路由器和交换机之间只使用一条物理链接的连接方法,交换机和路由器的端口都被配置成干线模式,因而两个设备之间存在多个逻辑连接。

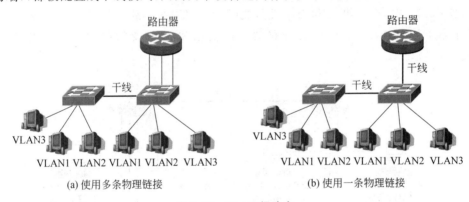

图 2.13 VLAN 间路由

2.4.3 干线协议

前面讲到,干线可以承载多个 VLAN 的业务数据,干线端口可以在交换机、路由器或服务器上。干线端口常用的协议有思科公司的私有协议交换机间链路(ISL)协议和 IEEE 802.1q 协议。本书只介绍更常用的 802.1q 协议。

802.1q 工作在数据链路层上,用来区别干线所承载的不同 VLAN 的数据帧。干线信息被编码在帧头的一个标记域内,其中包含 VLAN ID 字段,长度为 12b,最多可以定义 4096 个 VLAN。标记域中还包含 3b 的优先级字段,作为 QoS 信息位,图 2.14 给出了 802.1q 协议封装的数据帧格式。

使用 802.1q 协议的干线定义了一个本地 VLAN,本地 VLAN 的数据帧不做标记,它在干线上传输时不会被改变,因此不支持干线协议的主机只要属于本地 VLAN,就可以在 802.1q 干线链路上直接进行通信。

不同的干线协议之间互不兼容,因此必须保证干线两端配置相同的干线协议类型。

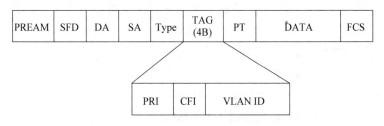

图 2.14 802.1q 协议封装的数据帧格式

2.5 网络传输介质

网络信号的传输实质上就是把类似"0101…"的比特流从一台主机传输到另一台主机,这就离不开传输介质。传输介质通常分为有线介质和无线介质。有线介质将信号约束在物理导体之内;而无线介质往往使用空中的电磁波来传输信号。本节介绍有线介质及其应用特性,无线介质将在第 5 章中加以介绍。

有线介质根据其使用的物理导体不同分类,常见的有铜介质和光介质两类。常见的铜介质有双绞线和同轴电缆。铜介质利用铜的优良导电性传输弱电信号。光介质即光纤,利用光的全反射原理传输光信号。下面将针对双绞线、同轴电缆和光纤的特点、分类、应用场合及其施工方法加以介绍。

2.5.1 双绞线

双绞线(Twisted Pair,TP)是一种最常用的传输介质,它由两根相互绝缘的铜线组成,两根铜线按照一定的密度互相扭绞在一起。多对线缆安置在一个套筒内,便形成了双绞线电缆。这样的线对绞合主要具有以下两个优点:(1)由于每对电线携带方向相反的两路电流信号,因而由电流产生的磁场可以互相抵消;(2)两条线缆分别传送一份数据的副本(Copy),接收器可以通过两路信号的比较过滤掉噪声,从而获得最佳传输效果。

双绞线按照其是否具有抗电磁屏蔽层可分为屏蔽双绞线(Shielded Twisted Pair,STP)和非屏蔽双绞线(Unshielded Twisted Pair,UTP)两种。两者的主要区别在于:屏蔽双绞线的每对铜线都包裹在金属箔片中,整个四对铜线又包在外层金属箔片中,这样能达到更好的抗电磁干扰效果。因此,屏蔽双绞线比非屏蔽双绞线价格更昂贵,安装更困难,因此未能像非屏蔽双绞线那样被广泛使用。

非屏蔽双绞线具有价格便宜、直径小、安装容易的优点,但它对电子噪声和干扰更为敏感,因此最大传输距离相对较短。图 2.15 为非屏蔽双绞线实物图。它由四对绞线组成,每根铜线外面都包裹有不同颜色的塑料绝缘体。四对绞线最外面也包有一层塑料外套。

图 2.15 非屏蔽双绞线

1. 双绞线分类

目前以太网部署的双绞线往往是遵循美国电子工业协会电信工业分会(EIA/TIA)标准的非屏蔽双绞线,下面是 EIA/TIA 标准的非屏蔽双绞线类型:

- 1 类:用于电话通信,一般不适合传输数据。
- 2 类:可用于传输数据,最大数据率为 4Mb/s。
- 3 类:用于以太网,最大数据率为 10Mb/s。
- 4 类:用于令牌环网,最大数据率为 16Mb/s。
- 5 类:用于快速以太网,最大数据率为 100Mb/s。
- 6 类:用于万兆比特以太网,最大数据率为 1Gb/s。
- 7 类:用于万兆比特以太网,最大数据率为 1Gb/s。

2. 双绞线线序标准

双绞线一般用于小范围的网络布线连接,两端使用的接头称为 RJ-45 接头(也称为水晶头),如图 2.16 所示。

图 2.16　RJ-45 接头

如图 2.16 所示,RJ-45 头有 8 根针脚,一共可连接四对线。在 2.2 节中已经介绍过,大多数以太网标准只使用其中两对绞线。

EIA/TIA 的布线标准中规定了两种双绞线的线序标准 568A 与 568B,如下:

568A:绿白—①,绿—②,橙白—③,蓝—④,蓝白—⑤,橙—⑥,棕白—⑦,棕—⑧

568B:橙白—①,橙—②,绿白—③,蓝—④,蓝白—⑤,绿—⑥,棕白—⑦,棕—⑧

568A 和 568B 之所以规定线序,是为了避免同一绞对绞线中的信号传输成相同方向,达到减少串扰的目的。大多数以太网只使用序号为 1、2 和 3、6 的线,分别用于数据的发送和接收。

如果线缆两端的线序相同,都采用 568B 线序,称这样的双绞线为直连线(Straight-Through Cable),常用于连接交换机端口和计算机网卡接口。如果线缆两端线序不同,一端为 568A,另一端为 568B,称这样的双绞线为交叉线(Crossover Cable),也称级联线,常用于相同设备之间的互连。表 2.7 给出了两种双绞线的用途。

表 2.7　不同连接设备的双绞线连接方式

互联网络设备		双绞线连接方式
计算机网卡	集线器,交换机,路由器	直连方式
计算机网卡	计算机网卡	交叉方式

续表

互联网络设备		双绞线连接方式
集线器普通口	交换机	交叉方式
集线器级联口	交换机	直连方式
交换机	路由器	直连方式

3. 双绞线施工方法

综合布线中经常需要将双绞线与 RJ-45 头或信息插座连接。连接 RJ-45 头时需要使用网钳,具体方法如下:首先剥掉塑料外套,露出 14mm 左右的线头,将四对线按照 568A 或 568B 的线序排列整齐,按顺序插入水晶头的线槽内,一定要顶入顶端。将水晶头放入网钳的夹槽中,用力握压网钳压紧。网钳如图 2.17 所示。

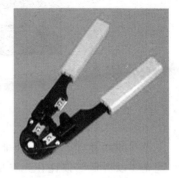

图 2.17　网钳

水晶头是一次性产品,水晶头的每个针脚必须与双绞线紧密结合在一起才行。网线两端水晶头连接完毕,可使用网线测试盒测试网线,若连通则可放心使用了。

信息插座的 M100 模块有 8 个线槽,将双绞线外皮剥开,按照颜色标记一一压入对应的线槽,将线头剪齐,使用打线钳压紧即可,如图 2.18 所示。

(a) 打线钳　　　　　　　(b) 信息插座模块

图 2.18　制作信息插座

2.5.2　同轴电缆

同轴电缆是由中心导体、绝缘材料层、网状织物屏蔽层以及最外层的隔离塑料管组成的。同轴电缆一般分为 50Ω 的基带同轴电缆和 75Ω 的宽带同轴电缆。75Ω 的同轴电缆主要用于传输模拟信号,有线电视网即使用这种同轴电缆。

50Ω 的基带同轴电缆用于数字信号传输,在以太网初期被广泛使用,它又可以分为粗同轴电缆(10Base5)和细同轴电缆(10Base2)两种。图 2.19 给出了细同轴电缆及其连接所用的 BNC 头和 T 形连接器的实物图。

与双绞线相比,同轴电缆的传输距离更长,而且适合总线型以太网,不需要集线器。但其缺点是比双绞线昂贵,并且安装困难。随着集线器等网络设备价格的不断降低,现在的快速以太网中已经是双绞线一统天下了。

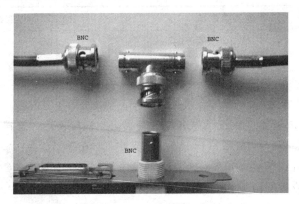

图 2.19　细同轴电缆实物图

2.5.3　光纤

光纤即光导纤维,是一种细小、柔韧并能传输光信号的介质,它利用光的全反射原理实现光线以极低的损耗在光纤中传播。

光纤传输系统一般由 3 个部分组成:光纤、光源和检测器。光纤就是超细玻璃或熔硅纤维。光源可以是发光二极管(Light Emitting Diode,LED)或激光二极管(Injection Laser Diode,ILD),这两种二极管在通电时都会发出光脉冲,因此可视为光发送机,将电信号编码为光信号。检测器就是光电二极管,当光电二极管检测到光信号时就会产生一个电脉冲,因此可视为光接收机,将光信号转变成电信号。图 2.20 给出了光纤传输系统的基本构成图。

图 2.20　光纤传输系统

1. 光纤种类

光纤介质一般为圆柱形,包含有纤芯和包层。根据传输点模数的不同,光纤通常分为单模光纤和多模光纤。这里的“模”是指以一定角度进入光纤的一束光。单模光纤的纤芯直径小于多模光纤。如果光纤的纤芯较粗,则不同频率的光信号将可以在光纤中沿不同路径进行传播,这就是多模光纤。如果纤芯直径缩小至光波波长大小,则光在光纤中的传播几乎没有反射,而是沿直线传播,这就是单模光纤。

单模光纤的造价高,且需要使用激光光源,但其在无中继的情况下传输距离也非常远。多模光纤采用发光二极管作为光源,传输距离较短,但价格便宜。单模光纤和多模光纤的比较如表 2.8 所示。

表 2.8 单模光纤和多模光纤的比较

项　目	单　模　光　纤	多　模　光　纤
光源	激光	发光二极管
距离	长	短
数据率	高	低
信号衰减	小	大
端接	较难	较易
造价	高	低

2. 光纤应用

因为一根光纤是单向传输的,因此至少需要两根光纤来进行接收和发送,所以在实际应用中,使用的是光缆,而不是单根的光纤。一根光缆由多根光纤构成,外面加上保护层。光缆的种类很多,局域网中的光纤产品主要包括光纤跳线和布线光缆等。

光纤跳线是指与计算机或网络设备直接相连的光纤,按照传输介质不同可以分为多模光纤跳线和单模光纤跳线。多模光纤跳线的外层塑料套通常为橙色,单模光纤跳线的外层塑料套为黄色,如图 2.21 所示。

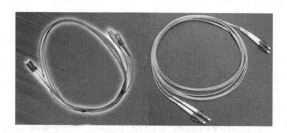

图 2.21 多模光纤跳线和单模光纤跳线

按照连接器的不同,光纤跳线又可以分成多种,目前常用的连接头多为直插式接头(Straight Tip,ST)、用户连接器(Subscriber Connector,SC)和线路连接器(Line Connector,LC),如图 2.22 所示。

与光纤跳线相比,布线光缆保护层较厚,通常由金属皮包裹,抗拉伸强度较大。在一根光缆中可能包含多根光芯,如图 2.23 所示。

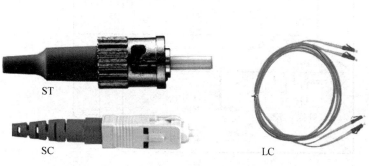

ST

SC

LC

图 2.22 不同的光纤跳线连接器

图 2.23 光缆实物图

布线光缆在施工中可采用直埋式、架空式、管道式方法铺设,用于不同建筑物之间的网络互连。到达目的地后,需要借助光纤配线架进行分支。由于光缆传输系统存在伤害眼睛的潜在危险,因此施工时要避免凝视光缆终端连接器。

2.6　综　合　布　线

　　综合布线系统(Premises Distribution System,PDS)是建筑物与建筑群综合布线系统的简称,它是指一幢建筑物内(或综合性建筑物内)或建筑群体中的信息传输媒介系统,它将相同或相似的缆线(如对绞线、同轴电缆或光缆)以及连接硬件(如配线架)按一定关系和通用秩序组合,集成为一个具有可扩展性的柔性整体,构成一套标准规范的信息传输系统。

　　综合布线系统是目前国内外推广使用的比较先进的综合布线方式,它是一套完整的系统工程,包括传输媒体(双绞线、铜缆及光纤)、连接硬件(跳线架、模块化插座、适配器和工具等)以及安装、维护管理及工程服务等。

　　综合布线系统在国际、国内都有相关的行业标准,如美国标准有 EIA/TIA 制定的 EIA/TIA 568《商用建筑物电信布线标准》、EIA/TIA 569《电信通路和空间商用建筑标准》、EIA/TIA 570《住宅和轻工业建筑布线标准》等。国际标准化组织 ISO 也有对应的标准:ISO/IEC 11801《国际商用建筑物布线标准》等。我国在 GB/T 50311—2000《建筑与建筑群综合布线系统工程设计规范》中将综合布线系统命名为 GCS(Generic Cabling System)。

　　综合布线本身就是一门涉及内容众多的技术,本书仅简单介绍综合布线系统架构,如图 2.24 所示。

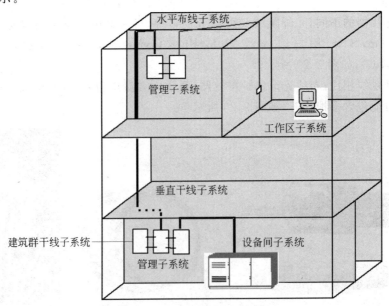

图 2.24　综合布线系统架构图

综合布线系统包含 6 个子系统：工作区子系统、水平布线子系统、管理子系统、垂直干线子系统、设备间子系统和建筑群干线子系统。

2.6.1　工作区子系统设计

工作区子系统（Work Area Subsystem）处在用户终端设备（包括电话机、计算机终端、监视器和数据终端等）和水平子系统的信息插座（Telecommunication Outlet，TO）之间，起着搭桥的作用。它由用户工作区的信息插座以外延伸到工作站终端设备处的连接线缆和适配器等组成，其作用是将用户终端与网络有效地连接。

与计算机网络相关的工作区子系统设计任务是估算信息插座数量，而以太网通常都使用 RJ-45 标准模块。可以通过需求分析中用户的要求来确定信息点需求量。如果提前估算的话，可以按照建筑面积折算，一般一个工作区子系统服务面积按 $5\sim10\mathrm{m}^2$ 估算，如果一个大楼的面积是 15 000m^2，那么至少应该有 3000 个信息点。

2.6.2　水平布线子系统设计

水平布线子系统（Horizontal Subsystem）指每个楼层配线架至工作区信息插座之间的线缆、信息插座、转接点及配套设施组成的系统。水平布线子系统的作用是将楼层内的每个信息点与楼层配线架相连，在同一楼层中，要将电缆从楼层配线架连接到各工作区的信息插座上。

在水平布线子系统设计中要估算线缆数量，首先要选择合适的传输介质（双绞线、同轴电缆或光纤），计算工作区到楼层配线架、设备间的距离，再留出适当端接容差。

2.6.3　管理子系统设计

管理子系统（Administration Subsystem）由交连、互连和输入/输出（I/O）组成，为连接其他子系统提供连接手段。管理子系统的主要功能是采用交连和互连等方式，管理垂直干线和各楼层水平布线子系统的线缆。布线系统的灵活性和优势主要体现在管理子系统上，只要简单地跳一下线就可以完成一个结构化布线的信息插座对任何一类智能系统的连接，极大地方便了线路重新布置和网络终端的调整。

现在许多大楼设计时都考虑在每一层设立一个设备间，用来管理该层的信息点，摒弃了以往多层共用一个设备间的做法，这也是综合布线发展的新趋势。管理间一般应有如下设备：机柜、集线器、交换机、配线架和设备电源等。

2.6.4　垂直干线子系统设计

垂直干线子系统（Riser Backbone Subsystem）指每个建筑物内由主交换间至楼层交换间之间的缆线及配套设施组成的系统。其作用是在建筑物内主交换间与各楼层交换间之间形成一个干线馈电网络。主干线子系统提供建筑物的主干电缆路由，是综合布线系统的神经中枢，完成主配线架和中间配线架的连接。

在铺设垂直干线电缆时，不宜把电缆放在电梯、供水、供气、供暖或强电竖井中，而应该使用专用的弱电竖井，或者单独架设管道。此外，对不同的传输介质要区别对待，尤其是采用光纤时要格外注意以下几点：(1)光缆在室内布线时要走线槽,在地下管道中穿过时要用PVC管；(2)光缆需要拐弯时,曲率半径不能小于30cm；(3)光缆的室外裸露部分要加铁管保护；(4)光缆不能拉得太紧或太松,要有一定膨胀收缩余量。

2.6.5　设备间子系统设计

设备间子系统(Equipment Subsystem)由设备室的电缆、连接器和相关支撑硬件组成,它在中继线交叉处和布线交叉连接处将公用系统的各种不同设备互连起来。设备间用来安放交换机、计算机主机、接入网设备、监控设备以及除强电设备以外的各种设备。

设备间子系统是一个公用设备存放场所,在设计时应注意以下几点：(1)设备间应设在处于干线综合体的中间位置；(2)设备间应尽可能靠近建筑物弱电缆引入接口位置；(3)设备间位置应便于笨重设备的搬运；(4)要符合机房消防规范,具有防护灾害的能力；(5)设备间要有足够的设备安放空间,地板承重应满足要求。

2.6.6　建筑群干线子系统设计

建筑群干线子系统(Campus Backbone Subsystem)是指由楼群配线架与其他建筑物配线架之间的缆线及配套设施组成的系统,它使得相邻近的几个建筑物内的综合布线系统形成一个统一的整体,实现在楼群内部交换和传输信息。

建筑群干线子系统设计时应注意：(1)建筑群干线电缆进入建筑物时,都应设置引入设备,并在适当的地方转换为室内电缆；(2)要有适当保护措施,做好避雷和接地措施；(3)建筑群间主干电缆一般选用多模或单模光缆,芯数不少于12个。

综上所述,综合布线系统被划分为建筑群干线子系统、垂直干线子系统、水平布线子系统、设备间子系统、管理子系统和工作区子系统等6个独立的子系统,这种划分方法便于工程核算,在我国较为流行。还有一种按国际标准划分的方式,综合布线系统被划分为建筑群主干布线子系统、建筑物主干布线子系统和水平布线子系统等3部分,并规定工作区布线为非永久性部分,工程设计和施工不涉及用户使用时的临时连接部分。

2.7　本章小结

本章主要介绍局域网技术和设计方法,重点介绍了以太网技术的发展和相关标准。现在的局域网多采用以太网技术,由交换机连接组成交换式局域网。本章还介绍了交换式局域网中经常需要使用的生成树协议原理及配置策略,以及虚拟局域网的划分方法。

此外还介绍了常见的网络传输介质,以双绞线和光纤为重点,介绍了双绞线的各类规格,如何按照EIA/TIA—568A/B制作双绞线及其施工方法,多模光纤和单模光纤各自的特点和应用场合,最后简单介绍了综合布线系统。

习　题　2

一、选择题

(1) 按照拓扑结构可以对网络进行分类,下列选项中(　　)不是网络拓扑结构类型。

　　A. 星型网络　　　B. 总线型网络　　C. 以太网　　　　D. 网状网络

(2) 按照传输介质区分,下列选项中(　　)与其他 3 项不同。

　　A. 屏蔽双绞线　　B. 光纤　　　　　C. 粗同轴电缆　　D. 细同轴电缆

(3) 千兆以太网的标准是(　　)。

　　A. IEEE 802.3u　B. IEEE 802.3a　C. IEEE 802.4　D. IEEE 802.5

(4) 以太网在媒体访问控制层(MAC 层)使用的介质访问控制方法是(　　)。

　　A. CSMA/CD　　B. DPAM　　　　C. 令牌环　　　D. 令牌总线

(5) 在 IEEE 802 系列标准中,描述逻辑链路控制(LLC)子层的功能特性和协议的是(　　)。

　　A. IEEE 802.1　B. IEEE 802.2　C. IEEE 802.3　D. IEEE 802.11

(6) 10Base-T 局域网的特征是(　　)。

　　A. 基带粗铜轴电缆,传输速率 10Mb/s

　　B. 基带细铜轴电缆,传输速率 10Mb/s

　　C. 基带双绞线,传输速率 10Mb/s

　　D. 宽带双绞线,传输速率 10Mb/s

(7) 在非屏蔽双绞线中,由于(　　),线缆要成对地扭绞在一起。

　　A. 线缆扭绞之后可以将 4 对线缆装配在 3 对线缆所需的空间中

　　B. 线缆扭绞之后会变得更便宜一些

　　C. 线缆扭绞之后会变得更细一些

　　D. 线缆扭绞之后可以减少噪声的干扰

(8) 主机与交换机进行网络连接时,应该使用下列线缆中的(　　)。

　　A. 全反线　　　　　　　　　　B. 交叉线(级联线)

　　C. 直联线　　　　　　　　　　D. 串口线

(9) 制作直连线时,根据 EIA/TIA 标准,两端 RJ-45 接口的线序为(　　)。

　　A. 棕白、棕、绿白、蓝、蓝白、绿、橙白、橙

　　B. 绿白、绿、橙白、蓝、蓝白、橙、棕白、棕

　　C. 橙白、橙、绿白、蓝、蓝白、绿、棕白、棕

　　D. 橙白、橙、蓝白、蓝、绿白、绿、棕白、棕

(10) 下列选项中(　　)叙述了多模和单模光纤介质的区别。

　　A. 多模光纤推荐用于建筑物之间的网络连接

　　B. 多模光纤的传输距离大于单模光纤的传输距离

　　C. 多模光纤比单模光纤具有更高的传输带宽

　　D. 多模光纤使用发光二极管(LED)作为光源,而单模光纤使用激光作为光源

(11) 下面选项中(　　)关于虚拟局域网(VLAN)的描述是正确的。

　　A. 交换机的一个端口可以同时属于多个不同的 VLAN

　　B. 一个 VLAN 属于一个广播域,其内部广播流量不会发送到其他 VLAN

　　C. VLAN 之间可以借助两层交换机通信

　　D. VLAN 只能够静态划分

二、思 考 题

(1) 分析比较以太网、快速以太网、千兆以太网和万兆以太网技术标准的区别。调查一下目前这些技术在实际网络工程中的应用情况。

(2) 查阅综合布线系统相关工程标准和设计方法,总结综合布线系统各个步骤需要完成哪些工程工作。

第3章

广域网接入设计

在完成用户园区内部网络设计后,往往需要考虑选择合适的技术接入 Internet,或者设计与远程园区网的连接通信,这就涉及广域网相关技术。本章将介绍常用的广域网接入技术。

3.1 广域网概述

广域网(Wide Area Network,WAN)是指一个广泛范围内建立的计算机通信网,它通常可以跨越很大的地理范围,能连接多个城市、地区或国家,提供远距离通信。

在实际应用中,广域网可与局域网互连,即局域网可视为广域网的一个终端系统,广域网要实现不同系统的互连和相互协同工作。与覆盖范围较小的局域网相比,广域网具有如下特点。

(1) 覆盖范围广,可连接地理位置相隔很远的设备。

(2) 数据传输速率较低,通常比局域网要慢。

(3) 数据传输质量不高,误码率和延时较大。

(4) 使用多种传输介质,如有线电缆、微波和卫星等,并且往往还需要借助大型通信公司的服务。

(5) 广域网管理和维护比局域网更困难。

对照 OSI 七层模型,广域网技术主要集中于底三层:物理层、数据链路层和网络层,主要涉及如何可靠地传输数据以及长距离传输的要求。广域网常见的交换类型有电路交换、报文交换和分组交换。

3.1.1 电路交换

电路交换(Circuit Switching)技术是指每次为通信会话建立、保持和终止一条专用物理电路。电路交换的优点如下。

(1) 传输时延小。电路交换的主要时延是物理信号的传播时延。

(2) 传输信道是独占的。通话双方一旦建立连接,便可独享物理信道,不会与其他用户通话发生冲突。

(3) 电路是"透明"的,可以传送各种格式的数据。

电路交换的缺点是双方建立物理信道所花费的时间比较长,而且由于电路在通信过程中被用户独占,导致信道利用率低。

3.1.2　报文交换

采用报文交换(Message Switching)技术时,当源节点有数据要发送时,首先把要发送的数据给中间节点,中间节点将数据存储起来,然后选择一条合适的出口将数据转发给下一个中间节点,如此循环直到数据发送到目的节点。

在采用报文交换的网络中,一般不限制数据块的大小,这就要求中间节点必须用磁盘或其他外设来缓存较大的数据块。此外数据块的转发会长期占用线路,导致时延非常大,这使得报文交换方式不太适合于交换式数据通信。

3.1.3　分组交换

分组交换(Packet Switching)是对报文交换的改进。在采用分组交换的网络中,必须将用户数据划分成一个个分组,而且每个分组都含有目的地址和源地址。分组的大小有严格的上限,这样使得每个分组可以缓存在中转节点的内存(而不是外设)中。

分组交换方式在线路上采用动态复用技术来传送各个分组,这样多个用户可以共享一条物理线路。分组交换的优点是能保证每个分组都不会长时间占用物理线路,因而它非常适合于交换式通信;另外由于采用分时复用线路的方式,网络线路的利用率较高。分组交换的缺点是每个分组在中间节点的处理时延是不确定的,因而分组交换不适合在实时性要求高的场合使用。

电路交换、报文交换和分组交换的比较如图 3.1 所示。

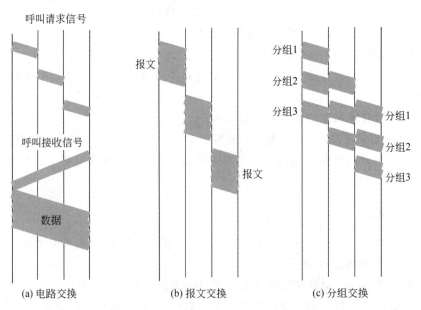

图 3.1　电路交换、报文交换和分组交换

分组交换在时延、线路利用率上都优于报文交换,提高了网络的吞吐量,因此在广域网中主要采用电路交换和分组交换两种技术。

在分组交换网中,为了实现两台网络设备之间的可靠通信,还可以采用虚电路

(Virtual Circuit，VC)技术，即源节点和目的节点在进行数据传输之前必须建立连接，即建立一条虚拟逻辑电路。例如，主机 A 有数据要发送到主机 B，则首先必须在主机 A 和主机 B 之间建立连接，这实际上就是在主机 A 和主机 B 之间建立一条虚电路，然后主机 A 将数据沿着建立好的虚电路发给主机 B。

虚电路有两种形式，分别是交换虚电路(SVC)和永久虚电路(PVC)。交换虚电路是一种按照需求动态建立的虚拟电路，当数据传送结束时，电路将会被自动终止。交换虚电路的通信过程包括 3 个阶段：电路创建、数据传输和电路终止。永久虚电路是一种永久性建立的虚电路，只具有数据传输一种模式。永久虚电路可以应用于数据传输频繁的网络环境，因为它不需要为创建或终止电路而消耗额外的带宽，所以线路利用率更高。当然，永久虚电路的成本往往也更高。

3.2　广域网接入技术

常用的广域网接入技术有公用交换电话网(PSTN)、数字数据网(DDN)、公用分组交换网 X.25、帧中继、综合业务数字网(ISDN)、数字用户线(xDSL)和 ATM 网等。下面将一一加以介绍。

3.2.1　PSTN

公用交换电话网(Public Switched Telephone Network，PSTN)就是我们打电话所用的语音传输网络。它是基于模拟技术的电路交换网络。由于电话的历史悠久、覆盖范围广，有现成的线路可以利用，因此，借助 PSTN 进行远距离通信的费用较低。

PSTN 是模拟信道，经 PSTN 通信的数字信号必须经调制解调器(Modem)实现数字信号和模拟信号之间的转换。Modem 是调制器/解调器(MOdulator/DEModulator)的缩写，负责实现数字信号和模拟信号之间的转换。

但由于 PSTN 是电话专线，数据传输率低，最高速率不超过 56Kb/s，因此常用于个人用户拨号接入远程 ISP 网络。

3.2.2　DDN

数字数据网(Digital Data Network，DDN)是一种半永久性连接电路的公共数字数据传输网络。它没有交换功能，以点对点方式实现半永久性电路连接。DDN 提供的接入传输速率范围较广。

DDN 是利用电信部门已有的长途数字电路和市内数字电路而建立的覆盖面广、功能齐全的通信网络，利用 DDN 组建计算机网络具有投资少、使用方便的特点。与 PSTN 接入相比，DDN 具有如下优势：无须拨号，操作简便；数据传输速率更高；稳定可靠，不会出现拨号上网中常见的线路繁忙、中途断线问题。DDN 凭借其高速、高稳定优势受到了行业用户的欢迎；但是对于普通用户来说，其费用相对偏高，而且网络灵活性不高。

DDN 用户有多种入网方式，用户端设备一般通过基带调制解调器接入，数据端设备利用电话线接入。

3.2.3　X.25

X.25 协议是由 ITU-T 制定的公用分组交换网络。X.25 协议于 1976 年成为国际标准,后来又经过多次补充和修订。

X.25 协议设计的出发点是建立一种高可靠性的网络通信机制,包含物理层、数据链路层和网络层 3 层。该协议是在通信网以模拟通信为主的时代背景下提出的,因此在设计时主要考虑如何在不可靠线路上进行数据传输,包含了大量纠错手段,这占用了一定带宽。此外,X.25 协议必须对数据进行重复打包,增加了无用数据的传输。

X.25 用户设备可分成两类:分组终端和非分组终端。分组终端是指具有 X.25 标准规定功能的设备,可以以同步方式接入 X.25 网络。普通计算机等终端属于非分组终端,需要配置 X.25 适配卡,安装相应协议软件后才能接入。

3.2.4　帧中继

帧中继(Frame Relay)也是一种分组交换技术,它可看作是 X.25 的简化和改进。帧中继大大简化了 X.25 中的纠错手段,从而在保持 X.25 优点的同时提高了数据传输的有效率,它提供的传输速率也大大超过 X.25。

帧中继的设计目标主要是针对局域网之间的互连,它是以面向连接的方式、以合理的数据传输速率与较低的价格提供数据通信服务。帧中继主要具有以下特点:(1)所用的传输连接是逻辑连接,多个逻辑连接可复用到一个物理连接上,实现了线路复用;(2)帧中继采用物理层和数据链路层两层结构,提高了信息处理效率;(3)采用了面向连接的交换技术,可提供永久虚电路和交换虚电路业务。

帧中继用户接入方式主要有以下几种:(1)局域网接入方式:这是最主要的接入方式,局域网通过路由器或帧中继转换设备接入帧中继网络;(2)普通用户接入方式:用户通过拨号上网方式接入帧中继网络;(3)专用帧中继网络接入公用帧中继网络:将专用帧中继网中的交换机配置成公用帧中继网络的用户。

3.2.5　ISDN

综合业务数字网(Integrated Service Digital Network, ISDN)利用公用电话网向用户提供端对端数字信道连接服务。最初的电话网主要结构是电路交换式电话网,适于模拟的话音传输,不适应现代通信需要。因此在 ITU 的主持下,各大电话电报公司于 1984 年达成一致:建立一个新的、全数字化的电话系统,即 ISDN,为了与后来出现的宽带 ISDN(B-ISDN)区别,将前一种 ISDN 称为窄带 ISDN(Narrow band ISDN,N-ISDN)。

ISDN 网络不同于传统的 PSTN。PSTN 网络中的用户信息通过模拟用户环线送至电话交换机后,经过模-数转换设备转换成数字信号,并经过数字交换和传输后,到达目的用户时又还原成模拟信号。ISDN 解决了用户环线的数字传输问题,实现了端到端的数字化。

N-ISDN 为用户提供两种访问接口:基本速率接口(Basic Rate Interface, BRI)和基群速率接口(Primary Rate Interface, PRI)。BRI 接口由两个速率为 64Kb/s 的 B 信道和

1 个速率为 16Kb/s 的 D 信道(2B+D)组成。B 信道用于传送数据,D 信道用于传送控制信令。PRI 接口在中国和欧洲的标准为 30B+D,其中 B、D 信道的速率均为 64Kb/s。

同 DDN 和帧中继相比,ISDN 的主要优势在于业务实现方便。ISDN 基于现有的公用电话网,凡是普通电话覆盖到的地方,只要电话交换机有 ISDN 模块,即可为用户提供 ISDN 服务。而对于 DDN 和帧中继,必须使用专用系统节点机。用户使用灵活方便。用户既可以作为电话使用,也可以进行数据传输,性价比高。因此 ISDN 适合于通信量少、通信时间短的用户,适合个人家庭用户接入 Internet 或中小企业局域网互连等。

随着光纤技术的发展,又提出了宽带综合业务数字网(Broad band ISDN,B-ISDN),它与 N-ISDN 的区别表现在以下 3 点。

(1) N-ISDN 以目前使用的公用电话交换网为基础,而 B-ISDN 是以光纤作为干线和用户环路传输介质。

(2) N-ISDN 采用同步时分多路复用技术,B-ISDN 采用异步传输模式(ATM)技术。

(3) N-ISDN 通路及其速率是预定的。B-ISDN 使用通路概念,但其速率不是预定的。

现在普遍开放的 ISDN 业务主要为 N-ISDN。

3.2.6　xDSL

数字用户环路 xDSL(Digital Subscriber Loop)是 HDSL、ADSL 和 VDSL 等技术的统称。高速数字用户环路 HDSL(High rate DSL)是在普通电话线上为用户提供双向传输速率为 2Mb/s 及以下传输速率的服务。非对称数字用户环路 ADSL(Asymmetric DSL)是继 HDSL 之后发展起来的传输速率更高的技术。超高速数字用户环路(Very high rate DSL)提供的传输速率比 ADSL 更高,但它是以缩短传输距离为代价的,因此,在实际使用中 ADSL 应用最广。

ADSL 的技术标准出台于 1997 年,它的传输分为上行、下行两个信道,且两个信道传输能力不对称。在一对普通电话双绞线上,下行信道(到用户)的传输速率可以达到 8Mb/s,上行信道传输速率可达到 1Mb/s。较充足的带宽使得传输多种数据(如视频、语音等)成为可能。由于 ADSL 采用特殊的信号调制技术,用户在接入 ADSL 的同时仍然可以进行普通电话的通信。

3.2.7　ATM

ATM(Asynchronous Transfer Mode,异步传输模式)是在分组交换技术的基础上发展起来的快速分组交换技术。ATM 技术是 20 世纪 80 年代后期由 ITU 针对电信网支持宽带多媒体业务而提出的。在 ATM 中,用户信息被组织成信元(cell),因为不需要对发送方的数据按统一步调进行发送,因此称为异步传输。

ATM 网络不提供任何数据链路层功能,而是将纠错和流量控制交给终端,简化了网络功能。ATM 参考模型分为物理层、ATM 层、ATM 适配层和高层协议,如图 3.2 所示。

图 3.2　ATM 参考模型

ATM 物理层负责完成将信元流转换为可传输的比特并处理物理介质的功能。物理层划分成两个子层：传输集中(Transmission Concentrate，TC)子层和物理介质相关(Physical Media Dependence，PMD)子层，它们用于将实际的 ATM 交换与物理接口分离开来，保证 ATM 能够在不同介质上传输。

ATM 层负责完成 ATM 信元交换等功能。ATM 交换机最重要的功能是完成 ATM 层的功能。ATM 层不提供差错控制和流量控制功能，不能很好地满足多数应用的要求。为了弥补这一不足，在 ATM 层之上定义了一个端到端的层，即 ATM 适配层(ATM Adaption Layer，AAL)。对应到 OSI 网络模型中，AAL 便是传输层。AAL 的功能是将高层的用户数据转换成 ATM 中的格式和长度。

ATM 的主要特点如下。

(1) ATM 是一种面向连接的技术，它采用小的、固定长度的数据传输单元，其长度为 53B。

(2) 各类信息均可以信元为单位进行传送。

(3) ATM 以时分多路复用方式分配网络带宽，网络传输时延小，满足实时通信要求。

(4) ATM 没有对链路的纠错与流量控制，协议简单，数据交换效率高。

因此，ATM 适用于高速交换业务。

3.3 广域网接入方案设计

本章介绍了几种广域网接入技术，从具体应用来看，主要用户是普通家庭个人用户和中小企业上网用户。对于大型企业组织机构，其本身就有可能是 ISP(Internet Service Provider)或 ICP(Internet Content Provider)，如何设计其接入方案呢？如果某企业有多个地理位置分布较远的分部，如何实现各分部的局域网之间互连呢？

3.3.1 大型园区网接入设计

对于大型园区网，不但需要保证网络内部畅通，为 E-mail、OA 和企业资源管理系统等信息系统的正常运行提供网络支撑，同时还需要为它的用户提供接入 Internet 的服务(如企业园区网要为所有员工提供 Internet 接入服务，大学校园网为全体学生和教工提供 Internet 接入服务)，而且有时候需要对外提供信息服务，保证 Web 网站、E-mail 系统等能通过 Internet 给园区网之外的相关用户提供高速、稳定的服务(如某企业开设的电子商务网站，希望尽可能多的客户来访问)。此时就要进行需求分析，以选择合适的广域网接入方案，并且在网络拓扑设计中包含接入设计。

目前大型园区网多采用以太网技术，随着相关技术的不断发展，"千兆主干跑，百兆到桌面"的架构已然普及，目前很多园区网都实现了"万兆核心骨干"。从层次化模型来看，在接入层和汇聚层，网络模式主要为快速以太网和千兆以太网，而核心层是由高性能三层交换机和路由器搭建的千兆乃至万兆以太网。在这种网络模式下，Internet 出口作为核心层的重要功能，选择合适的接入技术和适当的带宽，也是决定整个网络性能的关键。

以前出口路由器往往配置有串口，采用 DDN 或帧中继方式与 Internet 互连。随着光纤技术的发展,目前各大型 ISP 和电信服务商往往可为用户提供高速光纤接入服务,直接接入电信网络的汇聚层或核心层。例如,中国教育科研网(CERNET)在全国设有多个节点,各大院校可选择光纤方式接入最近的节点,租用带宽接入 Internet。此外,目前电信公司也往往提供光纤接入服务。因此,在进行广域网接入设计时,需要根据用户所愿承担的成本以及业务成本来决定所需带宽,选择合适的接入服务。

如果用户需要对外提供信息服务,如 Web 网站、电子商务网站和 E-mail 服务等,除了可以将上述信息服务器部署在用户网络内,与其他业务共享出口带宽之外,往往还可以考虑托管方式:各大型 ISP 和电信服务商的 IDC(Internet Data Center)可以提供租用服务器或服务器空间服务,根据服务器性能和所享带宽分成不同级别的服务价格,用户可根据需要进行选择。例如某电子商务公司内部员工人数较少,对接入 Internet 要求的带宽不高,但需要保证客户能通过 Internet 随时快速访问公司的电子商务网站,那么从成本角度考虑,采用 IDC 托管电子商务网站性价比更高,而公司内部局域网采用 ADSL 接入 Internet,远程管理被托管的网站,即可满足需要。

如果企业或组织单位有多个分支结构,地理位置分散,则还需要考虑不同分支局域网之间的互连。例如某大学分别在两地各有校区,一个为主校区,另一个为分校区。可以在两个校区之间架设专线(例如铺设、租用专用光纤或租用电信公司专线),实现互连;也可以借助 Internet,使用 VPN(虚拟局域网)技术实现,即使用公用网络,通过加密协议等建立安全的点对点连接(VPN 技术将在第 7 章详细介绍)。

3.3.2　广域网解决方案案例

某省为实现煤炭销售、税收和运输统一管理,需要建设一个全省范围的高效率业务网络,覆盖煤炭集中管销网点近 100 个,主要运输枢纽节点近 50 个,要求满足内部办公自动化(OA)应用需求,提高煤炭经营管理效率,增加全省煤炭行业利润。此外,还要对外提供网络信息服务,通过互联网发布相关规章通知,增加管理机构和民众的交流机会,促进政务信息公开。

由于该业务网覆盖节点众多,只有省级办公厅处于该省省会,中级节点分布在几个重要地市,还有很多分布在边远地区县镇的节点,通信基础设施情况良莠不齐,因此需要考虑采取多种广域网接入技术。具体广域网拓扑结构如图 3.3 所示。

从图 3.3 中可看出,整个网络结构为 3 层模型:核心层、汇聚层和接入层。处于网络核心层的是省级办公厅主干网络,它由一台具有路由器功能的高端防火墙(Juniper 3000 系列)和多台高端三层交换机(Cisco 6509)组成。出口防火墙通过租用中国电信的 200Mb/s 带宽服务,以光纤方式接入 Internet,下接 Cisco 6509。对外提供信息服务的 Web 服务器单独处于一个网段中,通过 QoS 策略设置业务优先级最高,以保证外部用户以较快的速度访问,为了安全性,单独设置了防火墙。

省级办公厅和地市节点的连接分为两类:距离省会近且主要的地市节点,业务数据传输量大,采用租用 100Mb/s 光纤专线的方式和省级办公厅网络互连。这样网络稳定性和安全性得到了保证。而距离省会较远或不重要的地市节点使用中国电信的 ADSL 专线接入省办公厅网络,带宽为 2Mb/s。

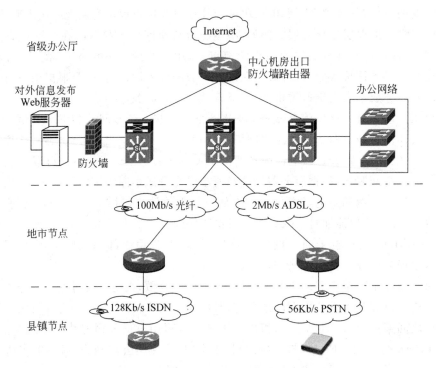

图 3.3　某省煤炭管理网络拓扑结构

而边远的县镇节点,如果公用电话网支持 N-ISDN 业务,则租用 128Kb/s 的 N-ISDN 业务接入上级地市网络;如果当地没有 ISDN 业务,则使用调制解调器,利用 PSTN 拨号接入上级地市网络。为了安全,上级网络需要架设 VPN 服务,供下级节点接入,保证数据的安全传输。

本广域网设计方案具有如下特点:高速链路采用专线,网络性能和安全性得到了保证;低速链路通过 VPN 技术,保证网络数据的安全传输。

3.4　本 章 小 结

本章介绍了广域网特点及交换技术,重点讲述了常见广域网接入技术的工作原理和特点,包括公用交换电话网(PSTN)、数字数据网(DDN)、公用分组交换网 X.25、帧中继、综合业务数字网(ISDN)、数字用户线(xDSL)和 ATM 网等。另外还介绍了广域网接入方案设计方法,并以一个案例加以解释。

习　题　3

一、选择题

(1) 广域网简称为(　　)。

　　A. LAN　　　　　　B. MAN　　　　　　C. WAN　　　　　　D. VPN

（2）以下属于广域网技术的是（　　　）。

  A. CSMA/CD B. DDN   C. 令牌环   D. 令牌总线

（3）以下主要用于数字信号和模拟信号之间转换的设备是（　　　）。

  A. 调制解调器 B. 路由器 C. 集线器   D. 交换机

（4）以下选项中（　　）不是广域网交换技术。

  A. 电路交换   B. 报文交换 C. 分组交换 D. 虚电路

二、思考题

（1）调查并研究一下目前中国主要 ISP 提供 Internet 接入服务的方式和价格。

（2）某学校主校区在北京，学生规模为 3 万人左右，同时在深圳设有研究生院分校区，学生有 2000 人左右。请设计一个简单的广域网方案。

第4章
IP 地址和路由规划

本章主要讨论 IP 地址规划和路由协议的选择。目前 Internet 还是普遍地使用 IPv4 协议,但是 IPv6 协议正在广泛推广。以我国为例,在中国教育科研网(CERNET)的推广下,建立了纯 IPv6 主干网 CERNET2,全国有 100 多所高校普遍实现了 IPv6 接入,用户数超过几百万个。因此本章将介绍从 IPv4 到 IPv6 的迁移技术,并针对 IPv6 的特点介绍在 IPv6 网络规划设计中的问题。

4.1 IP 地址概述

互联网协议(Internet Protocol, IP)在整个 Internet 和企业网中得到了广泛应用,它是大规模异构网络互连的关键协议。各种底层物理网络技术(如以太网、令牌环网等)通过运行 IP 协议能够互连起来。IP 协议的重要体现就是 IP 报文。IP 协议将所有的高层数据都封装成 IP 报文,然后通过各种物理网络和路由器进行转发,以完成不同物理网络的互连。IP 报头中重要的两个字段就是源 IP 地址和目的 IP 地址,指明了报文的发送方和接收方。IP 地址就是网络层地址,IPv4 地址和 IPv6 地址分别是 32 位和 128 位。

4.1.1 IPv4 地址

IPv4 地址是 32 位的二进制数字,通常使用"点分十进制"方式表示,即把地址用点分成 4 组,每组 8 位,每 8 位转换成对应的十进制,以便于使用。对每一组来说,最小值为 0,最大值为 255,如图 4.1 所示。

图 4.1 点分十进制法表示 IPv4 地址

IP 地址由网络号(Network)和主机号(Host)两部分组成,用于标识特定网络中的特定主机。其中,左边若干位表示网络,其余部分用来标识网络中的一个主机。IPv4 地址被分为 5 类:A、B、C、D、E。其中仅 A、B、C 类地址用于设备地址分配,D 类地址用于组播,E 类地址用于实验。IPv4 地址的第一字节中定义了地址的类别,如表 4.1 所示。

表 4.1　IPv4 地址类

类	格　　式	最　高　位	地　址　范　围	网　络　数	每个网络的主机数
A	N. H. H. H	0	1. 0. 0. 0～126. 255. 255. 255	126	16 777 214
B	N. N. H. H	10	128. 0. 0. 0～191. 255. 255. 255	16 386	65 534
C	N. N. N. H	110	192. 0. 0. 0～223. 255. 255. 255	2 097 152	254

注意，由于 0.0.0.0 被保留，127.0.0.0 用于回环地址（Loopback Address），当任何地址使用 127.x.x.x 发送数据时，计算机中的协议软件就将该数据送回，不在网络上传输。因此 A 类地址第一字节的范围是 1～126。

主机号全为 0 的地址是网络地址，不能分配给主机；主机号全为 1 的地址为直接广播地址，路由器使用这种地址将 IP 报文发送到特定网络中的所有主机。因此，在 A、B、C 类地址中，每一个网络的主机数为 2^n-2（n 为主机号位数，A 类地址有 24 位主机号，B 类地址有 16 位主机号，C 类地址有 8 位主机号）。

IPv4 的地址空间分为公有和私有两部分。为了解决 IPv4 地址短缺的问题，IETF 将 A 类、B 类和 C 类地址中的一部分指定为私有地址。每个单位或机构不需申请就可以使用这些私有地址。但是私有地址必须用在一个内部网络中，不能用于互联网通信，当内部网络中的主机想要访问互联网时，必须将私有地址映射成公有地址。RFC 1918 中对 IPv4 私有地址的定义如表 4.2 所示。

表 4.2　IPv4 私有地址

类	范　　围	网　络　号	地址块数
A	10. 0. 0. 0～10. 255. 255. 255	10	1
B	172. 16. 0. 0～172. 31. 255. 255	172. 16～172. 31	16
C	192. 168. 0. 0～192. 168. 255. 255	192. 168. 0～192. 168. 255	256

4.1.2　IPv6 地址

简洁高效的 IPv4 协议对 Internet 的快速发展功不可没，但是随着 Internet 的发展，也暴露了 IPv4 地址空间紧张的缺陷。为了解决 IPv4 地址短缺的问题，IPv6 地址设计成了 128 位的二进制数字，通常使用"冒号十六进制"表示法，即将 IPv6 的 128 位地址每 16 位划成一段，每段转换成 4 位十六进制数，并用冒号隔开，如图 4.2 所示。

每段前面的 0 可以省略。而且，如果地址中出现一个或多个连续 16 比特为 0 时，可以用"::"表示，但是一个 IPv6 地址中只能出现一次"::"。

IPv6 地址可以分为单播、组播和泛播（Anycast）几种类型，取消了广播地址。IPv6 单播地址又分成全球聚合单播地址、本地链路单播地址和本地站点单播地址，全球聚合单播地址类似于 IPv4 的公网地址。表 4.3 给出了 RFC 3513 中规定的 IPv6 地址分配方案。

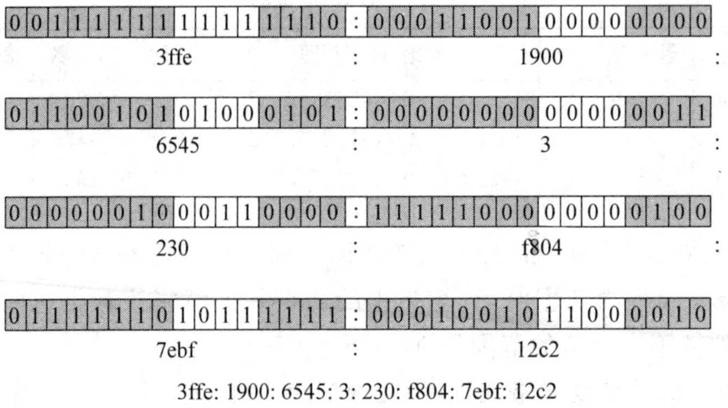

```
0 0 1 1 1 1 1 1 1 1 1 1 1 1 1 0 : 0 0 0 1 1 0 0 1 0 0 0 0 0 0 0 0
        3ffe             :              1900             :
```

```
0 1 1 0 0 1 0 1 0 1 0 0 0 1 0 1 : 0 0 0 0 0 0 0 0 0 0 0 0 0 0 1 1
        6545             :               3
```

```
0 0 0 0 0 0 1 0 0 0 1 1 0 0 0 0 : 1 1 1 1 1 0 0 0 0 0 0 0 0 1 0 0
        230              :              f804             :
```

```
0 1 1 1 1 1 1 0 1 0 1 1 1 1 1 1 : 0 0 0 1 0 0 1 0 1 1 0 0 0 0 1 0
        7ebf             :              12c2
```

3ffe: 1900: 6545: 3: 230: f804: 7ebf: 12c2

图 4.2　冒号十六进制法表示 IPv6 地址

表 4.3　IPv6 地址分配方案

分　配	前缀（二进制）	IPv6 表示
未指定地址	00…0（128 位）	∷/128
回环地址	00…1（128 位）	∷1/128
组播地址	1111 1111	FF00∷/8
本地链路单播地址	1111 1110 10	FE80∷/10
本地站点单播地址	1111 1110 11	FEC0∷/10
全球聚合单播地址	其他所有前缀	其他所有前缀

泛播地址是单播地址的一部分,仅看地址本身节点是无法区分泛播地址与单播地址的。目前泛播地址分配给路由器使用,通过显式方式指明泛播地址。

4.2　IP 地址规划

为了使网络正常运行,正确分配 IP 地址是很关键的,而且如果地址分配合理,可便于对地址进行汇总。地址汇总可以确保路由表更小,路由表查找效率更高,路由更新信息更少,减少对网络带宽的占用,而且更容易定位网络故障(因为网络变化影响到的路由器更少)。

因此,在网络设计中确定用户网络所需 IP 地址范围和 IP 地址使用方式是非常重要的。如果用户网络需要接入 Internet,那么必须申请公有地址。目前 Internet 上仍然广泛使用 IPv4 协议。由于 IPv4 地址空间匮乏,很难申请到足够目前使用并且满足近期及远期发展的地址数量,因此往往需要考虑是否采用 IPv4 私有地址。如果用户网络有接入 IPv6 的需求,则还要申请 IPv6 地址。IPv6 地址充裕,因此可以考虑长远发展规划,避免在短期内重新申请,减少多余开销。

本节首先介绍如何确定一个网络中需要多少 IP 地址,如何申请 IP 地址。如果使用 IPv4 私有地址,怎样使用网络地址转换(NAT)接入 Internet。接着介绍如何划分子网掩码。最后介绍采用层次化方法分配 IP 地址实现地址汇总。

4.2.1 确定所需 IP 地址数量

为了确定用户网络中需要 IP 地址的数量,要通过需求调研和实地考察的方式来确定哪些设备需要 IP 地址(这些设备包括路由器、交换机、防火墙、服务器、IP 电话和办公 PC 等),需要确定每个设备有几个接口需要 IP 地址。

此外,还要考虑由于网络的发展,需要保留一定地址,一般需要预留总数的 10%～20%。如果没能预留足够的地址空间,那么随着网络规模扩展,将不得不重新配置路由器,增加新的子网和路由信息。在最坏情况下,可能不得不需要为整个网络重新分配地址。

确定所需 IP 地址数量后,如果用户网络需要接入 Internet,则需要向相关网络地址管理机构申请地址,通常向提供 Internet 接入服务的 ISP 申请地址空间,包括申请 IPv4 地址和 IPv6 地址。

以某高校为例,作为中国教育科研网(CERNET)用户,CERNET 给其分配了 128 段 C 类地址块。该校又同时租用中国电信 100Mb/s 接入服务,中国电信给该校分配了一段 B 类地址中的 128 个 IPv4 地址。CERNET 为其分配的 IPv4 地址数量可以满足当前需求,但是不能保证远期发展有足够的 IPv4 地址,而且就目前 IPv4 地址紧缺的情况看,未来也难以向 CERNET 申请更多的 IPv4 地址,因此需要考虑使用私有地址。中国电信给该校提供的 IPv4 地址更少,仅用于校园网接入电信网时的 NAT 转换使用。

此外,该高校校园网同时支持 IPv6,接入了中国教育科研网 IPv6 网络 CERNET2。因此也需要申请 IPv6 地址,该校申请了前缀为 48 位的 IPv6 地址段(2001:250:200::/48),理论上有 2^{80} 个 IPv6 地址,足以满足相当长一段时间内网络的发展需要。

4.2.2 网络地址转换(NAT)

因为可用的 IPv4 公有地址数量有限,往往无法从 ISP 那里申请足够的 IPv4 地址,而且未来申请 IPv4 地址会越来越困难,所以考虑到网络发展的需要,可以在网络内部使用 IPv4 私有地址。

私有地址仅用于网络内部,在与 Internet 进行通信时必须使用公有地址。在使用私有地址的网络中,当数据被发送到 Internet 时,内部私有地址必须被转换成公有地址,当数据从互联网返回内部网络时,这些公有地址又必须转换回私有地址。这就是网络地址转换(Network Address Translation,NAT),通常使用 NAT 设备来实现。很多网络设备(如防火墙、路由器)都可以提供 NAT 服务。图 4.3 给出了 NAT 转换过程。

NAT 设备通常要定义出站接口和入站接口。入站接口连接内部网络,出站接口连接 Internet。此外还要定义用于翻译的公有地址。

NAT 设备中有一个 NAT 表,它可以动态建立,也可以由网络管理员静态配置。NAT 表记录私有地址和公有地址的映射关系。

当主机 1 需要访问外部互联网上的一台 Web 服务器时,一个报文从 172.16.0.3 发送到 166.111.4.100(图 4.3 中标号 A),报文经过 NAT 设备后源地址被翻译为 202.4.130.11

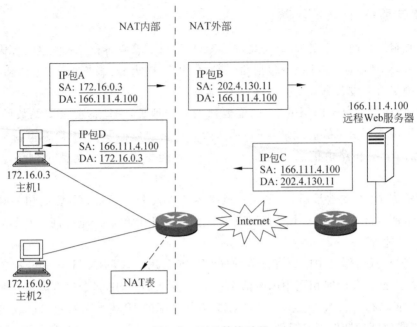

图 4.3 NAT 转换过程

(图 4.3 中标号 B)。然后报文经过互联网到达目的地——Web 服务器。该服务器把数据回复给 202.4.130.11(图 4.3 中标号 C)。当 NAT 路由器收到报文 C 时,查找 NAT 表将报文的目的地址翻译为 172.16.0.3(图 4.3 中标号 D),然后报文被发送到目的主机 1。

从 NAT 的转换过程可以想象,如果 NAT 设备要同时支持多台主机的并发会话,如果采用上述的一对一地址映射,那么就需要多个公有地址以备映射。因此,很多 NAT 设备支持地址复用:多个内部地址被翻译成一个外部地址,使用 TCP/UDP 端口号来区分不同的连接。此时 NAT 转换表中还要保存这些端口信息。这样不需要太多的公有地址即可满足大量内部网络用户同时与 Internet 通信的需求。

如果内部网络中架设了一些对外提供信息服务的服务器(如 Web 服务器、FTP 服务器等),就需要这些服务器有固定的公有地址。此时可以在 NAT 设备上静态设置私有地址和公有地址的映射关系,设置的公有地址就会始终保留给服务器使用,而不会动态分配给其他和外网通信的主机。

4.2.3 划分子网

我们知道路由器(Router)是典型的第 3 层(网络层)设备,用于连接多个逻辑分开的网络。所谓逻辑网络代表一个单独的网络或一个子网,通常为一个广播域。当数据从一个子网传输到另一个子网时,需要通过路由器判断数据的网络地址选择路径,完成数据转发工作。路由器要使用子网掩码完成计算网络地址的功能。

在配置路由器的接口地址时,需要配置 IP 地址和相应的掩码。路由器不仅要使用这些信息作为接口编址,还要确定接口所连子网的地址,把它记入路由表中,作为连接到该接口的直连逻辑网段。

　　子网掩码是 32 位二进制数字,左边连续为 1 的位对应 IP 地址的网络号,右边连续为 0 的位对应 IP 地址的主机号。因此报文到达路由器时,路由器对报文的目的地址进行分析,将目的地址与子网掩码进行"逻辑与(AND)"操作。因为任何数与 1 进行 AND 操作,结果仍为本身,而任何数与 0 进行 AND 操作,结果为 0,所以这样得到的结果就是子网地址(即子网号)。

　　得到子网号后,路由器通过查询路由表确定哪个接口到达该子网是最佳的,路由器则将报文从该接口发送出去。如果路由器不存在到达目的子网的路由信息,则将该报文丢弃,通过 ICMP 将错误信息发送给报文源点。

　　了解路由器如何使用子网掩码工作后,可以根据需要再划分子网,而不是默认一段 A 类、B 类或 C 类地址只能处于一个逻辑网段中。划分子网就是把一个较大的网络划分成几个较小的子网,每个子网都有自己的子网地址。将一个较大的网络划分成几个较小的子网,既可以提高 IP 地址的利用率,又可以限制广播帧扩散范围,提高网络安全性,也利于对网络进行分层管理。

　　划分子网关键要确定所需的子网数和每个子网上需要的主机数。然后据此计算所需子网号位数和主机号位数,计算出子网掩码。

　　假设有一段 C 类地址 192.168.3.0,需要划分为 12 个子网,每个子网最多有 8 台设备。首先确定子网号位数 n,从 $n=1$ 开始递增,用 2^n 与所需子网数进行比较,直到子网数 $\leqslant 2^n$,此时 n 为子网号位数。在本例中,$12 \leqslant 2^4$,所以子网号位数为 4。那么剩余的主机号位数为 $8-4=4$,每个子网中最多有 $2^4-2=14$ 台设备,满足需求。此时子网掩码为 255.255.255.240。子网划分完毕。

　　为了确定所有的子网地址,可以保持基本网络号不变,写出子网号的所有组合,主机号全为 0 的地址就是子网地址,最后将二进制转换成十进制,得到所有的子网地址,如图 4.4 所示。

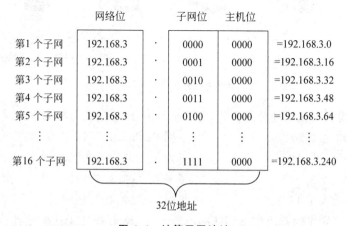

图 4.4　计算子网地址

　　如图 4.4 所示,第一个子网地址为 192.168.3.0,掩码为 255.255.255.240,或者记为

192.168.3.0/28,其中 28 表示网络号加子网号的长度。第二个子网地址为 192.168.3.16/28,依此类推。还可以写出每个子网所能分配的设备地址,主机位全 0、全 1 的不能分配。以子网 2 为例,所能分配的设备地址是 192.168.3.17、192.168.3.18、…,直到 192.168.3.30,一共 10 个主机地址。

4.2.4 层次化 IP 地址规划

IP 地址分配是一个重要步骤,分配不合理就会出现网络管理困难或混乱。层次化 IP 地址规划是一种结构化分配地址方式,而不是随机分配。电话网络就很类似于这种情况,先按照国家进行划分,每个国家再依次划分成多个地区。层次化的结构使电话交换机只需保存很少的网络细节信息,例如北京的区号是 10,则其他省级电话交换机只需要知道北京的区号 10,而不必记录北京市的所有电话号码。

IP 地址层次化分配也能取得类似的效果。层次化地址允许网络号的汇聚,当路由器使用汇总路由代替不必要的路由细节时,路由表可以变得更小。这不仅可以使路由器节省内存,加快路由查找速度,而且意味着路由更新信息更少,占用更少的网络带宽。此外,层次化方式还可以更加有效地分配地址。

图 4.5 为某公司的网络拓扑结构,该单位申请到了 4 段 C 类地址:202.4.2.0/24、202.4.3.0/24、202.4.4.0/24 和 202.202.5.0/24。根据业务需要,划分了 8 个逻辑子网,每个子网最多能有 126 台主机。

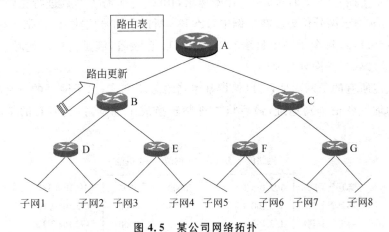

图 4.5 某公司网络拓扑

如果不采用层次化地址分配方式,每个子网 IP 地址随机分配如下:

子网 1:202.4.2.0/25   子网 2:202.4.5.128/25
子网 3:202.4.3.128/25   子网 4:202.4.4.0/25
子网 5:202.4.3.0/25   子网 6:202.4.5.0/25
子网 7:202.4.4.128/25   子网 8:202.4.2.128/25

路由器 D、E 发送的路由信息到达路由器 B 后,路由器 B 无法汇聚路由,只能将路由表中的所有信息(即子网 1、2、3、4 共 4 项路由信息)发送给其他路由器。路由器 C 也是同样的情况,要将所有路由信息(即子网 5、6、7、8 共 4 项路由信息)发给其他路由器。由于路由无法汇聚,最后核心路由器 A 需要记录 8 个子网的路由信息。图 4.6 给出了路由器 A 的路由表(假设与路由器 B 相连的端口为 E1,与路由器 C 相连的端口为 E2)。

同样,对于图 4.5 所示的网络,如果采用层次化方式分配地址,路由器 D 连接的两个子网使用同一段 C 类地址划分如下:

子网 1:202.4.2.0/25   子网 2:202.4.2.128/25

这样路由器 D 向其他路由器发送路由更新信息时,则不必发送两个子网的细节,而仅需发送汇总路由(即到网络号 202.4.2.0/24 的路由信息)。其次,路由器 D 和路由器 E 都连接在路由器 B 上,如果让子网 1、2 和子网 3、4 的地址连续,如下:

子网 1:202.4.2.0/25   子网 2:202.4.2.128/25
子网 3:202.4.3.0/25   子网 4:202.4.3.128/25

则路由器 B 就可以汇总路由,路由器 B 不需要分别发送 202.4.2.0/24 和 202.4.3.0/24 的路由信息,只需要发送汇总后的路由信息,即子网 202.4.2.0/23 的路由信息。

同样,如果子网 5、6、7、8 地址如下划分:

子网 5:202.4.4.0/25   子网 6:202.4.4.128/25
子网 7:202.4.5.0/25   子网 8:202.4.5.128/25

则路由器 C 也可以汇总路由,只需要向其他路由器发送汇总后的路由信息,即子网 202.4.4.0/23 的路由信息。

此时路由器 A 的路由表只需两项路由信息,如图 4.7 所示。

目的地址	转发端口
202.4.2.0/25	E1
202.4.5.128/25	E1
202.4.3.128/25	E1
202.4.4.0/25	E1
202.4.3.0/25	E2
202.4.5.0/25	E2
202.4.4.128/25	E2
202.4.2.128/25	E2

图 4.6 非层次化地址分配后路由器 A 的路由表

目的地址	转发端口
202.4.2.0/23	E1
202.4.4.0/23	E2

图 4.7 层次化地址分配后路由器 A 的路由表

由此可见,使用层次化地址规划使得骨干网上的路由表更小,减轻了核心路由器的处理压力。另外,也意味着小型局部故障不需要在整个网络中通告。例如,如果路由器 D 和子网 1 相连的端口发生故障,此时汇总路由不必发生变化,去往子网 1 的流量由路由器 D 回复错误信息,因而故障不会通知到核心路由器和其他地区,减少了路由更新导致的网络和路由器开销。

注意,这样汇总路由后,路由器发送路由更新信息时,必须携带网络位的长度,这种表示方法也称为 CIDR(Classless Inter-Domain Routing,无类别域间路由)格式,即 A. B. C. D/n 格式。斜线后面的 n 表示该地址块中前 n 位都是相同的,在 CIDR 术语中前面相同的位称为前缀,n 则称为前缀长度。

4.3 路 由 协 议

完成划分子网和 IP 地址层次化分配后,用户网络可能被划分成多个逻辑网络,每个逻辑网络都是一个广播域,不同逻辑网络之间的通信需要使用路由器来实现。路由器的功能就是将每个报文按照到达目的网络的最佳路径转发。而路由器必须使用一定的路由协议才能彼此学习路由信息,为报文选择最佳路径,因此在网络规划设计中,选择并配置合适的路由协议也是影响最终网络性能的关键因素。

4.3.1 路由模式

我们知道路由器通过查询路由表进行 IP 报文转发。路由表中的每一项就是一条路由信息,一项路由信息应该包括目的地址/前缀长度、下一跳地址(Next Hop)和接口(Interface)。图 4.8 给出了某 Juniper 防火墙(带路由器功能)的路由表信息。

trust-vr

	IP/Netmask	Gateway	Interface	Protocol	Preference	Metric	Vsys	Configure
*	58.59.1.15/32	202.112.41.73	ethernet1/2	S	20	1	Root	Remove
*	58.59.1.16/31	202.112.41.73	ethernet1/2	S	20	1	Root	Remove
*	58.60.8.0/21	202.112.41.73	ethernet1/2	S	20	1	Root	Remove
*	58.61.32.0/23	202.112.41.73	ethernet1/2	S	20	1	Root	Remove
*	58.61.34.0/24	202.112.41.73	ethernet1/2	S	20	1	Root	Remove
*	58.61.164.0/23	202.112.41.73	ethernet1/2	S	20	1	Root	Remove
*	58.61.166.0/24	202.112.41.73	ethernet1/2	S	20	1	Root	Remove
*	58.61.224.0/19	202.112.41.73	ethernet1/2	S	20	1	Root	Remove
*	58.63.243.240/32	202.112.41.73	ethernet1/2	S	20	1	Root	Remove
*	58.68.128.72/32	202.112.41.73	ethernet1/2	S	20	1	Root	Remove
*	58.154.0.0/15	202.112.41.73	ethernet1/2	S	20	1	Root	Remove
*	58.192.0.0/12	202.112.41.73	ethernet1/2	S	20	1	Root	Remove
*	58.211.7.0/25	202.112.41.73	ethernet1/2	S	20	1	Root	Remove
*	58.211.15.0/24	202.112.41.73	ethernet1/2	S	20	1	Root	Remove

图 4.8 Juniper 防火墙路由表

路由表中往往包含一项特殊路由信息:前缀长度为 0,通常记为 0.0.0.0/0,这是默认路由。默认路由可以匹配任意 IP 地址,只有其他路由项和 IP 报文目的地址都不匹配时才采用默认路由。

当路由器需要转发 IP 报文时,它就在路由表中查找目的地址/前缀长度与 IP 报头中目的 IP 地址相匹配的那一项。具体方法如下。

(1)将路由表中目的地址与 IP 报文的目的 IP 地址从左向右进行比较,如果相同位的数目大于或等于前缀长度值,则匹配该项路由信息。

(2)如果有多项路由信息和 IP 报文的目的 IP 地址匹配,则按照"最长匹配前缀"选择,按照前缀长度最大的那条路由项转发报文。

(3)没有匹配的路由项时,如果存在默认路由,则按默认路由转发报文;如果没有默认路由,则丢弃此报文,向报文的源端发送一条目的不可达 ICMP 差错报文。

路由表中的路由项可以由管理员手工配置,这类称为静态路由;也可以是路由器通过路由协议动态学习生成,这类称为动态路由。

动态路由能适应网络拓扑的变化,但对于静态路由,当网络拓扑结构发生变化时,网络管理员必须手工修改路由器配置。但是静态路由也具有很多优点:当网络没有冗余链路时,静态路由是最有效的路由机制,不必因为学习路由而消耗网络带宽;此外静态路由可以根据需要确定 IP 报文传输路径,可用于加强安全访问控制。因此需要根据实际需要,合理使用静态路由和动态路由,注意两者之间的协调。

4.3.2　路由度量

路由器的重要工作就是确定到达目标网络的最佳路径。路由协议要用一定的度量标准来评估哪一条路径最佳,主要有以下度量方法。

(1) 跳数:到达目标网络所经过的路由器个数称为跳数,跳数最少的路径为最佳。

(2) 带宽:网络链路的带宽,带宽最小的路径最不理想。

(3) 时延:累计时延最小的路径为首选路径。如果采用时延度量,路由器可以通过发送一个"回应请求"报文,等接收到其他路由器的"回应响应"报文后,测出它到其他路由器的时延。

(4) 代价:通常与带宽成反比,由最慢的链路组成的路径代价最高,因而是最不理想的路径。

(5) 负载:路径的利用率(即当前使用了多少带宽)。因为负载经常会发生变化,因此默认情况下不被列入路径的计算中。

(6) 可靠性:成功传输报文的可能性。因为可靠性也经常发生变化,因此默认情况下不被列入路径的计算中。

一些路由协议使用组合度量,例如同时考虑带宽、时延等。

4.3.3　路由协议的分类

按照不同分类方法,路由协议可以分成内部和外部、距离矢量(V-D)和链路状态(L-S)、平面型和层次型、类别化和无类别化路由协议。

1. 内部和外部路由协议

自治系统(Autonomous System,AS)是指由一个组织所控制的网络。一个自治系统拥有独立而统一的内部路由策略,它对外呈现一致的路由状态。

一个自治系统内部使用的路由协议称为内部网关协议(Interior Gateway Protocol,IGP)。IGP 的目的是寻找 AS 内部所有路由器之间的最短路径。常见的 IGP 协议有 RIP 和 OSPF。

为了维护自治系统之间的连通性,每个 AS 中必须有 1 个或多个路由器负责将报文转发到其他 AS,这些路由器称为边界路由器。自治系统之间使用的路由协议称为外部网关协议(Exterior Gateway Protocol,EGP)。EGP 的目的是维护 AS 之间的"信息可达"。常用的 EGP 协议有 BGP-4。

2. 距离矢量和链路状态路由协议

距离矢量(Distance-Vector)路由协议,简称 V-D 协议,要求路由器之间定期交换路由更新报文,路由更新报文中包含到目的网络的距离矢量。当网络使用距离矢量路由协议时,所有路由器只能向它的邻居路由器发送路由更新报文。然后路由器使用接收到的路由更新报文来确定是否需要修改自己的路由表。这个过程会周期性进行。

距离矢量表包含到所有目的节点的距离,距离的度量单位通常使用跳数。当距离矢量路由协议刚开始工作时,每个路由器只包含到它邻居路由器的距离,而到其他非邻居路由器的距离是无穷大。但是随着时间的推移,邻居路由器间不断交换距离矢量表,每个路由器就能计算出到其他路由器的最短距离了。

当所有路由器上的路由表都被同步时,网络即趋于收敛,这时所有路由器都包含指向任意可达子网的路由。当网络拓扑结构发生变化时,网络上所有路由器就网络拓扑达成一致,重新趋于收敛所需要花费的时间称为收敛时间。

距离矢量路由协议收敛慢,而且采用跳数作为度量,没有考虑链路的带宽等因素,因此随着网络规模的不断发展,又提出了链路状态路由协议。

链路状态(Link-State)路由协议简称 L-S 协议,每个路由器在网络发生变化时,可以向其他所有路由器(通常是划分好的一个区内的所有路由器)发送自己的接口(链路)状态。每个路由器使用收到的信息重新计算到每个目标网络的最佳路径,然后更新路由表。

与距离矢量协议只是在邻居间交换路由信息相比,链路状态协议网络在拓扑结构发生变化时,所有路由器之间发送更新信息,所以能够快速收敛。

常见的距离矢量路由协议有 RIP 和 IGRP,常见的链路状态路由协议有 OSFP 和中间系统到中间系统协议(IS-IS)。

3. 平面型和层次型路由协议

平面型路由协议将路由信息在整个网络内扩散。随着网络规模的扩大,路由器的路由表也会成比例增长。如果使用平面型路由协议,那么计算、存储和交换路由表所花费的代价会越来越大,因此需要分层次进行路由。层次型路由协议允许网络管理员将网络划分成多个区,限制路由在不同的区进行扩展。

采取层次型路由协议后,路由器被划分成不同区域,区域内部路由器只知道本区域内的路由情况,区边界路由器负责本区和其他区的路由,这样避免了区域内部路由信息在整个网络上扩散。支持层次化的路由协议主要有 OSPF 和 IS-IS 等。

4. 类别化和无类别化路由协议

类别化路由协议发送的路由更新信息中不包含子网掩码(或者前缀长度),所以路由器必须为自己收到的路由信息确定子网掩码,如果路由器有一个接口地址与收到的路由信息属于相同主网,则路由器使用与接口相同的掩码,否则路由器将根据地址类别(A类、B类、C类)使用默认子网掩码。因此,如果使用类别化路由协议,则必须使用定长子网掩码,相同主网的所有子网必须使用相同的子网掩码,相同主网的所有子网必须连续。类别化路由协议在主网边界自动汇总路由。

无类别化路由协议发送的路由更新信息中包括子网掩码(或者前缀长度),所以不需要设备确定掩码。因此,IP 地址规划时,可使用变长子网掩码,各子网可以不连续。

类别化路由协议有 RIPv1 和 IGRP，无类别化路由协议包括 RIPv2、OSFP、IS-IS 和 BGP-4 等。

4.3.4　路由协议的选择

路由协议使路由器动态地学习如何到达其他网络以及如何与其他路由器交换路由信息。针对用户网络的特点，选择合适的路由协议，保证网络拓扑发生变化时能快速收敛，而且尽可能使路由更新信息较少，以减少网络带宽和设备处理的花费（这也是影响网络整体性能的关键点）。

为了确定哪一种路由协议更适合用户网络，应该理解用户的需求目标和不同路由协议的特征，从中选出最满足需求的路由协议。4.3.3 节介绍了不同路由协议的分类方法。表 4.4 给出了常用路由协议对应的分类特点。

表 4.4　路由协议对比表

	内部或外部	距离矢量或链路状态	支持层次型结构	类别化或无类别化	度量	收敛时间	支持的网络规模
RIPv1	内部	距离矢量	不支持	类别化	跳数	慢	小型
RIPv2	内部	距离矢量	不支持	无类别化	跳数	慢	小型
IGRP	内部	距离矢量	不支持	类别化	组合①	慢	中等
EIGRP	内部	混合型	支持	无类别化	组合	快	大型
OSPF	内部	链路状态	支持	无类别化	代价	快	大型
IS-IS	内部	链路状态	支持	无类别化	代价	快	超大型
BGP-4	外部	路径矢量	不支持	无类别化	路径属性	慢	超大型

设计网络时往往会使用层次化模型，选择路由协议时也可以根据核心层、分布层和接入层各层的不同需求选择不同的路由协议。

1. 核心层路由协议

核心层是网络的骨干，提供高速链接，通常使用冗余链路保证网络的高可用性，而且应该能够实现同等路径之间的负载均衡。当链路失效时，应该能及时做出反应，并尽快适应改变。因此需要选择收敛快速的路由协议 OSPF 和 IS-IS，如果路由器都是思科设备，还可以使用思科私有路由协议 EIGRP。OSPF 和 IS-IS 要求带有区域定义的层次化拓扑结构，EIGRP 虽然支持层次化拓扑结构，但是它不要求这种结构。由于 EIGRP 是思科公司专有协议，必须所有路由器都是思科产品才可使用，而 IS-IS 配置较为复杂，因此在核心层往往使用 OSPF 协议。

距离矢量路由协议（如 RIPv2）不适合作为核心层路由协议，因为它收敛太慢，当链路发生变化时，可能导致网络连接中断。

2. 分布层路由协议

分布层汇聚接入层，实现到核心层的连接，原则上可以使用任何内部路由协议，如 RIP、OSPF 和 IS-IS，如果路由器都是思科设备，还可以使用思科私有路由协议 IGRP 和

---

① 组合度量指支持带宽、延迟、可靠性和负载。

EIGRP。分布层不仅要进行路由,还要重新分配或过滤核心层和接入层之间的路由信息。

路由重新分配是指一个网络中运行了两种或两种以上路由协议,那么来自一种路由协议的信息被重新分给另一种路由协议(或为另一种路由协议共享)。路由的重新分配由运行多种路由协议的路由器完成。在路由重新分配中可能会产生回路,因此还需要考虑路由过滤,即禁止通告某些路由信息,以避免产生回路。

3. 接入层路由协议

接入层向用户提供访问网络资源访问。接入层设备的内存和处理能力没有核心层和分布层大,因此选择路由协议时要加以考虑。由于接入层设备内存小,因此分布层应该对进入该层的路由信息进行过滤。

接入层可选择使用静态路由,如果使用动态路由,可选择的路由协议包括 RIPv2 和 OSPF。如果路由器都是思科设备,还可以使用思科私有路由协议 IGRP 和 EIGRP。

4.4 IPv6 迁移技术

IPv6 协议在地址空间、QoS 和安全机制上与 IPv4 相比都大大地改进了,但是任何新旧交替都将有一段漫长的过程,IPv4 和 IPv6 的共存还将持续很长时间。因此在网络规划与设计中必须考虑对 IPv6 的支持问题:新增设备是否支持 IPv6? 现有设备哪些不支持 IPv6? 可使用哪些技术为用户提供 IPv6 服务? 2003 年 6 月美国国防部宣布不再购买不支持 IPv6 的网络设备,这无疑是网络设备选型的趋势。所幸现在网络设备厂商生产的三层设备(路由器、防火墙和三层交换机等)均支持 IPv6。所以 IPv6 网络规划的主要问题集中在 IPv4 和 IPv6 互操作上,即迁移技术。

IPv6 迁移技术主要包括双栈协议、隧道技术和网络地址转换-协议转换 3 种。

双栈协议机制(Dual Stack)允许 IPv4 协议和 IPv6 协议在同一个网络中共存,可以使一台主机同时安装两种协议。主机可以决定何时使用 IPv4 或是 IPv6 相连。

网络地址转换-协议转换(Network Address Translation-Protocol Translation,NAT-PT)在网络边缘利用转换网关来在 IPv4 和 IPv6 网络之间转换 IP 报头的地址,同时根据协议不同对分组做相应的语义翻译,从而使纯 IPv4 和纯 IPv6 站点之间能够透明通信。

隧道(Tunnel)技术将 IPv6 的报文封装到 IPv4 的报文中,封装后的 IPv4 报文将通过 IPv4 的路由体系传输。隧道包括隧道入口和隧道出口(隧道终点),这些隧道端点通常都是双栈节点。

目前大多数用户终端主机只需要更新软件即可支持 IPv6 协议,如使用 Linux 和 Windows 操作系统的 PC 和服务器,操作系统都带有 IPv6 软件。如果网络上所有三层设备也支持 IPv6,那么采用双栈协议是最简单有效地实现 IPv4 和 IPv6 共存的方法。

在中国下一代互联网(China Next Generation Internet,CNGI)项目的推动下,目前中国教育科研网已经建立了 IPv6 主干网 CERNET2,全国超过 100 所大学接入 CERNET2。这些大学校园网设备在不断改造升级中均支持 IPv6,因此采用双栈协议最为普遍。

如果网络上存在不支持 IPv6 的三层设备或主机,那么就要使用隧道技术实现在纯

IPv4 网络上传输 IPv6 数据,或使用 NAT-PT 技术实现 IPv4 与 IPv6 的通信。在实际部署中,隧道技术更常用,下面介绍几种典型的隧道技术。

4.4.1 ISATAP

ISATAP(Intra-Site Automatic Tunnel Addressing Protocol,站内自动隧道寻址协议)将 IPv4 网络作为 IPv6 的虚拟数据链路层,把 IPv6 报文封装在 IPv4 报文中,通过 IPv4 网络传输。ISATAP 是在 RFC 4214 中定义的地址分配和自动隧道技术,ISATAP 主机使用分配了 ISATAP 地址的逻辑隧道接口,地址的格式如图 4.9 所示。

图 4.9　ISATAP 地址

第一部分为 64 位的网络前缀,第二部分为 32 位固定值 0:5EFE,第三部分为 ISATAP 主机的 32 位 IPv4 地址。

图 4.10 给出了 ISATAP 隧道的应用模式。

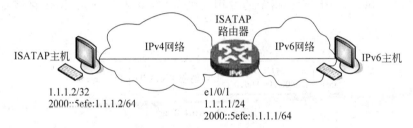

图 4.10　ISATAP 应用模式

在图 4.10 中,当一台主机使用 ISATAP 隧道,经过 IPv4 与远程 IPv6 站点通信时,工作步骤如下。

(1) 主机获得 ISATAP 地址,并将下一跳设为 ISATAP 路由器的 ISATAP 地址。

(2) 当 ISATAP 主机送出目的地为所在子网络以外的地址时,ISATAP 先将 IPv6 数据包进行 IPv4 封装,然后以隧道方式送到 ISATAP 路由器的 IPv4 地址。

(3) ISATAP 路由器除去 IPv4 包头后,将 IPv6 数据包转送给 IPv6 网络中的目的 IPv6 服务器。

(4) IPv6 服务器直接将应答的 IPv6 数据包发回给 ISATAP 网络。

(5) 在应答 IPv6 数据包经过 ISATAP 路由器时,ISATAP 路由器先将应答 IPv6 数据包进行 IPv4 封装,然后再转发给 ISATAP 主机。

(6) ISATAP 主机收到应答数据包后,将数据包去掉 IPv4 包头,恢复成原始 IPv6 数据包。

通过这个工作过程可以看出,如果主机要使用 ISATAP 技术通过 IPv4 网络传输 IPv6 报文时,必须要知道 ISATAP 路由器的地址,一般需要手工设置。图 4.11 给出了 Windows 2003 下设置 ISATAP 路由器的命令。

```
C:\>int
netsh interface>ipv6
netsh interface>ipv6>install
netsh interface ipv6>isatap
netsh interface ipv6 isatap>set router ISATAP路由器地址
```

图 4.11　Windows 2003 下设置 ISATAP 路由器的命令

当两台 ISATAP 主机通信时,可自动抽取出 IPv4 地址建立隧道即可通信,并且不需通过其他特殊网络设备,只要彼此间 IPv4 网络通畅即可。此外,ISATAP 主机配置私有 IPv4 地址还是公有 IPv4 地址均不影响通信。因此,ISATAP 是一种自动建立隧道技术,配置简单,目前接入 CERNET2 的许多高校都采用该技术来实现用户通过 IPv4 网络访问 IPv6 资源。

4.4.2　6to4

6to4 隧道是自动隧道的一种,在 RFC 3056 中定义。6to4 方式使用 IANA(Internet Assigned Numbers Authority)指定的专用地址前缀 2002::/16,其地址格式如图 4.12 所示。

3位	13位	32位	16位	64位
FP 001	TLA 0 0000 0000 0010	IPv4地址	SLA ID	Interface ID

图 4.12　6to4 地址

在 2002::/16 前缀后是 32 位的 IPv4 地址,该地址是隧道端点的 IPv4 地址。地址格式中后 80 位是用户自己分配的,一个 IPv6 子网只要有 1 个公开的 IPv4 地址就可以用其构建自己的 6to4 格式地址,80 位的地址空间能满足任何大容量子网的需求。子网中 1 台设备作为 6to4 路由器与 IPv4 网络相连,使用公开的 IPv4 地址。子网中的 IPv6 用户可以使用 6to4 地址通过 6to4 路由器与其他 6to4 子网或远端 IPv6 站点(使用非 6to4 地址)通信。

图 4.13 给出了报文从 6to4 网络到达 IPv6 网络的过程。

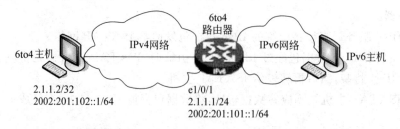

图 4.13　6to4 网络中的主机与 IPv6 站点通信

同样,6to4 主机也需要配置 6to4 路由器地址,图 4.14 给出了 Windows 2003 下配置 6to4 路由器的命令。

```
C:\ >netsh
netsh>int
netsh interface>ipv6
netsh interface>ipv6>install
netsh interface ipv6>6to4
netsh interface ipv6 6to4>set relay 6to4路由器地址 enable
```

图 4.14　Windows 2003 下配置 6to4 路由器的命令

6to4 技术使用方便,IPv4 地址消耗很少,IPv6 子网能够不申请独立的 IPv6 地址就可以使用 6to4 地址通信,具有较好的灵活性。

4.5　IPv6 网络规划

与设计 IPv4 网络一样,规划 IPv6 网络时也需要解决 IPv6 地址配置、IPv6 子网划分和 IPv6 路由的问题。

4.5.1　IPv6 地址配置

IPv6 和 IPv4 地址之间最大的不同在于长度,128 位的 IPv6 地址设计使得 IPv6 地址空间更加充足,但也增加了人工配置 IPv6 地址的难度,因此 IPv6 地址提供了多种自动配置地址方式。

IPv6 单播地址相当于 IPv4 的公有地址,通常由路由前缀、子网 ID 和接口 ID 三部分组成。RFC 3177 推荐一般将/48 分配给一个终端站点,因此路由前缀通常为 48 位。IETF 推荐为每个子网分配/64 地址,因此子网 ID 通常为 16 位。接口 ID 为 64 位,相当于 IPv4 中的主机 ID。

下面介绍两种常见的 IPv6 地址自动配置技术:无状态地址自动配置(Stateless Address Autoconfiguration,SLAAC)和 DHCPv6 地址配置。

1. 无状态地址自动配置(SLAAC)

IPv6 的默认模式是无状态地址自动配置(SLAAC),普遍认为这种模式可以实现网络设备真正的即插即用连接性,它是目前广泛采用的 IPv6 地址自动配置方式。配置了该协议的主机只需相邻路由器开启 IPv6 路由公告功能,即可以根据公告报文包含的前缀信息自动配置本机地址。

本机地址由公告报文提供的前缀和接口 ID 组成。在 SLAAC 配置以及生成 IPv6 本地链路单播地址的过程中,一般是根据 EUI-64 来生成接口 ID 部分:即 IPv6 地址 128 位长度中的后 64 位部分。转换方法为:将 EUI-64 地址的 U/L 位求反,得到接口 ID。

EUI 为扩展唯一标识简称,64 位 EUI-64 地址是由 IEEE 定义的。可以将 EUI-64 地址分配给网络适配器,或从 MAC 地址派生出该地址。IEEE EUI-64 地址代表网络接口寻址的新标准。制造商 ID 仍然是 24 位长度,但扩展 ID 是 40 位,从而为网络适配器制造商创建了更大的地址空间。EUI-64 地址使用 U/L 和 I/G 位的方式与 MAC 地址相同。U/L 位是第一个字节的第 7 位,用于确定该地址是全局管理的还是本地管理的。I/G 位是第一个字节的最低位,用来确定地址是个人地址(单播)还是组地址(多播)。

我们知道 MAC 地址为 48 位,由 24 位制造商 ID 和 24 位扩展 ID 组成。在制造商 ID 和扩展 ID 之间插入 16 位字段 11111111 11111110 (0xFFFE),即构成了 EUI-64 地址。

如主机 A 的 MAC 地址为 00-AA-00-3F-2A-1C,首先在中间插入 FF-FE,转换成 EUI-64 地址:00-AA-00-FF-FE-3F-2A-1C。将首字节的第 7 位进行取反操作,得到 02-AA-00-FF-FE-3F-2A-1C,转换成十六进制表示的接口 ID 为 2AA:FF:FE3F:2A1C。

2. DHCPv6 地址配置

SLAAC 方式配置简便,但这种方式下 IPv6 主机的具体地址信息没有记录,可管理性差。而且 SLAAC 方式下不能使主机自动获得 DNS 域名服务器的信息,可用性差。因此,和 IPv4 类似,IPv6 网络中也可以使用 DHCPv6 动态分配 IPv6 地址。

DHCPv6 是动态主机配置协议(DHCP)的 IPv6 版本,协议基本规范由 RFC3315 定义。相对于 SLAAC,DHCPv6 属于一种有状态地址自动配置协议。在有状态地址配置过程中,DHCPv6 服务器分配一个完整的 IPv6 地址给主机,并提供 DNS 服务器地址和域名等其他配置信息,这中间可能通过中继代理转交 DHCPv6 报文,而且最终服务器能把分配的 IPv6 地址和客户端的绑定关系记录在案,从而增强了网络的可管理性。DHCPv6 服务器也能提供无状态 DHCPv6 服务,即 DHCPv6 服务器不分配 IPv6 地址,仅需向主机提供 DNS 服务器地址和域名等其他配置信息,主机 IPv6 地址仍然通过路由器公告方式自动生成,这样配合使用就弥补了 SLAAC 的缺陷。DHCPv6 协议还提供了 DHCPv6 前缀代理的扩展功能,上游路由器可以自动为下游路由器分派地址前缀,从而实现了层次化网络环境中 IPv6 地址的自动规划,解决互联网提供商(ISP)的 IPv6 网络部署问题。

4.5.2　IPv6 子网划分

IPv4 网络规划中,可以根据子网内主机数量等需求指定子网位。因此子网划分要给出正确的子网掩码,子网掩码总是和主机地址成对出现,才能正确计算出主机所在的子网号。此外,由于 IPv4 地址紧缺,在子网地址规划时,往往无法预留很多地址。随着子网规模的扩大,有可能面临重新进行地址规划的风险。

但是在 IPv6 中,RFC3177 推荐一般将一个/48 分配给终端站点,每个站点可以有 16 个比特划分子网,每个子网可以分配/64。对于习惯 IPv4 配给地址的人来说,可能会觉得这样"浪费"了地址空间。但是,这正是 IPv6 的优点所在:为每个子网分配一个/64,远远超出了这个子网的地址空间需求,但是从长远来看保证了地址规划的稳定性。

因此,采用 IETF 推荐的这种方法,使得 IPv6 子网划分非常简单:只需要将/48 分成一系列的/64 子网,需要时按顺序分配。

当然也可以根据需要,把/48 按需要分成更大的子网,如 4 个/50 子网,以便于站点路由和地址聚合。

4.5.3　IPv6 路由

IPv6 路由协议使用 IPv4 的基本路由算法,只不过针对 IPv6 协议特点相应变化。在 IPv4 环境下使用的路由协议,在 IPv6 环境下都有对应的协议。例如,RIP、OSPF 和 BGP

的 IPv6 版本分别称为 RIPng、OSPFv3 和 BGP4＋。

4.6 本章小结

本章介绍了 IP 地址规划、子网划分和路由设计方法,并介绍了 IPv4 向 IPv6 的迁移技术。IP 地址规划是网络设计的关键。IPv4 由于地址空间匮乏,一个组织机构可能无法申请足够的 IPv4 公有地址,往往需要使用 NAT 技术。有时根据网络安全与管理需要,需要划分子网、确定子网掩码。此外介绍了常见路由协议的分类与特点,以及如何选择路由协议。

IPv4 向 IPv6 的迁移主要包括双栈协议和隧道技术。介绍了常用隧道技术的原理及其配置方法。最后介绍了 IPv6 网络规划时地址配置的方法。

习 题 4

一、选择题

(1) 下列 IP 地址中( )是私有地址。

    A. 192.31.4.6   B. 62.2.30.90   C. 172.16.50.4   D. 202.4.130.62

(2) 对于一个具有 16 位子网掩码的 B 类地址来说,下列选项中( )是一个广播地址的示例。

    A. 147.1.1.1   B. 147.13.0.0

    C. 147.14.255.0   D. 147.14.255.255

(3) 对于一个使用默认子网掩码的 C 类地址来说,可用的主机地址数量有( )个。

    A. 128   B. 254   C. 255   D. 256

(4) B 类 IP 地址的默认子网掩码是( )。

    A. 255.0.0.0   B. 255.255.0.0

    C. 255.255.255.0   D. 255.255.255.255

(5) 为了解决 IPv4 地址空间即将耗尽的问题,在 IPv6 协议中使用了( )的 IP 地址。

    A. 32 位   B. 48 位   C. 64 位   D. 128 位

(6) 如何在现有 Internet 上实现从 IPv4 到 IPv6 的平稳过渡,是当前的研究热点。下面选项中( )不是 IPv4 到 IPv6 的迁移技术。

    A. 双协议栈(Dual Stack)

    B. 隧道技术(Tunnel)

    C. CDMA(Code Division Multiple Access)技术

    D. NAT-PT (Network Address Translation-Protocol Translation)技术

(7) 下列叙述中( )是路由器的最好描述。

    A. 基于源和目的 MAC 地址,路由器显示网络运行状态

    B. 在网络权值改变时,路由器延长了操作的距离

    C. 路由器是多端口的转发器,并且是星型网络拓扑的核心

    D. 路由器从一个网络到另一个网络进行包转发时,基于网络层的信息选择最佳路径

(8) 路由器要执行逻辑"与"(AND)操作的目的是(　　)。

    A. 确定包中的源地址

    B. 确定目的主机地址

    C. 确定网络号或子网号,使包能够发送

    D. 确定子网掩码,给路由表

(9) 以下(　　)路由协议不属于内部网关协议(IGP)。

    A. RIP　　　　　　B. IGRP　　　　　　C. OSPF　　　　　　D. BGP

(10) C类IP地址的第一位十进制数范围是(　　)。

    A. 128~191　　　　B. 192~223　　　　C. 224~239　　　　D. 240~255

(11) 以下(　　)路由协议不属于距离矢量路由协议。

    A. RIP　　　　　　B. IGRP　　　　　　C. OSPF　　　　　　D. BGP4

(12) 以下选项中(　　)不是路由协议用来评估最佳路径的度量标准。

    A. 跳数(Hop)　　　　　　　　　　B. 带宽(Bandwidth)

    C. 负载(Load)　　　　　　　　　　D. 吞吐量(Throughput)

二、划分子网案例

    某单位获得了一段B类地址169.111.0.0,现在至少需要划分成6个子网,并且其中规模最大的子网中所包含的主机数在2000台左右。请你为该单位设计子网划分方案。

    问题如下。

    (1) B类地址在默认情况下,前16位是网络号,后16位是主机号。为了满足用户划分子网的需求,应该从16位主机号中分配出(　　)位作为子网号。

    A. 2　　　　　　B. 3　　　　　　C. 4　　　　　　D. 8

    (2) 此时的子网掩码是(　　)。

    A. 255.255.0.0　　　　　　　　　　B. 255.255.224.0

    C. 255.255.240.0　　　　　　　　　D. 255.255.255.0

    (3) 按照你的划分子网方案,每个子网中可用的主机地址有(　　)个。

    A. 2048　　　　　B. 2046　　　　　C. 4096　　　　　D. 4094

    (4) 假设其中一个子网的网络号为169.111.2.0,那么该子网中的广播地址是(　　)。

    A. 169.111.2.255　　　　　　　　　B. 169.111.255.255

    C. 169.111.2.0　　　　　　　　　　D. 169.111.255.0

    (5) 假设在这个单位中,有一个主机的IP地址为169.111.100.100,那么该主机属于以下(　　)子网。

    A. 169.111.2.255　　　　　　　　　B. 169.111.255.255

    C. 169.111.2.0　　　　　　　　　　D. 169.111.255.0

三、网络地址转换（NAT）案例

某单位有一段 C 类地址 202.4.130.0，但是在企业内部网中使用私有地址段 172.16.0.0 为各个主机分配 IP 地址。内部主机与 Internet 进行通信时，必须由路由器为其分配公有地址（路由器可以动态从 202.4.130.0 这个网段中分配公有地址）；当数据由 Internet 返回内部网络时，公有地址必须转换成私有地址，才能将数据转发给相应的主机。图 4.15 表示了这一过程。

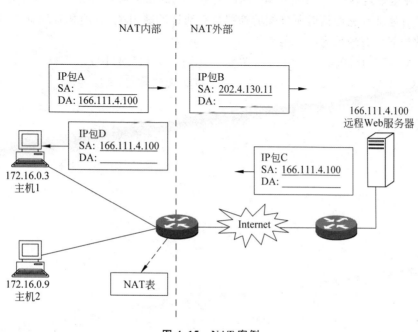

图 4.15　NAT 案例

注：虚线表示企业内网和外网的分界，即左边为 NAT 内部，右边为 NAT 外部。SA 表示 IP 包的源地址（Source Address），DA 表示 IP 包的目的地址（Destination Address）。

每个 IP 包前面的箭头表示该 IP 包在网络中的转发方向。

问题如下。

（1）图中 IP 包 A 是主机 1 发给远程 Web 服务器的一个数据包，那么该包的源地址 SA 应该是（　　）。

    A. 172.16.0.3　　　　　　　　B. 166.111.4.100

    C. 202.4.130.0　　　　　　　　D. 无法确定

（2）图中 IP 包 B 是 IP 包 A 经过路由器转发到 NAT 外部的数据包，那么该包的目的地址 DA 应该是（　　）。

    A. 172.16.0.3　　　　　　　　B. 166.111.4.100

    C. 202.4.130.0　　　　　　　　D. 无法确定

（3）图中 IP 包 C 是远程 Web 服务器返回给主机 1 的一个数据包，那么该包的目的地址 DA 应该是（　　）。

A. 172.16.0.3　　　　　　　　　B. 166.111.4.100

C. 202.4.130.11　　　　　　　　D. 无法确定

(4) 图中IP包D是IP包C经过路由转发到NAT内部的数据包,那么该包的目的地址DA应该是(　　)。

A. 172.16.0.3　　　　　　　　　B. 166.111.4.100

C. 202.4.130.11　　　　　　　　D. 无法确定

(5) 在这个过程中,该企业的路由器(图中左侧的路由器)会在NAT表中记录主机1的内部私有地址和它通信时所分配的外部公有地址的映射关系,即私有地址172.16.0.3所对应的外部公有地址为(　　)。

A. 172.16.0.3　　　　　　　　　B. 166.111.4.100

C. 202.4.130.11　　　　　　　　D. 无法确定

第5章

无线局域网设计

本章将介绍无线局域网(Wireless Local Area Network,WLAN)技术以及设计规划方法。WLAN 以其灵活性而广泛流行。促进 WLAN 发展的主要原因在于其灵活性以及对用户服务的提升,比有线网络更节约成本。无论用户在哪里,只要无线信号可达的地方,WLAN 都可以让用户访问网络资源。现在越来越多的企业、机构意识到 WLAN 灵活性带来的好处,正在大量部署 WLAN。除了灵活性,WLAN 的另一个优势在于:有些地方部署有线 LAN 的成本较高,而部署 WLAN 的成本却很低。

但是这对 WLAN 的安全和管理提出了更高的要求,这也是 WLAN 设计的重要注意事项。

5.1　无线传输介质

在第 2 章中介绍了两类常见的网络传输介质:铜介质和光介质。除了这些有线介质外,还可以使用无线信号传输。

无线信号是一种能在真空或空气中传播的电磁波,无线电波很容易产生,同时还是全方位传播的,因此发射和接收装置不必在物理上很准确地对准。无线频谱只是电磁频谱中的一部分,所用频率为 3kHz～30GHz。无线电波的特性与频率有关。在较低频率上,无线电波能轻易地通过障碍物,但是其能量随着信号源距离的增大而急剧减小。在高频上,无线电波趋于直线传播但容易受障碍物的阻挡,它们还会被雨水吸收。

WLAN 中常见的无线数据通信种类有窄带、扩频和红外线(IR)。

窄带无线电系统的接收和传送信息者有着特定的无线电频率,并且使信息在尽可能窄的频带中通过。这种系统适用于长距离点到点的应用,但受环境干扰较大,不适合用来进行局域网数据的传送。大部分无线局域网系统使用扩频技术,扩展频谱以牺牲带宽效率换取可靠性、完整性和安全性。与窄带传输相比较,其信号所占有的频带宽度远大于所传信息必需的最小带宽,更多的带宽被消耗,但交换产生的信号能有效地放大,并且因此能轻易地被检测到。有两种常见的无线电扩频技术:跳频扩频(FHSS)和顺序扩频(DSSS)。

无线频段一般由政府机构授权使用,例如中国的无线频段归国家无线电委员会管理。但是,通常各国一般均留出 3 个无须授权的(开放)无线频段:

- 900MHz 频段:范围为 902MHz～928MHz,常用于无绳和蜂窝电话。
- 2.4GHz 频段:范围为 2.42GHz～2.4835GHz,是目前最广泛部署的无线标准。

• 5GHz 频段：范围为 5.725GHz～5.850GHz,常用于高速数据通信装置。

这 3 段无须授权的无线频段也称为 ISM 频段(Industrial Scientific Medical Band,工业科学医学频段)。ISM 频段是国际电联(ITU)为 ISM 设备专门划分的专业频段或与其无线电业务共用的频段。WLAN 通常使用 ISM 频段中的 2.4GHz 频段和 5GHz 频段。

5.2 无线局域网标准

WLAN 采用的标准是 IEEE 802.11 系列。1990 年 7 月,IEEE 802 委员会成立了 IEEE 802.11 WLAN 工作委员会,该委员会负责制定 WLAN 物理层及媒体访问控制(MAC)协议的标准,并于 1997 年 6 月公布了 IEEE 802.11 标准,该标准定义了物理层和 MAC 层协议规范,允许任何 LAN 应用、网络操作系统或协议在遵守 IEEE 802.11 标准的 WLAN 上运行时,就像运行在以太网上一样容易。之后又公布了多版修正的 IEEE 802.11 标准。

5.2.1 IEEE 802.11 系列标准

最初的 IEEE 802.11 标准最高速率仅为 1～2Mb/s,工作在 2.4GHz 频段。随着对 WLAN 性能要求的不断提高,又推出了速度更快的 802.11b、802.11a 和 802.11g 新标准。表 5.1 列出了 IEEE 802.11 系列常用标准的特性。

表 5.1　IEEE 802.11 系列标准

名　　称	IEEE 802.11a	IEEE 802.11b	IEEE 802.11g
MAC 协议	CSMA/CA	CSMA/CA	CSMA/CA
工作频段/GHz	5	2.4	2.4
最高速率/Mb/s	54	11	54
安全机制	WEP/WPA	WEP/WPA	WEP/WPA
兼容性	—	—	与 802.11b 兼容
批准时间	1999 年(可用性产品 2001 年出现)	1999 年	2003 年

IEEE 802.11b 的带宽最高可达 11Mb/s,扩大了 WLAN 的应用领域,是目前最流行的 WLAN 协议。IEEE 802.11b 使用的是开放的 2.4GHz 频段,不需要申请就可使用。WLAN 既可作为对有线网络的补充,也可独立组网,从而使网络用户摆脱网线的束缚,实现真正意义上的移动应用。

IEEE 802.11a 工作频段是 5GHz,但是目前已经逐渐被 IEEE 802.11g 取代。

2003 年 7 月,IEEE 批准了一项新标准 802.11g,该技术提升了无线局域网接入速度,传输速率达 54Mb/s,比通用的 802.11b 快近 4 倍,802.11b 标准和 802.11g 标准都在 2.4GHz 频率范围内,两者是兼容的,也称为 Wi-Fi(Wireless Fidelity,无线高保真)技术。

5.2.2　MAC 协议

802.11 MAC 子层协议与 IEEE 802.3 以太网的原理类似,都是采用载波侦听的方式来控制网络中信息的传送。不同之处是以太网采用的是 CSMA/CD 技术,网络上所有工作站都侦听网络中有无信息发送,当发现网络空闲时即发出自己的信息,此时只能有一台工作站抢到发出信息权,其余工作站需要继续等待。如果一旦有两台以上的工作站同时发出信息,则网络中会发生冲突,导致这些冲突信息丢失,各工作站则将继续抢夺发出权。802.11b WLAN 引进了冲突避免技术——CSMA/CA(Carrier Sense Multiple Access / Collision Avoid,带冲突避免的载波监听多路访问),从而避免了网络冲突的发生,可以大幅度提高网络效率。

CSMA/CA 协议的工作原理是:如果某站点有数据要发送,它首先侦听信道,并根据下列不同的情形进行相应的处理。

(1) 如果信道空闲,继续等待 IFS(InterFrame Space,帧间隔)时间,然后侦听信道;如果信道仍然空闲,立即发送数据。

(2) 如果信道忙,该站点继续侦听信道,直到当前传输完全结束。

(3) 一旦当前传输结束,站点继续等待 IFS 时间,然后再侦听信道,如果信道仍然保持空闲,站点按指数后退一个随机长的时间后,发送数据。

CSMA/CA 协议的工作流程如图 5.1 所示。

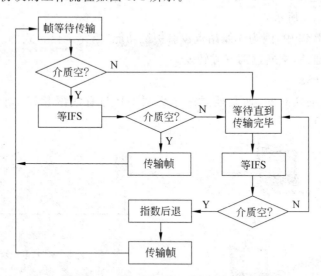

图 5.1　CSMA/CD 协议的工作流程图

按照 CSMA/CA 协议的要求,发送方在发送一数据帧后,接收方正确接收到后必须返回 ACK 给发送方(等待 IFS 时间)。如果发送方没有收到 ACK,则发送方必须重传该帧。如果无线信道的持续空闲时间大于 IFS,则站点可以立即访问无线信道。如果无线信道忙,则站点首先等无线信道变为空闲后继续等待 IFS,然后进入竞争阶段。在竞争阶段,每个无线站点选择一个随机后退时间,延迟这段时间继续侦听无线信道。如果无线信道仍然为空,则该站点可立即发送数据。使用后退算法延迟发送的目的在于避免多个站点同时发送数据引起的冲突。

5.3 无线局域网设计

进行无线局域网设计具体包括以下几个步骤：了解用户需求、确定相应的组网方式、无线设备选型、无线网络设计、无线网络安全以及无线网络管理等。

5.3.1 组网方式

WLAN 由无线接入点(Access Point，AP)和无线客户端设备组成。无线 AP 在无线客户端设备和有线网络之间提供连通性。无线客户端设备一般需要配备无线网卡(Wireless Network Interface Card，WNIC)，设备使用 WNIC 进行通信，根据组网方式不同，可能是无线客户端设备之间通信，或者无线客户端设备与无线 AP 进行通信。

WLAN 组网一般采用单元结构，整个系统被分割成许多个单元，每个单元称为基本服务组(Basic Service Set，BSS)，BSS 的组成有以下 3 种方式：独立 BSS、有 AP 的 BSS 和扩展 BSS。

1．独立 BSS

独立 BSS 是仅由无线客户端设备组成的工作单元，其内部站点可以直接通信并且没有到其他 BSS 的连接，不需要无线 AP，这种类型的独立网络称为自组织网络或对等网络(Ad Hoc)，如图 5.2 所示。

在一个独立 BSS 中，因为无线站点没有中继功能，是完全分布式的，所以所有无线站点之间都是直接通信，不通过第三方转发。

2．有 AP 的 BSS

如果 BSS 不是独立的，而是通过一个无线 AP 与有线网相连，则称为是有 AP 的 BSS，如图 5.3 所示。

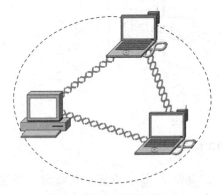

图 5.2　独立 BSS(Ad Hoc)

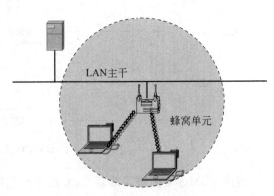

图 5.3　有 AP 的 BSS

在有 AP 的 BSS 中，无线站点之间不能直接通信，需要通过 AP 转发。无线站点通过 AP 接入有线主干网，其中 AP 起到网桥的作用。

AP 使用无线射频(Radio Frequency，RF)代替有线通信，由于无线信号有衰减，每个

AP 覆盖范围有限,通常形象地把一个 AP 覆盖范围称为一个蜂窝单元(Cell)。蜂窝单元的常见距离范围为 91.44~152.4m(即 300~500 英尺)。在进行 WLAN 设计时,要考虑到蜂窝单元的覆盖范围,通常为了保证通信质量,相邻蜂窝单元覆盖范围应该有 20%~30%的重叠,重叠区域内不同 AP 采用不同的信道区别,如图 5.4 所示。

在图 5.4 中,两个 AP 分别使用信道 1 和信道 6,因此即便是在蜂窝单元的重叠区域,无线客户端设备仍然能区分这两个 AP 发出的 RF 信号。

WLAN 吞吐量(速度)与发送者和接收者之间的距离成反比。所以,在其他情况相同的情况下,无线客户端距离发送者越近,吞吐量就越大,如图 5.5 所示。

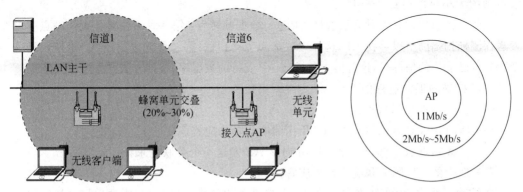

图 5.4　相邻蜂窝单元交叠　　　　　图 5.5　吞吐量与发送者距离的关系

因此,在 WLAN 设计时,如何部署 AP 点位置也是必须考虑的重要问题。为了保证吞吐量,安装 AP 时要保证蜂窝单元重叠,以牺牲覆盖范围(半径)来换取吞吐量的提高。

3. 扩展 BSS

扩展 BSS 是由多个 BSS 经交换机和有线网络等互连而组成的,如图 5.6 所示。

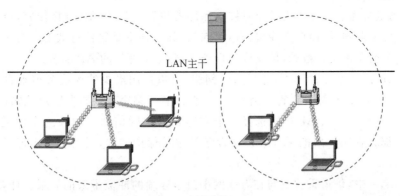

图 5.6　扩展的 BSS

一般来说,多个 BSS 常常通过有线骨干网连接,构成一个看起来像一个单独的逻辑 LAN。

5.3.2 WLAN 通信原理

WLAN 中传输的帧分成以下几类:

- 数据帧:网络业务数据。
- 控制帧:使用请求发送、清除发送和确认信号控制对介质的访问,类似于调制解调器的模拟连接控制机制。
- 管理帧:类似于数据帧,与当前无线传输的控制有关。

其中只有数据帧与以太网的 802.3 帧相似,但以太网帧的大小不能超过 1518B,而无线网帧的大小可以达到 2346B。

无线站点可以通过两种方法选择 AP 进行数据帧转发:第一种方法是让无线站点主动发送探测帧扫描网络以寻找 AP,这种方法称为主动扫描;第二种方法是让 AP 定期发送一个宣告自己能力的信标帧,这些能力包括该 AP 支持的数据率,这种方法称为被动扫描。

主动扫描的工作过程如下。

(1) 无线站点发送探测帧。

(2) 所有接收到该探测帧的 AP 用探测响应帧来应答。

(3) 无线站点从中选择一个 AP,并向该 AP 发送一个关联请求帧。

(4) 选中的 AP 用关联响应帧来应答。

在被动扫描中,无线站点在接收到 AP 定期发出的信标帧后,只需要向该 AP 发回一个关联请求帧就可以完成站点与 AP 的关联。

5.3.3 WLAN 设计注意事项

设计 WLAN 需要考虑如下事项。

1. 站点测量

站点测量是为了确定所需 AP 的数量和部署位置。认为 AP 价格便宜,可以多多益善,不用进行站点测量,而使无线覆盖达到饱和,其实并不是经济有效的。为了最小化信道干扰,同时最大化覆盖范围,仍应该进行查勘,确定最理想的 AP 部署。

一些 AP 有自动配置选项,通过监听网络,可以使用最少的无线频道来自动完成配置。但这并不总是令人满意的。例如,在一个部署了多个 AP 的多层建筑物内,若在第 6 层安装了一个 AP,该 AP 可能选择一个它感觉可用的信道。如果这个信道已被第 1 层使用了,那么在第 3 层的无线客户端设备就很难保持连线,因为这里出现了信道覆盖的重叠。

在 WLAN 中,信道重叠就与在有线网中由于连续的冲突带来的后果一样,其性能必将受到影响,从而使无线客户端和 AP 之间不能保持持续的连通性。因此必须通过站点测量、AP 部署和信道规划来避免这个问题。[①]

进行站点测量时要考虑如下问题。

---

① 目前很多网络设备厂商提出了应对此问题的智能无线解决方案:由一个无线控制器来控制多个 AP,统一划分信道,动态规划覆盖范围,以避免信道重叠的问题。

（1）哪一种无线网络更适合企业应用？

（2）在天线之间是否存在可视距离的要求？

（3）为了使 AP 尽可能地靠近客户端设备，应该把 AP 部署在哪里？

（4）建筑物里存在哪些潜在的干扰源？例如，无绳电话、微波炉、天然的干扰或者使用相同信道的访问点。

（5）在部署时是否需要考虑法律法规限制？

2．WLAN 漫游

WLAN 与有线网络相比的最大优势就是可以便于客户端设备自由移动。前面已经介绍过，吞吐量与到 AP 的距离有关，因此设置 AP 时还要考虑用户的漫游范围。

此外，当一个用户离开 AP 时信号强度会减弱，此时连接应该无缝地跳到另一个有较强信号的 AP。

3．点到点网桥

通常两个建筑物网络互连采用有线网络方式连接居多，如使用光缆、交换机等连接两个建筑物的 LAN 汇聚成一个 3 层广播域。但在有些情况下可能无法进行有线连接，如果此时两个建筑物距离合适并且直接相互可视，那么可以采用无线网桥进行连接，如图 5.7 所示。

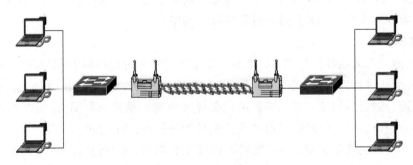

图 5.7　点到点网桥连接

此时，两个 AP 作为一个两端口的逻辑网桥发挥作用，AP 运行在点到点模式下，因此不能再作为无线访问点使用。这种点到点桥接方式可以在没有条件部署有线网络的情况下，作为近距离连接的一种解决方案。

5.4　无线局域网安全

虽然 IEEE 802.11 标准最初包括安全性，但很快就显得不够用了。无线安全问题或缺乏有效的安全管理机制往往是用户不愿意采用 WLAN 的主要原因。因此，在 WLAN 设计中，要根据用户需要考虑不同的安全措施。

WLAN 安全的最大风险就是未经授权就访问网络的业务数据，即查看、显示和记录网络业务数据，又称嗅包。会造成此问题的隐患包括两种：无线窃听和 AP 骗子。在有线网络中，黑客需要物理上处在企业建筑物的内部，通过网络漏洞获取访问权限。而在无线网中，入侵者可以从企业建筑物的外部访问网络。入侵者如果获得无线网访问权限后，轻则盗用网络带宽,重则盗取资料,危及计算机安全。AP骗子是指黑客在网络中接入未经授权的AP。

解决上述安全问题的途径就是使用更安全的无线网协议和网络安全管理策略。具体可以分成以下几类:基本无线安全、增强无线安全、无线入侵检测和管理策略。

5.4.1　基本无线安全

基本无线安全提供的内置功能包括服务组标识符(Service Set Identifier,SSID)、有线等效加密(Wired Equivalent Privacy,WEP)和MAC地址验证。

1. SSID

SSID是识别AP的代码,用来区分不同的网络,最多可以有32个字符。WLAN上所有需要与AP建立连接的无线设备,都必须使用与AP相同的SSID,无线网卡设置了不同的SSID就可以进入不同的网络。

SSID通常由AP广播出来,默认情况下,AP每隔几秒就广播一次自己的SSID,主机通过扫描可以相看当前区域内的SSID。这个广播也可以被停止,因此出于安全考虑可以不广播SSID,此时用户就要手工设置SSID才能进入相应的网络。这样黑客就不能自动地发现SSID和AP。然而,因为每个无线帧的信标中都含有SSID,所以黑客通过嗅包工具可以很容易地发现SSID,并且通过欺骗加入网络。

2. WEP

WEP通过对无线客户端和AP之间的流量实施加密可以缓解SSID广播问题。使用WEP加入无线网称为共享密钥认证,WEP向无线客户端发送一个"挑战"信息,客户端必须对信息进行加密后回复。如果AP可以破译客户端的响应,则AP证明客户端拥有合法密钥,因而有权访问无线网。WEP支持两种加密长度:64位和128位。

然而,WEP仍然是不安全的:黑客可以首先获取"挑战"信息,然后对加密的响应信息使用逆向工程还原出客户端和AP使用的密钥。

3. MAC地址验证

为了加强无线网的安全性,网络管理员可以使用MAC地址过滤功能,把被允许访问无线网的客户端的MAC地址配置在AP上。当然这种方法也不安全,通过对帧的监听可以发现合法的MAC地址,然后黑客就可以假冒这个地址进行访问。

5.4.2　增强型无线安全

在基本无线安全的基础上,还有一些更强壮的安全标准,以弥补一些安全弱点,具体如表5.2所示。

表5.2　无线网安全标准

安 全 组 件	802.11 原始标准	安全增强特性
认证	开放式认证或共享密钥	802.1x
加密	WEP	首先是WPA,然后是802.11i和802.11n

1. IEEE 802.1x

IEEE 802.1x 是一种基于端口的网络访问控制标准,它提供逐个用户、逐个会话和两方强认证机制。如果需要的话,不仅可以用于无线网络,而且还可以用于有线网络。

IEEE 802.1x 也可以提供加密,但这取决于认证方法。基于 IEEE 扩展授权协议(Extensible Authentication Protocol,EAP),802.1x 允许 WAP 和客户端自动地共享和交换 WEP 加密密钥。访问点作为代理,承担巨大的加密运算工作量。802.1x 标准还支持面向 WLAN 的集中式密钥管理。

2. 无线保护访问

在 IEEE 802.11i 标准将要被批准的时候,无线保护访问(Wi-Fi Protected Access,WPA)成为 WEP 加密和数据完整性不安全的一个中间解决方案。

如果实现了 WPA 功能,那么只有知道正确密钥的客户端才可以访问 AP。虽然 WPA 比 WEP 更安全,但是如果共享密钥存储在客户端上而客户端又被偷窃了,那么黑客就可以访问无线网络。

WPA 支持认证和加密。通过共享密钥实现的认证称为 WPA 个人认证。而通过 802.1x 实现的认证称为 WPA 企业认证。WPA 提供临时密钥完整性协议(Temporal Key Integrity Protocol,TKIP)作为加密算法,还提供另一个新的完整性算法(称为 Michael)。WPA 是 802.11i 规范的一个子集。

3. IEEE 802.11i

2004 年 6 月,IEEE 批准了 802.11i 标准的草案,又称为 WPA2。从此,802.11i 正式取代 WEP 和最初的 802.11 标准的其他安全特性。

WPA2 是兼容 802.11i 标准的无线设备的产品证明。WPA2 提供对附加强制性 802.11i 安全特性的支持,而 WPA 则不包含这些特性。与 WPA 一样,WPA2 也支持企业和个人认证模式。除了要求更严格的加密外,WPA2 还增强了对无线客户端快速漫游的支持,允许客户端在保持与即将离开的访问点连接的同时与将要去往的访问点预先完成认证。

4. IEEE 802.11n

IEEE 802.11n 是新一代 Wi-Fi 标准,全面兼容 802.11b 和 802.11g。802.11n 扩展了传输范围,可以提供更高速接入,继承了 WPA2 的优点和缺点,而且配置选项多,配置复杂。

5.4.3　无线入侵检测和管理

很多产品能提供对假冒 AP 的检测,定期查找非法接入 AP 也是无线网管理的重要内容。例如,使用专业软件 Airmagnet Laptop 不但可以查找存在的非法 AP,更能定位非法设备的物理位置,并且能够将捕捉到的数据包保存,用免费的 Ethereal 协议分析软件就能够对无线网络进行更为深入细致的分析。此外 WLAN 的管理任务还包括 RF 管理服务、干扰检测、协助站点测量、RF 扫描和监控。

5.5　其他无线网标准

除 IEEE 802.11 系列的 WLAN 标准外,还有一些其他的无线通信标准,如 HomeRF 标准、蓝牙技术和 IrDA 红外技术。

5.5.1　HomeRF

HomeRF(家庭无线工作组)是专门为家庭用户设计的一种 WLAN 技术标准,希望实现个人计算机与家用电子设备之间的通信,如电话、传真机和电视等。HomeRF 既可以通过时分复用支持语音通信,又能通过 CSMA/CA 协议提供数据通信服务。同时,HomeRF 提供了与 TCP/IP 良好的集成,支持广播和多播。HomeRF 工作在 2.4GHz 频段上,最大传输速率为 2Mb/s,传输范围超过 100m。但是与 Wi-Fi 相比,HomeRF 已丧失技术优势,正在逐渐消失。

5.5.2　蓝牙技术

蓝牙技术(BlueTooth)是一种用于各种固定与移动的数字化硬件设备之间的低成本、近距离的无线通信连接技术。这种连接是稳定的、无缝的,能够非常广泛地应用于日常生活中。

蓝牙技术首先由瑞典爱立信(Ericsson)公司发明。1998 年,成立了蓝牙 SIG(Special Interest Group)组织,该组织负责创立发展蓝牙技术标准。蓝牙工作于 ISM 的 2.4GHz 频带上,采用跳频扩展技术(FHSS),最高传输速率为 1Mb/s。与其他工作在 2.4GHz 频段上的系统相比,蓝牙跳频更快,数据包更短,这使得蓝牙比其他系统都更稳定。

通信时,多个蓝牙设备之间建立 Ad Hoc 网络,并提供自动同步功能。蓝牙技术的优势在于 30 英尺的短距离内,能去掉两个固定或移动设备之间的线缆,为数据和语音通信提供便利。

5.5.3　IrDA

IrDA(Infrared Data Association,红外线数据标准协会)成立于 1993 年,是非营利性组织,负责建立红外无线通信的国际标准,目前在全世界拥有 160 多个会员,参与的厂商包括计算机及通信硬件、软件及电信公司等。简单地讲,IrDA 是一种利用红外线进行点对点通信的技术,其相应的软件和硬件技术都已经比较成熟。它的主要优点如下。

(1) 体积小,功率低,适合移动设备的需要。

(2) 传输速率高,可达 16Mb/s。

(3) 成本低。

(4) 应用普遍。

目前有 95% 以上的笔记本电脑配备了 IrDA 接口,市场上还有可以通过 USB 端口与计算机相连的 USB-IrDA 设备。IrDA 标准也在不断发展中,传输速率由最初 FIR (FastInfrared)标准的 4Mb/s 提高到最新标准 VFIR 的 16Mb/s,接收角度由传统的 30°

角扩展到 120°角。

但是 IrDA 也有缺点。首先它是一种视距传输技术,即两个设备之间不能有阻挡物。这在两个设备之间是容易实现的,但当有多个设备时,就必须调整位置和角度。此外,IrDA 的核心部件——红外 LED 耐用性差,不适合长时间使用。

5.6　移动通信技术的发展

移动通信也是无线网络中最广泛的应用。经过多年的发展,目前已经面临着第四代移动通信普及的阶段。第一代移动通信采用模拟制式,第二代是以 GSM 为代表的数字蜂窝电话系统,第三代是以 W-CDMA、CDMA2000 和 TD-SCDMA 技术为代表的 3G 移动通信,第四代是以 LTE-Advanced 与 WiMAX-Advanced 技术为代表的 4G 移动通信。

5.6.1　第一代移动通信

第一代模拟制式移动通信也称为模拟蜂窝系统。之所以称为蜂窝系统,是因为它将物理上的区域分成单元(Cell),一般为 10～20km 的范围,每个单元使用一个频率,可重用附近非邻接单元的频率。在每个单元中央是一个基站,该单元中的所有电话都向其发送信号。基站由计算机、发射装置和接收装置构成。图 5.8 给出了蜂窝系统示意图。

不管有多远,每部移动电话逻辑上都处在一个特定单元里,并且在该单元的基站控制之下。当移动电话离开一个单元时,该单元基站发现电话信号逐渐消失,就会询问邻近基站接收该电话信号的强弱,随后将所有权交给信号最强的单元。该电话随即被告知有新的管理者,如果它正在通话,会被要求切换到新的信道,此过程称为切换或转交(Handoff)。

第一代蜂窝电话是模拟的,已经被第二代数字移动通信技术所取代。中国于 2001 年 12 月 31 日关闭模拟通信网络。

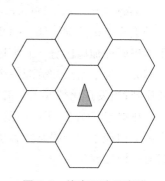

图 5.8　蜂窝系统示意图

5.6.2　第二代移动通信

与第一代模拟蜂窝移动通信不同,第二代是数字的,采用了无线分组技术。对移动通信来说,数字传输与模拟传输相比具有以下优点。

(1)声音、数据和传真可以集成在一个系统中;

(2)随着更好的声音信号压缩算法的推出,每条信道所需的带宽会越来越窄;

(3)可采用纠错码技术提高通信质量;

(4)可以对数字信号进行加密以确保安全。

欧洲和中国等使用的移动数字系统称为移动通信全球系统(Global Systems for Mobile Communications,GSM),而美国和日本使用的则是另外的数字移动通信系统。

GSM 是完全的数字系统,每个单元都拥有 200 多个全双工通道,每个通道包括下行链路频率(基站到移动电话)和上行链路频率。每个频率段宽 200kHz。GSM 使用的信道频段最初被设计成 900MHz,后来又确定在 1800MHz 和 1900MHz。

GSM 使用时分复用(Time Division Multiple Access,TDMA)实现信道共享。GSM 的 124 个信道中,每一个均采用时分复用技术,支持 8 个独立连接。每个当前活动的移动电话在某一信道中分配一个时隙。理论上每个单元支持 992 个信道,但为了避免与相邻单元的频率冲突,很多不能用。每个时隙发送一个固定长度的数据帧。

GSM 基本是一个电路交换系统,这种方法存在以下问题。

(1) 基站之间的接管相当频繁,有时甚至会接管静止用户(基站为了平衡负载而混洗用户),并且每次接管会导致 300ms 数据的丢失;

(2) GSM 还可造成较高的错误率;

(3) 会导致通信费用非常贵,由于是按接通时间而不是按照传送的字节收费,花费比较大。

为解决这些问题,又出现了很多新的数字移动通信系统,如 GPRS 和 CDMA,这些技术也称为 2.5G,可以看作是第二代移动通信技术到第三代移动通信技术的过渡。

通用分组无线业务(General Packet Radio Service,GPRS)是基于 GSM 的无线分组交换系统,利用 GSM 中的空闲信道提供数据传输。GPRS 利用 4 种不同的编码方式,每个时隙可提供的传输速率为:CS-1(9.05Kb/s)、CS-2(13.4Kb/s)、CS-3(15.6Kb/s)及 CS-4(21.4Kb/s)。与 GSM 相比,具有传输速率快、连接时间短的优势。

码分多址(Code Division Multiple Access,CDMA)采用的是与 GSM 完全不同的另一种无线信道分配方法。CDMA 允许所有站点同时在整个频段上进行传输,多路传输采用编码原理加以区分。在 CDMA 中,每个比特时间被分成 m 个短的时间段,称为碎片(Chip)。每个站点被分配一个唯一的 m 位碎片序列。当发送比特"1"时,该站发送其碎片序列;当发送比特"0"时,就发送碎片序列的补码。

在理想状态下,无噪声的 CDMA 系统的容量(即站点的数量)可以任意大,但在实际中由于物理条件的限制使容量大打折扣。尽管如此,CDMA 仍是无线移动通信中迅速发展的一种比较巧妙的方法。

5.6.3　第三代移动通信

第三代移动通信(3rd Generation Mobile Telecommunication,3G)是一种能提供多种高质量类型的多媒体业务,能实现全球无缝覆盖,具有全球漫游能力,与固定网络相兼容,并具有小型便携式终端,它可以在任何时候、任何地点进行任何种类的通信。能够实现高速数据传输和宽带多媒体服务是 3G 的另一个主要特点。这就是说,用 3G 设备除了可以进行普通的寻呼和通话外,还可以上网查信息、下载文件和图片;由于带宽的提高,3G 系统还可以传输图像,提供可视电话业务。

国际电信联盟(International Telecommunication Union,ITU)在 2000 年确定了 3G 标准:由中国制定的 TD-SCDMA、美国制定的 CDMA2000 和欧洲制定的 WCDMA 作为第三代移动通信的正式国际标准(IMT-2000)。

根据 IMT-2000 系统的基本标准,3G 系统主要由 4 个功能子系统构成:核心网(CN)、无线接入网(RAN)、移动台(MT)和用户识别模块(UIM),且基本对应于 GSM 系统的交换子系统(SSS)、基站子系统(BBS)、移动台(MS)和 SIM 卡 4 部分。其中核心网和无线接入网是 3G 系统的重要内容,也是 3G 标准制定中最困难的技术内容。

3G 具有如下特征:

(1) 能够与全球范围内的固定网络业务及用户互连,无线接口的类型尽可能少且高度兼容。

(2) 具有能与固定通信网络相媲美的高话音质量和高安全性。

(3) 具有在本地采用 2Mb/s 高速率接入和在广域网采用 384Kb/s 接入速率的数据率分段使用功能。

(4) 核心频段包括 1.885GHz～2.025GHz 和 2.11GHz～2.2GHz,具有高效频谱利用率,且能最大限度地利用有限带宽。

(5) 移动终端可连接地面网和卫星网,可移动使用和固定使用,可与卫星业务共存和互连。

(6) 能够处理包括视频会议、高数据率通信和非对称数据传输的分组和电路交换业务。

(7) 支持分层小区结构,也支持用户浏览国际互联网的多种同步连接。

(8) 语音只占移动通信业务的一部分,大部分业务是非话数据和视频信息。

(9) 一个共用的基础设施可支持同一地方的多个公共的和专用的运营公司。

(10) 3G 手机体积小、重量轻,具有真正的全球漫游能力。

(11) 具有根据数据量、服务质量和使用时间为收费参数,而不是以距离和时间为收费参数的新收费机制。

IMT-2000 的主要技术方案是宽带 CDMA,并同时兼顾了与 GSM 和窄带 CDMA 系统的兼容问题,3G 与第二代移动通信技术相比,主要区别在于以下几方面。

(1) 更大的通信容量和覆盖范围。宽带 CDMA 可以使用更宽的信道,是窄带 CDMA 的 4 倍,提供的容量也是它的 4 倍。更大的带宽可改善频率分集效果,从而可降低衰减问题,还可为更多用户提供更好的通信效果。

(2) 具有可变的高速数据率。宽带 CDMA 同时支持无线接口的高低数据传输率,其全移动的 384Kb/s 数据率和本地通的 2Mb/s 数据率不仅可支持普通话音,还可支持多媒体数据,可满足具有不同通信要求的各类用户。由于具有可变的高速数据率,可以通过使用可变正交扩频码,实现发射输出功率的自适应变化。

(3) 可同时提供高速电路交换和分组交换业务。虽然在窄带 CDMA 与 GSM 移动通信业务中只有、也只需要与话音相关的电路和交换,但分组交换所提供的与主机应用始终"联机"而不占用专用信道的特性,可以实现只根据用户所传输数据的多少来付费,而不是像之前的移动通信那样,只根据用户连续占用时间的长短来付费的新收费机制。另外,宽带 CDMA 还有一种优化分组模式,对于不太频繁的分组数据,可提供快速分组传播,在专用信道上,也支持大型或比较频繁的分组。同时,分组数据业务对于建立远程局域网和无线国际互联网接入的经济高效应用也非常重要。当然,高速的电话交换业务仍然非常适应像视频会议这样的实时应用。

(4) 宽带 CDMA 支持多种同步业务。每个宽带 CDMA 终端均可同时使用多种业务,因而可使每个用户在连接到局域网的同时还能够接收话音呼叫,即当用户被长时间数据呼叫占据时也不会出现像常见的忙音现象。

（5）宽带 CDMA 技术还支持其他系统改进功能。具体内容包括：①支持自适应天线阵，该天线可利用天线方向图对每个移动电话进行优化，可提供更加有效的频谱和更高容量；②无线基站再也不需要全球定位系统（Global Positioning System，GPS）来同步，由于宽带 CDMA 拥有一个内部系统来同步无线电基站，所以不像 GSM 那样在建立和维护基站时需要 GPS 外部系统来进行同步，避免了因为依赖全球定位系统卫星覆盖来安装无线电基站导致实施困难等问题；③支持分层小区结构，移动台可以扫描多个码分多址载波，使得移动系统可在热点地区部署微小区；④支持多用户检测，可消除小区中的干扰，并能提高容量。

5.6.4　第四代移动通信

目前 4G 的标准只有两个，分别为 LTE-Advanced 与 WiMAX-Advanced。其中，LTE-Advanced 就是 LTE 技术的升级版，在特性方面，LTE-Advanced 可以后向兼容，并完全兼容 LTE。而 WiMAX-Advanced（全球互通微波存取升级版），即 IEEE 802.16m，是 WiMAX 的升级版，由美国 Intel 公司所主导，接收下行与上行最高速率可达到 300Mb/s，在静止定点接收可高达 1Gb/s，也是国际电信联盟承认的 4G 标准。

4G 能够以更高的速度下载数据、高质量的音频和视频、图像等。4G 可以在 DSL 和有线电视调制解调器没覆盖的地方部署，然后再扩展到整个地区。显然，4G 有着 3G 不可比拟的优越性。第四代移动通信标准的特点如下：

（1）通信速度快。第四代移动通信系统传输速率可达到 20Mb/s，甚至最高可达到 100Mb/s，相当于第三代手机传输速度的 50 倍。4G 网络在速度上面占绝对的优势，大范围高速移动用户（250km/h），数据速率为 2Mb/s；对于中速移动用户（60km/h），数据速率为 20Mb/s；对于低速移动用户（室内或步行者），数据速率为 100Mb/s。

（2）良好的兼容性。4G 网络真正地实现全球标准化服务，能兼容 2G、3G，能使所有移动通信的用户享受 4G 服务。

（3）灵活性较强。4G 移动通信能根据用户通信中变化的业务需求而进行相应的处理，主要是因为 4G 采用智能技术，能自动适应资源分配。

（4）多类型用户并存。4G 移动通信系统能根据动态的网络和变化的信道条件进行自适应处理，使低速与高速的用户以及各种各样的用户设备能够共存与互通，从而满足多类型用户的需求。

（5）多种业务相融。鉴于 4G 网络速度非常快，所以它可以支持更丰富的媒体，比如，视频会议、高清图像业务、实时在线播报等，能使用户不受地点、地域的限制了解他们所需要的信息。

5.7　4G 技术标准

实际来说，我们目前接触的 LTE 并非 4G 网络，虽然上百兆的速度远超 3G 网络，但与 ITU（International Telecommunications Union 国际电信同盟）提出的 1Gb/s 的 4G 技术要求还有很大距离,因此,目前的 LTE 也经常称为 3.9G。但就目前来说,现在的 4G 网络其实指的就是 LTE 网络。

LTE 根据其具体实现细节、技术手段和研发组织的差别形成了许多分支,其中主要的两大分支是 LTE-TDD 与 LTE-FDD 版本。中国移动采用的 TD-LTE 就是 LTE-TDD 版本,同时也是由中国主导研制推广的版本,而 LTE-FDD 则是由美国主导研制推广的版本。

5.7.1　4G 技术标准

1. TD-LTE

TD-LTE 即 Time Division Long Term Evolution(分时长期演进),是由阿尔卡特-朗讯、诺基亚西门子通信、大唐电信、华为技术、中兴通讯、中国移动等共同开发的第四代(4G)移动通信技术与标准。TD-LTE 与 TD-SCDMA 实际上没有关系,TD-SCDMA 是码分多址(Code Division Multiple Access,CDMA)技术,TD-LTE 是采用正交频分复用(Orthogonal Frequency Division Multiplexing,OFDM)技术。两者从编解码、帧格式、空口、信令,到网络架构,都不一样。

而 TDD 采用的则是按时间来分离接收和发送信道,即时分双工(Time Division Duplexing,TDD)技术。在 TDD 方式的移动通信系统中,接收和发送使用同一频率载波的不同时隙作为信道的承载,其单方向的资源在时间上是不连续的,时间资源在两个方向上进行了分配。某个时间段由基站发送信号给移动台,另外的时间由移动台发送信号给基站,基站和移动台之间必须协同一致才能顺利工作。

2. LTE-FDD

而 LTE-FDD 中的 FDD 是频分双工(Frequency Division Duplex,FDD)的意思,是 LTE 技术支持的两种双工模式之一,应用 FDD 式的 LTE 即为 FDD-LTE。由于无线技术的差异、使用频段的不同以及各个厂家的利益等因素,FDD-LTE 的标准化与产业发展都领先于 TD-LTE。目前 FDD-LTE 已成为当前世界上采用的国家及地区最广泛的、终端种类最丰富的一种 4G 标准。

FDD 模式的特点是在分离(上下行频率间隔 190MHz)的两个对称频率信道上,系统进行接收和传送,以保证频段来分离接收和传送信道。同时,FDD 还采用了包交换等技术,可突破第二代发展的瓶颈,实现高速数据业务,并可提高频谱利用率,增加系统容量。

频分双工(FDD)和时分双工(TDD)是两种不同的双工方式。FDD 是在分离的两个对称频率信道上进行接收和发送,用保护频段来分离接收和发送信道。因此,FDD 必须采用成对的频率,依靠频率来区分上下行链路,其单方向的资源在时间上是连续的。FDD 在支持对称业务时,可以充分利用上下行的频谱,但在支持非对称业务时,频谱利用率将大大降低。

3. TD-LTE 和 LTE-FDD 的区别

(1) FDD 必须使用成对的收发频率。在支持以语音为代表的对称业务时能充分利用上下行的频谱,但在进行以 IP 为代表的非对称的数据交换业务时,频谱的利用率则大为降低,约为对称业务时的 60%。而 TDD 则不需要成对的频率,通信网络可根据实际情况灵活地变换信道上下行的切换点,能有效地提高系统传输不对称业务时的频谱利用率。

(2) 根据 ITU 对 3G 的要求,采用 FDD 模式的系统的最高移动速度可达 500km/h,而采用 TDD 模式的系统的最高移动速度只有 12km/h。这是因为,目前 TDD 系统在芯片处理速度和算法上还达不到更高的标准。

(3) 采用 TDD 模式工作的系统,上、下行工作于同一频率,其电波传输的一致性使之适用智能天线技术,可有效减少多径干扰,提高设备的可靠性。而收、发采用一定频段间隔的 FDD 系统则难以采用。据测算,TDD 系统的基站设备成本比 FDD 系统的基站成本低 20%～50%。

(4) 在抗干扰方面,使用 FDD 可消除邻近蜂窝区基站和本区基站之间的干扰,FDD 系统的抗干扰性能在一定程度上好于 TDD 系统。

5.7.2　4G 核心技术

4G 通信系统的这些特点,决定了它将采用一些不同于 3G 的技术。对于 4G 中将使用的核心技术,业界并没有太大的分歧。总结起来,有以下几种:

(1) 正交频分复用技术。OFDM 是一种无线环境下的高速传输技术,其主要思想就是在频域内将给定信道分成许多正交子信道,在每个子信道上使用一个子载波进行调制,各子载波并行传输。尽管总的信道是非平坦的,即具有频率选择性,但是每个子信道是相对平坦的,在每个子信道上进行的是窄带传输,信号带宽小于信道的相应带宽。OFDM 技术的优点是可以消除或减小信号波形间的干扰,对多径衰落和多普勒频移不敏感,提高了频谱利用率,可实现低成本的单波段接收机。

(2) 软件无线电。软件无线电的基本思想是把尽可能多的无线及个人通信功能通过可编程软件来实现,使其成为一种多工作频段、多工作模式、多信号传输与处理的无线电系统。也可以说,是一种用软件来实现物理层连接的无线通信方式。

(3) 智能天线技术。智能天线具有抑制信号干扰、自动跟踪以及数字波束调节等智能功能,是未来移动通信的关键技术。智能天线应用数字信号处理技术,产生空间定向波束,使天线主波束对准用户信号到达方向,旁瓣或零陷对准干扰信号到达方向,达到充分利用移动用户信号并消除或抑制干扰信号的目的。这种技术既能改善信号质量又能增加传输容量。

(4) 多输入多输出(Multiple-Input Multiple-Output,MIMO)技术。MIMO 技术是指利用多发射、多接收天线进行空间分集的技术,它采用的是分立式多天线,能够有效地将通信链路分解成为许多并行的子信道,从而大大提高容量。信息论已经证明,当不同的接收天线和不同的发射天线之间互不相关时,MIMO 系统能够很好地提高系统的抗衰落和噪声性能,从而获得巨大的容量。在功率带宽受限的无线信道中,MIMO 技术是实现高数据速率、提高系统容量、提高传输质量的空间分集技术。

(5) 基于 IP 的核心网。4G 移动通信系统的核心网是一个基于全 IP 的网络,可以实现不同网络间的无缝互连。核心网独立于各种具体的无线接入方案,能提供端到端的 IP 业务,能同已有的核心网和公共交换电话网络(Public Switched Telephone Network,PSTN)兼容。核心网具有开放的结构,能允许各种空中接口接入核心网;同时核心网能把业务、控制和传输等分开。采用 IP 后,所采用的无线接入方式和协议与核心网络协议、链路层是分离独立的。IP 与多种无线接入协议相兼容,因此在设计核心网络时具有很大的灵活性,不需要考虑无线接入究竟采用何种方式和协议。

5.8　移动互联网技术

移动互联网已成为全球关注的热点。就如移动语音是相对于固定电话而言,移动互联网是相对固定互联网而言的。虽然目前业界对移动互联网并没有一个统一定义,但对其概念却有一个基本的判断,即从网络角度来看,移动互联网是指以宽带 IP 为技术核心,可同时提供语音、数据、多媒体等业务服务的开放式基础电信网络;从用户行为角度来看,移动互联网是指采用移动终端通过移动通信网络访问互联网并使用互联网业务,这里对于移动终端的理解既可以认为是手机,也可以认为是包括手机在内的上网本、PDA、数据卡方式的笔记本电脑等多种类型,其中前者是对移动互联网的狭义理解,后者是对移动互联网的广义理解。

5.8.1　移动互联网终端

据我国工业和信息化部电信研究院出版的《移动互联网白皮书》,移动互联网的三要求是:移动网络、移动终端和应用服务。移动互联网终端是一种能够连接移动互联网并搭载应用服务的终端设备,移动终端是应用服务的载体。终端的接入类型、硬件系统配置、用户界面以及提供给第三方开发者的开放程度,决定了终端给予用户的服务质量和用户体验。依据需求及市场定位不同,移动互联网终端可划分为:功能型终端和智能型终端。

(1)功能型终端。功能型终端专注于完成一种或几种功能,对系统的要求没有智能终端高,如无线 POS 机、某些可联网的车载导航以及物联网终端等。功能型终端具有相对固定的功能和较低的运行环境要求。它的软硬件系统较为简单,更多地使用嵌入式芯片及嵌入式操作系统,因此其成本、功耗、体积都能得到更精细地控制,也能更多地在多种简单任务场景下使用。目前在远程信息录入、交通管理、工业控制、家电等方面都有广泛应用。

(2)智能型终端。智能型终端则搭载了开放的应用程序接口(Application Program Interface,API),可使第三方开发出用于日常使用的应用程序。移动智能终端主要包括智能手机、笔记本、平板电脑、可穿戴设备等。目前,移动互联网的流量主要来自智能手机、笔记本和平板电脑。这些智能型终端的硬件及操作系统都支持丰富的第三方应用,能够满足用户工作、娱乐、社交等各种需求。在目前的市场,智能手机的出货量远远高于笔记本和平板电脑,而可穿戴设备也在迅速地扩大市场,可以预见,未来智能手机和可穿戴设备将在移动智能终端中占据越来越重要的位置。

5.8.2　移动端操作系统

目前,移动端操作系统主要分为 Android 和 iOS 两大阵营,大概占据 90% 以上的市场份额,其他操作系统占据剩余的份额。

1. Android 操作系统

Android 是一种基于 Linux 的自由及开放源代码的操作系统,主要用于移动设备,如智能手机和平板电脑,由 Google 公司和开放手机联盟领导其开发。Android 运行于 Linux 内核之上,但并不是 GNU/Linux。Android 的 Linux 内核包括安全(Security)、存储器管理(Memory Management)、程序管理(Process Management)、网络堆栈(Network Stack)、驱动程序模型(Driver Model)等。Android 平台具有如下特点:

(1) 开放性。Android 系统是开源系统,可使其拥有更多的开发者,具有更丰富的软件资源。而且 Android 系统允许任何移动终端厂商加入 Android 开放手机联盟,因此,可根据各厂商需求开发出符合其需求的定制系统,如小米公司的 MIUI 系统等。

(2) 丰富的硬件。由于 Android 系统的开放性,手机厂商可根据其市场定位推出具有各自特色的手机产品,从而构成丰富多样的终端市场。而不同功能的终端产品,由于其核心系统一致,因此不会产生诸如软件兼容性等问题。

(3) 方便开发。Android 平台给软件开发者提供了一个宽泛、自由的开发环境,不会受到各种条条框框的限制,有利于自由软件的开发和丰富。但同时基于 Android 系统开发的不良软件也给 Android 系统提出了新的挑战。

(4) 真正多任务。Android 系统基于 Linux 内核,同时也继承了 Linux 的多任务管理机制。即 Android 系统允许程序在后台运行,当内存不足时,系统才会通过杀进程来释放资源。对于用户来说,真正多任务可实现更多功能,但会占用更多系统资源。

2. iOS 操作系统

iOS 系统是由苹果公司开发的移动操作系统。苹果公司最早于 2007 年 1 月 9 日的 Macworld 大会上公布这个系统,最初是设计给 iPhone 使用的,后来陆续应用到 iPod Touch、iPad 以及 Apple TV 等产品上。iOS 系统管理设备硬件并为终端的应用程序提供运行环境。iOS 系统不开源,属于类 UNIX 的操作系统。iOS 系统的特点如下:

(1) iOS 系统与硬件的整合度高。因此,相比 Android 系统,iOS 系统使用更为流畅、对硬件利用及优化更为出色。

(2) 界面友好易用。iOS 系统的界面做得非常漂亮友好,从外观到易用性,iOS 系统拥有最直观的用户体验。

(3) 封闭性。出于安全和知识产权的考虑,相比 Android 系统,iOS 系统更为封闭。iOS 系统的封闭性,一方面使数据更为安全,另一方面也使 iOS 系统与其他非苹果的产品交互更为困难。

(4) 数据更为安全。由于 iOS 系统封闭性的特点,因此 iOS 拥有更为强大的防护能力,可以更好地保护用户的信息。

(5) 海量应用。由于开发者可通过上传自己开发的应用到 App Store,并可根据应用下载量赚到钱,因此 iOS 系统的应用非常丰富,且质量较高。

3. 其他移动操作系统

在移动端,除了 Android 平台和 iOS 平台两大操作系统阵营之外,还有微软的 Windows Phone、黑莓的 Black Berry OS、诺基亚与 Intel 的 MeeGo 系统、Mozilla 的 Firefox OS、Canonical 的 Ubuntu 手机操作系统以及阿里云 OS 等。智能手机操作系统作为移动互联网整个产业链中最为关键的一环,对移动互联网产业链有举足轻重的影响,因此国内外专家学者纷纷将研究视角转移至智能手机操作系统。

5.9　本章小结

本章首先介绍了无线传输介质,无线介质是一种使网络信号不受任何有线约束的介质。常使用的开放频段有三个:900MHz 频段、2.4GHz 频段和 5GHz 频段。

本章的重点是无线局域网(WLAN)的原理和设计原则。首先介绍了目前普遍使用的 IEEE 802.11 系列标准,WLAN 的介质访问控制协议——CSMA/CA。其次介绍了无线局域网设计原则,根据不同的组网方式,考虑 AP 覆盖范围、吞吐量和 AP 距离的变化关系,合理部署 AP 站点。WLAN 安全也是进行网络规划和设计时必须考虑的问题,本章介绍了三个层次的无线网安全策略:基本无线安全、增强型无线安全和无线入侵检测和管理。此外介绍了 HomeRF、蓝牙技术、IrDA 等其他无线技术,它们虽然不及 Wi-Fi 普及,但是也具有各自的优势和特点。

移动通信也是重要的一种无线网技术,它的发展经历了四个阶段:第一代移动通信技术、第二代移动通信技术、第三代移动通信技术和第四代移动通信技术。第四代移动通信技术已经成为蓬勃发展的移动互联网技术的重要基础,因此 4G 网络的规划与设计也将会成为网络规划与设计的重要组成。最后介绍了移动互联网技术,重点介绍了移动互联网技术的移动端设备、移动端操作系统等相关内容。

习　题　5

一、选择题

(1) 下面哪个标准工作在 5GHz 频带,最大速率可达到 54Mb/s? (　　)

　　A. IEEE 802.11　　B. IEEE 802.11a　　C. IEEE 802.11b　　D. IEEE 802.11g

(2) 下面哪一个频段不是无须授权的开放频段? (　　)

　　A. 500MHz　　　　B. 900MHz　　　　C. 2.4GHz　　　　D. 5GHz

(3) 关于服务设置标识符(SSID)的描述中,哪一项不正确? (　　)

　　A. 无线网络中的每一个主机都有唯一的 SSID

　　B. 无线网卡设置了不同的 SSID 就可以进入不同网络

　　C. 用来区分不同的网络,最多可以有 32 个字符

　　D. SSID 通常由 AP 广播出来,主机通过扫描可以查看当前区域内的 SSID

(4) 无线网络中,接收者距离无线接入点(AP)的距离越远,则(　　)。

　　A. 吞吐量越小　　B. 吞吐量越大　　C. 吞吐量不变　　D. 吞吐量忽大忽小

(5) 以下关于蓝牙技术的叙述,哪一项不正确? (　　)

　　A. 适合 30 英尺内的短距离无线通信

　　B. 多个蓝牙设备之间可以建立 Ad Hoc 网络,提供自动同步功能

　　C. 工作于 5GHz 频段

D. 采用跳频扩展技术(FHSS),最高传输速率为 1Mb/s

(6) 下面关于红外(IrDA)通信的描述中,哪一项不正确?(　　　)

　　A. 体积小、功率低,适合移动设备需要

　　B. 传输速率高,可达 16Mb/s

　　C. 近距离内可以透过阻挡物传播

　　D. 红外接收角度不能超过 120°角

二、思考题

(1) 了解一下各大网络设备厂商针对无线局域网推出了哪些"智能"解决方案?这些方案在保证 WLAN 的安全上都采取了哪些措施?

(2) 了解国内主要的移动通信运营商都推出了哪些 4G 业务?都使用了哪些技术?

第 6 章

网络前沿发展与应用

计算机网络发展迅猛,已经超越了计算机之间互连通信的最初用途,各种智能终端和移动手持设备都成为互联网中的一个节点,互联网的规模正在飞速膨胀,这就进一步需要技术的改进和支撑,也催生了更多类型的应用。

这些最新的网络技术有的还在推广中,有的已经应用到某些特殊行业和领域中。因此,进行网络规划与设计时,也要考虑到这些新技术在未来的几年会在互联网中逐步应用普及,需要根据用户的需求,在设计现有网络时为这些新技术预留接口。本章对主要的技术趋势加以介绍。

6.1 下一代互联网

下一代互联网(Next Generation Internet,NGI)已经成为当前技术发展的热点,美国政府在 1996 年 10 月宣布启动"下一代互联网行动计划(Next Generation Internet Initiative)",我国于 20 世纪 90 年代后期开始相关研究。经过 10 多年时间,全球下一代互联网研究在大规模试验网、核心技术和标准方面都取得了巨大进步,很多国家纷纷把下一代互联网研究列入信息技术领域的重点发展方向。

关于"什么是下一代互联网? 它和目前互联网的主要区别是什么?"始终没有形成确切的定义,但是研究人员还是达成了如下共识:更大、更快、更安全、更及时、更方便、更可管理、更有效益是下一代互联网研究的主要目标。

- "更大"是指互联网从主要连接计算机系统扩展到连接所有可以连接的电子设备。接入终端设备的种类和数量更多,网络的规模更大,应用更广泛。
- "更快"是指提供更高的传输速度,特别是端到端的传输速度应该达到 $10\sim100\text{Mb/s}$,用以支持更高性能的新一代互联网应用。
- "更安全"是指在开放、简单、共享为宗旨的技术基础上,进行网络对象识别、身份认证和访问授权,具有数据加密和安全性,从网络体系结构上保证网络信息的真实和可追溯,进而提供安全可信的网络服务。
- "更及时"是指改变目前互联网"尽力而为"的网络 QoS 控制策略,提供可控制和有保障的网络服务质量控制,支持组播、大规模视频和实时交互等新一代互联网应用。
- "更方便"是指采用先进的无线移动通信技术,实现一个"无处不在、无时不在"的移动互联网和无线通信应用。

- "更可管理"是指克服目前互联网难以精细管理的特点,从网络体系结构上提供精细的网络管理元素和手段,实现有序的管理、有效的运营和及时的维护。
- "更有效益"是指克服目前互联网基础网络运营商"搭台"却亏损,网络信息内容提供商"唱戏"而盈利的不合理经济模式,创立合理、公平、和谐的多方盈利模式。

有学者认为,下一代互联网需解决的关键问题有互联网体系结构的多维可扩展性、网络动态行为及其可控性问题、脆弱复杂巨系统的可信性问题和稳定网络体系结构的服务多样性。当前互联网到下一代互联网的发展,不是单纯的 IPv6 取代 IPv4,事实上当前互联网也是 IPv4 和其他 2000 多个技术标准共同工作的结果。IPv6 已经成为下一代互联网的重要基础,但下一代互联网还具有很多其他特点:如对安全性的更高要求,对多种功能合一的需要,更好的移动性和可管理性等。IPv6 仅仅为解决互联网面临的技术挑战搭建了一个技术平台,真正解决下一代互联网面临的技术挑战,需要在此平台上不断努力,设计和开发一个又一个与 IPv6 相关的技术标准。如果仅仅将 IPv4 互联网换成 IPv6 互联网,事实上还是穿着 IPv6 的新鞋走老路,不能解决当前互联网的紧迫问题。

6.1.1　中国下一代互联网进展

1998 年中国建立了第一个虚拟的 IPv6 试验床,并连接到国际 IPv6 下一代互联网试验床 6Bone。2003 年启动了中国下一代互联网示范工程(简称 CNGI 示范工程)。2004 年 1 月 15 日,在比利时首都布鲁塞尔的欧盟总部,包括美国 Internet2 和中国教育科研网(CERNET)在内的全球 8 个国家的学术网络共同宣布开始提供 IPv6 服务。

目前,中国基于 CERNET 高速传输网,建成连接我国 20 个城市、25 个核心节点、传输速率为 2.5～10Gb/s 的全国学术性下一代互联网 CERNET2 主干网,主干网采用纯 IPv6 协议。在北京建成负责全网运行管理的网络中心。

在北京、上海、广州、武汉、南京、西安、成都、沈阳、合肥、重庆、天津、厦门、兰州、哈尔滨、长沙、杭州、长春、大连、济南、郑州 20 个城市建立 CNGI-CERNET2 的核心节点共 25 个(其中北京建成核心节点 4 个,上海建成核心节点 3 个)。每个核心节点为用户网提供 1～10Gb/s 的 CNGI-CERNET2 主干网接入服务。在 25 个核心节点中,北京、上海、广州、武汉和南京为一级节点,其余 20 个节点为普通节点。用户网主要是全国高校或科研单位的研究试验网。用户网通过 IPv6 协议,采用高速城域网、直连光纤或高速长途线路等多种方式接入 CERNET2 核心节点。

在北京建成了国内/国际互连中心 CNGI-6IX,实现了 CNGI 示范网络与北美、欧洲、亚太等地区国际下一代互联网的高速互连。

6.1.2　网络设计中需考虑的问题

虽然下一代互联网仍在发展中,IPv6 也仅是在有限范围内使用,但是为用户进行园区网络规划和设计时,考虑对 IPv6 的支持是必不可少的。2003 年 6 月美国国防部宣布不再购买不支持 IPv6 的网络设备,这也应该作为当前具有一定规模的园区网在购置网络设备时的准则。

目前主流的三层网络互连设备均同时支持 IPv4 和 IPv6,因此购置新设备时困扰不大,配置设备时,根据用户需要确定是否开启 IPv6 相关选项即可。但是如果在用户现有网络基础上升级,部分旧的三层设备也许并不支持 IPv6,有些旧设备可能通过升级软件实现对 IPv6 的支持,有些旧设备也许必须更新硬件才可能实现对 IPv6 的支持。此时就要综合考虑性价比,是否有升级的必要,还是直接报废,有些不支持 IPv6 的三层交换机也可以考虑作为二层交换机使用(不开启三层交换机的路由功能)。

除了基本网络互连设备外,网络安全和网络管理的软硬件也必须考虑对 IPv6 的支持。即便用户在需求分析时并没有使用 IPv6 的要求,但是随着 IPv6 在 Internet 上的快速推广,选购产品时必须考虑其对 IPv6 的支持情况。

以下一代互联网的发展趋势来看,任何用户园区网都会出现 IPv4 和 IPv6 共存的状态,而且这种状态也会持续较长时间。因此,保证园区网内 IPv4 和 IPv6 主机之间的顺畅通信,也是网络规划和设计时必须考虑的问题。需要购买相关设备,配置隧道(如 6to4 隧道、ISATAP 隧道等)。

在我国,可以通过向 CERNET 申请接入 CNGI-CERNET2,以实现和国际 IPv6 网络的连接。目前 CERNET 可以分配两类 IPv6 地址空间,用户可以根据园区网的规模大小和使用需求自行选择其中一类,进行申请。一类是/32 的 IPv6 地址空间,适用于园区网达到 200 个子网以上、规模比较大的用户。这类地址可以全球独立路由,用户可以申请独立的自治系统号,需要提供详细的 IPv6 子网规划和 IPv6 网络部署拓扑图等材料,同时还需缴纳相应的地址费用。另一类是/48 的 IPv6 地址空间,适用于通常的园区网。这类地址申请程序简单,无需提供 IPv6 网络规划细节。上述具体内容可参见 http://www.edu.cn 的相关规定和服务介绍。

此外,前面介绍过下一代互联网不单纯是 IPv6 取代 IPv4,高速和安全也是其面临的重要挑战。因此,设计规划网络时也必须加以考虑。

6.2　三 网 融 合

"三网融合"又叫"三网合一",指电信网、有线电视网和计算机通信网的相互渗透和互相兼容,并逐步整合成为统一的信息通信网络。三网融合打破了此前广播电视企业在内容输送、电信企业在宽带运营领域各自的垄断,明确了互相进入的准则——在符合条件的情况下,广电企业可经营增值电信业务、比照电信业务管理的基础电信业务以及基于有线电网络提供的互联网接入业务等;而国有电信企业在有关部门的监管下,可从事除时政类节目之外的广播电视节目生产制作、互联网视听节目信号传输、转播时政类新闻视听节目服务、IPTV 传输服务以及手机电视分发服务等。

从技术角度来讲,由于数字技术的普及,电视信号和电信信号都逐步实现了数字化,与计算机通信信号一样,可以基于同样的 IP 协议在同一物理介质上传输。三网融合主要是业务应用层面的融合,表现为技术标准趋于一致,网络层互连互通,物理层资源实现共享,业务应用层互相渗透和交叉,所有业务和技术基于统一的 IP 通信协议,最终走向统一行业监管政策和监管机构融合的国际大趋势。

互联网本质上是一种寄生性网络,不对底层做任何规范,没有自己真正的主干网,主要依托在其他基础网上。并且,互联网与电信网融合已完全实现,互联网与广播电视网的融合也基本实现。所谓三网融合的关键是电信网与广播电视网的融合,即两网融合的问题。三网融合并非仅限于网络的融合,涉及的范畴十分广阔,最终将是3个产业链的融合,即三业融合,这必将造就一个全新的信息产业。

如图 6.1 所示,网络融合的内涵是从分离的网络、分离的业务演进到统一融合的网络来提供各种业务。

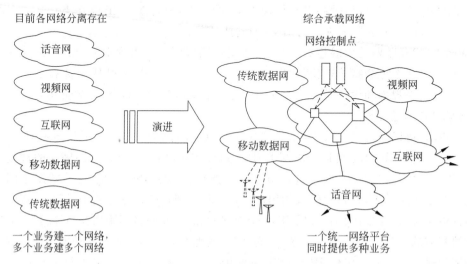

图 6.1　网络融合示意图

目前阶段,三网融合的重点应放在对三网的改造上,使网络可以基于 IP 在各自数据应用平台上提供多种服务,承载多种业务,让已经具有基本能力的各种网络系统进行适当的业务交叉和渗透,充分发挥各类网络资源的潜力。从技术上看,尽管各种网络仍有自己的特点,但技术特征正逐渐趋向一致,如数字化、光纤化和分组交换化等,特别是逐渐向IP 协议的汇聚已成为下一步发展的共同趋向。

6.2.1　三网融合在我国的发展

在国外,虽然学术界和产业界都没有正式提出"三网融合"的概念,但都启动了类似的工作,有线电视企业和电信企业同时也是 ISP,为普通用户提供 Internet 接入服务。以美国为例,2007 年光纤到户(FTTH)接入用户超过了 200 万,其中主要是电信公司的用户。诸如美国在线、时代华纳这样的传统广播电视公司也提供互联网接入服务,并允许其他本地 ISP 服务商接入其已有的高速有线网络。

三网融合在我国经历了一个"问题提出-讨论-叫停-支持-逐步落实"的过程。在这个概念提出后,1999 年 9 月 17 日,国家曾发文叫停:"电信部门不得从事广电业务,广电部门不得从事通信业务,双方必须坚决贯彻执行。"但在 2001 年又明确提出促进三网融合。2010 年国家正式明确了三网融合时间表,之后确定了第一批 12 个三网融合试点城市,随后又确定了第二批试点城市,我国三网融合进入实质发展阶段。

三网融合的普及将会带来如下好处:

（1）信息服务将由单一业务转向文字、语音、数据、图像和视频等多媒体综合业务。

（2）有利于极大地减少基础建设投入，并简化网络管理，降低维护成本。

（3）将使网络从各自独立的专业网络向综合性网络转变，网络性能得以提升，资源利用水平进一步提高。

（4）三网融合是业务的整合，它不仅继承了原有的语音、数据和视频业务，而且通过网络的整合，衍生出了更加丰富的增值业务类型，如图文电视、VOIP、视频邮件和网络游戏等，极大地拓展了业务提供的范围。

（5）三网融合打破了电信运营商和广电运营商在视频传输领域长期的恶性竞争状态，最终用户所需负担的资费可能打包下调。

随着三网融合的发展，未来有可能加入电网，成为四网合一，更好地利用现有的基础设施，实现计算机网络的普及。

6.2.2 三网融合对园区网络设计的影响

三网融合无疑为用户接入 Internet 提供了更多选择，接入成本也会更便宜，而且从技术层面上对互联网用户不会带来任何不便。本书第 3 章介绍了很多广域网接入方案，而且随着网络技术的发展还会出现更多的高带宽接入技术，各类 ISP 都会提供多种接入方案以供用户选择。至于 ISP 所利用的主干网是有线电视网、电信网络还是计算机通信网络，对用户来说是透明的，用户也无须关心。

因此在网络规与设计中，只要根据用户的带宽需求，选择性价比合理的互联网接入服务，ISP 可以根据用户情况提供相应的接入技术方案。

6.3 物 联 网

物联网（Internet of Things）被视为互联网的应用扩展。物联网是指通过各种信息传感设备，如传感器、射频识别（RFID）技术、全球定位系统、红外感应器、激光扫描器和气体感应器等各种装置与技术，实时采集任何需要监控、连接和互动的物体或过程，采集其声、光、热、电、力学、化学、生物和位置等各种需要的信息，与互联网结合形成的一个巨大的网络。其目的是实现物与物、物与人、所有的物品与网络的连接，方便识别、管理和控制。

物联网发展至今十余年，尚未有明确统一的定义。1999 年，MIT Auto ID Center 给出较早的"物联网"定义为：在计算机互联网的基础上，利用 RFID 和无线数据通信等技术，构造一个覆盖世界上万事万物的网络，以实现物品的自动识别和信息的互连共享。2005 年，国际电信联盟（ITU）发布的报告中正式给出了"物联网"概念并对其含义进行了扩展，指出物联网是互联网应用的延伸，RFID、传感器技术、纳米技术和智能嵌入技术将是实现物联网的四大核心技术。

与传统的互联网相比，物联网具有如下特征。

（1）它是各种感知技术的综合应用。物联网上部署了海量的多种类型传感器，每个传感器都是一个信息源，不同类别的传感器所捕获的信息内容和信息格式不同。传感器获得的数据具有实时性，按一定的频率周期性地采集环境信息，不断更新数据。

（2）它是一种建立在互联网上的泛在网络。物联网技术的重要基础和核心仍然是互联网,通过各种有线和无线网络与互联网融合,将物体的信息实时准确地传递出去。在物联网上的传感器定时采集的信息需要通过网络传输,由于其数量极其庞大,形成了海量信息,在传输过程中,为了保障数据的正确性和及时性,必须适应各种异构网络和协议。

（3）物联网不仅提供了传感器的连接,其本身也具有智能处理的能力,能够对接入设备实施智能控制。从传感器获得的海量信息中分析、加工和处理有意义的数据,以适应不同用户的不同需求,发现新的应用领域和应用模式。

6.3.1 物联网的发展

物联网概念一经提出,立即受到了各国政府、企业和学术界的重视,在需求和研发的相互推动下迅速热遍全球。目前 IBM 提出的“智慧地球”战略已正式提升为美国的国家战略,奥巴马政府希望通过物联网技术能掀起如当年“信息高速公路”战略一样的科技和经济浪潮,继续成为管理全球的战略工具。我国对物联网的关注也急剧升温,国务院已将物联网上升为国家五大战略性新兴产业中的第二位。

中国工业和信息化部在 2012 年 2 月 14 日发布了《物联网“十二五”发展规划》,规划期为 2011—2015 年。《物联网“十二五”发展规划》指出,到 2015 年形成较为完善的物联网产业链,建设一批覆盖面广、支撑力强的公共服务平台,初步形成门类齐全、布局合理、结构优化的物联网产业体系。

物联网在安防、电力、交通、物流、医疗和环保等领域已经得到应用,且应用模式正日趋成熟。如在安防领域,视频监控和周界防入侵等应用已取得良好效果;在电力行业,远程抄表、输变电监测等应用正在逐步拓展。此外,物联网在环境监测、市政设施监控、楼宇节能、食品药品溯源等方面也开展了广泛的应用。

6.3.2 物联网与园区网络设计

物联网的特点是大量 RFID 设备和传感器的接入,因此对网络技术也提出了一些新的要求,主要表现在 3 个方面:要求网络传输技术(无线和有线)的进步,要求网络分配技术的升级以及 Web 3.0 的应用。另外,在网络架构和管理方面,能够具有集成有线和无线网络技术,实现透明的无缝衔接,并实现自我配置和有层次的组网结构。

无线通信和网络技术将是促进物联网发展的主要动力,尤其是 3G、3.5G MMDS、WLAN、WiMax、UWB 和 WSN 等。除此之外,涉及分布式存储单元、定位和追踪系统以及数据挖掘和服务等相关通信和网络技术都将是物联网发展需要考虑的主题。

当前,在全球物联网体系架构并没有确定的情况下,要明确未来物联网通信和网络架构实非易事,但值得肯定的一点是:物联网的发展需要一个全新的通信和网络架构,能够融合现有的多种通信和网络技术及其演进;能够适合各类感知方式、解析架构以及未来可用的网络计算处理。因此,针对物联网发展中的通信与网络技术,需要从以下几个方面加强研究:

（1）物联网扩频通信和频谱分配问题。

（2）基于软件无线电(SDR)和认知无线电(CR)的物联网通信体系架构。

（3）物联网中的异构网络融合和自治机理。

（4）基于多通信协议的高能效传感器网络。

（5）IP 网络技术（IP 多协议优化和兼容）。

上述问题涉及政府法律法规、标准制定推广等多方面问题，已经超越了本书所介绍的园区网规划和设计的范畴。但是，根据现阶段物联网的发展，可以将其看作是一个如图 6.2 所示的 3 层体系结构。

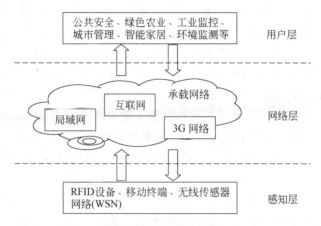

图 6.2　物联网体系结构

最底层为感知层，是用于识别物体和采集信息的，该层不仅包括传感网络，还包含各种物品到物品（Thing to Thing，T2T）、人到物品（Human to Thing，H2T）和人到人（Human to Human，H2H）之间互连的终端设备，例如电子标签、GPS 和摄像头等。网络层包括移动通信和互联网的融合网络，以及网络管理中心、信息中心和智能处理中心等，网络层的功能是将感知层获取的信息进行处理和传递。用户层是直接面向应用的，是物联网与行业技术的深度融合，与行业具体需求相结合，实现智能化的管理。

由此可以看到，第二层网络层的承载网络仍然离不开计算机通信网络，其设计和规划仍然可以采用本书所介绍的方法。

6.4　云　计　算

随着信息技术的不断发展，有学者认为，计算资源将要像水、电、气和电信业务一样，成为人类日常生活中必需的第五种基础设施服务。以何种模式为广泛分散的用户提供计算服务是影响其效益的关键，为解决这个问题，提出了云计算（Cloud Computing）并成为热点。它是继并行计算、分布式计算和网格计算后的新型计算模式。云可视为集群和网格的组合，云计算环境中包含着大量分散的、异构的资源，如处理器、内存、存储、可视化设备和软件等。

有文献如下定义了云（Cloud）的概念："云是由很多彼此互连、虚拟化的计算机组成的并行、分布式系统，服务提供者和用户之间通过协商达成一致的服务协议，动态提供统一计算资源。"通过这个定义，可以看出云计算要解决的问题是如何有效安全地管理和共享接入云的各种资源,并提供相应的服务,它强调的是全面的共享资源和全面的应用服务。云计算提出了全互联网范围内共享资源的最高目标,最大限度地充分利用计算/存储资源,是整合全社会高性能计算资源的有效方法。

6.4.1　云计算的发展

目前国内外开展了很多云计算的研究,并已有很多大型企业提供了云商业应用,如 IBM 公司的蓝云、亚马逊公司的 Amazon Elastic Computing Cloud(EC2)平台,谷歌公司的 Google App Engine(GAE)平台以及微软公司的 Windows Azure 平台等。

IBM 是最早向中国提供云计算服务的企业。IBM 在 2007 年 11 月 15 日推出了蓝云计算平台,为客户带来即买即用的云计算平台。它包括一系列云计算产品,使得计算不仅仅局限在本地机器或远程服务器集群,通过架构一个分布式、可全球访问的资源结构,使得数据中心在类似于互联网的环境下运行计算。蓝云建立在 IBM 大规模计算领域的专业技术基础上,基于由 IBM 软件、系统技术和服务支持的开放标准和开源软件。简单地说,蓝云基于 IBM Almaden 研究中心的云基础架构,包括 Xen 和 PowerVM 虚拟化、Linux 操作系统映像以及 Hadoop 文件系统与并行构建。

亚马逊是云计算最早的推行者,EC2 实际上是一个 Web 服务,通过它可以请求和使用云中大量的资源(换句话说,是由 Amazon 托管的资源)。EC2 提供从服务器到编程环境的所有服务。亚马逊的解决方案的特色在于灵活性和可配置性。用户可以请求想要的服务,根据需要配置它们,显式地设置自己的安全性和网络。此外,Amazon 拥有良好的按使用量收费(pay-only-for-what-you-use)的模型,使得 EC2 成为云计算领域最受欢迎的平台。

Google 的 App Engine 与 Amazon EC2 是竞争对手,它们有很大的不同之处。Amazon 提供灵活性和控制,而 Google 则提供易用性和高度自动化的配置。如果使用 App Engine,用户只需编写代码,上传应用程序,剩下的大部分事情可以让 Google 来完成。与 Amazon 不同的是,Google 开始是免费的,只有当传输量较大,并使用较多计算资源时才收费。另一个不同点是,Google 是以 Python 为中心的架构和设计。若要使用 Google App Engine,则需要使用 Python。

微软公司是云计算领域的后起之秀,致力于提供一个非常丰富的、专业的、高端的计算环境。微软公司的 Azure 产品是基于 Windows 的,它针对使用 Windows 的用户。

在我国,阿里巴巴公司也提供了类似的云计算服务——阿里云,可提供云服务器和云存储等众多服务。

6.4.2　云环境中的网络设计

广义的云是任何连网的计算机,只要达成一致协议,即可提供统一的计算资源。但是类似于亚马逊这样的云服务提供商所面临的网络规划和设计可以分成两个方面:一是如何将多个服务器通过网络组成高性能集群;另一个是如何保证远程用户可以通过互联网访问云资源。

高性能计算(High Performance Computing)集群早在云计算出现以前就被提出,现在常用的方式包括以太网互连和 InfiniBand 互连。由于性价比的关系,第一种方式多采用千兆以太网实现多个计算节点的互连，万兆以太网的技术也在逐步应用于 HPC 集群中。InfiniBand 架构是一种支持多并发链接的"转换线缆"技术。InfiniBand 技术不是用于一般网络连接的，它的主要设计目的是针对服务器端的连接问题的。因此，InfiniBand 技术应用于服务器与服务器（比如复制、分布式工作等）、服务器和存储设备（如 SAN 和直接存储附件）以及服务器和网络之间的通信。

图 6.3 给出了一个通过千兆以太网技术互连的 HPC 集群示意图。

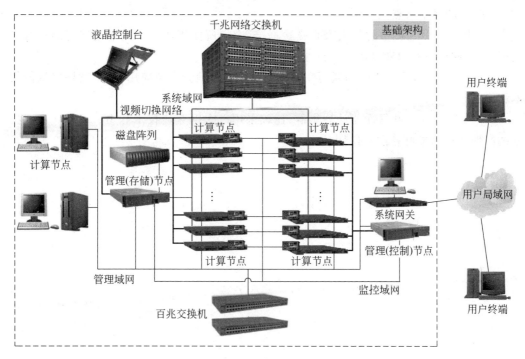

图 6.3　千兆以太网技术互连的 HPC 集群

搭建 HPC 集群，网络互连只是需要解决的基础问题，更关键的还是架构设计和性能调优等，这更是计算机网络体系结构的设计问题。

针对第二个问题，如何保证远程用户经济、高效地访问云资源，实质是一个网络 QoS 保证问题。除了本书所介绍的 QoS 设计原则外，目前还有很多相关的最新研究成果，包括在云环境中通过预测算法来减少冗余数据重复传输（Traffic Redundancy Elimination）等。

6.5　本章小结

本章介绍了下一代互联网、三网融合、物联网和云计算等当前热门的新技术，这些都是 Internet 飞速发展催生的产物，它们对计算机网络提出了更多的挑战。在为用户进行园区网络规划与设计时，不可避免地要考虑到这些因素。

本章给出了对此问题的思考和建议，其中有些部分已经超出了园区网络设计的范畴，但是网络基础设施的重要性毋庸置疑，保证网络的先进性和对应用的支持也是设计的重要内容。

习　题　6

思考题

（1）假设广州某高校想接入 CERNET2,查询中国教育科研网 IPv6 接入服务的相关规定和管理办法,为该高校制定一个实施方案,包括申请 IPv6 地址、以何种方式接入 CERNET2 的哪个节点。

（2）比较你所在城市的各大 ISP 收费标准,它们所使用的主干网络是现有的有线电视网、电信网还是专门铺设的计算机通信网络?

（3）查阅资料,了解我国物联网在哪些行业中有了典型示范应用,分析其网络层的技术解决方案。

（4）查阅 Top 500 高性能计算集群,比较采用以太网互连技术和 InfiniBand 互连技术的高性能计算集群各占的比例。

第7章

网络安全设计

计算机网络对人类经济和生活的冲击是其他信息载体所无法比拟的,它的高速发展和全方位渗透推动了整个社会的信息化进程。计算机网络具有分布广域性、体系结构开放性、资源共享性和信道共用性的特点,因此增加了网络的实用性,同时也不可避免地带来了系统的脆弱性,使其面临严重的安全问题。

在网络安全设计中,要考虑采用合理的技术和策略降低安全风险,具体包括信息加密、认证、数字签名、密钥分发、病毒防范、防火墙和入侵检测等技术手段。

7.1 基 本 概 念

信息安全是指信息系统抵御对手恶意破坏而能正常连续、可靠地工作,或者是遭到破坏后能迅速恢复正常使用的安全过程。而网络安全则是指在网络环境下信息系统的安全问题。在网络日益发展的今天,信息安全实质上体现为网络环境下的信息安全。

网络安全主要面临的威胁就是恶意软件和黑客攻击。

7.1.1 恶意软件

恶意软件(Malware)是指威胁网络信息系统安全的软件,主要分为病毒(Virus)、蠕虫(Worm)和特洛伊木马(Trojan)3 种类型。

1. 病毒

计算机病毒的说法起源于美国费雷德里克·B.科恩(Frederick B. Cohen)博士于 1984 年 9 月在美国计算机安全学会上发表的一篇论文。在这篇论文中,科恩首次把"为了把自身的副本传播给其他程序而修改并感染目标程序的程序"定义为"计算机病毒"。这就是计算机病毒的原始含义。

简单地说,病毒是附着于程序或文件中的一段计算机代码,可在计算机之间传播。它一边传播一边感染计算机。病毒可损坏软件、硬件和文件。病毒具有如下特性:可执行性、传染性、潜伏性、可触发性、破坏性、攻击的主动性、针对性和隐蔽性。

2. 蠕虫

与病毒相似,蠕虫也是从一台计算机复制到另一台计算机,但这种复制是它自动进行。首先,它控制计算机具备传输文件或信息的功能。蠕虫的传播不必通过"宿主"程序和文件,因此它可潜入你的系统并允许其他人远程控制你的计算机。最危险的是,蠕虫可大量复制。例如,蠕虫可向电子邮件地址簿中的所有联系人发送自己的副本,这些联系人的计算机也将执行同样的操作,结果造成网络通信负担沉重,使网络的速度减慢。

1988 年,美国康奈尔大学 22 岁的研究生 Robert Morris 通过网络发送了一种专门攻击 UNIX 系统缺陷的名为"蠕虫"的病毒,这是最早的蠕虫。该蠕虫造成了 6000 个系统瘫痪。 事后,美国国防部高级计划研究署(DARPA)在卡内基-梅隆大学软件工程研究所专门成立 了计算机紧急响应组/协调中心(Computer Emergency Response Team/Coordinate Central, CERT/CC)。

3. 特洛伊木马

特洛伊木马简称木马,是指表面上有用的软件,实际上却是危害计算机安全并导致严 重破坏的计算机程序。例如,木马可能是一封电子邮件的附件,用户打开附件后看到的可 能是一只可爱的小狗图片,但是在后台,木马的代码正在读取用户地址簿里的 E-mail 地 址,并且将这些地址转发到黑客的信息库里,以备将来兜售信息时使用。木马和病毒的区 别在于是否进行自我复制。

目前恶意软件的发展已经不再是最初病毒的单一概念了,它被融进了更多的东西(但 是仍然习惯地称为病毒),实际上是指以网络为平台,对信息安全产生威胁的所有程序的 总和。防范恶意软件的主要措施是安装防病毒软件,并及时更新病毒库。

7.1.2 黑客攻击

现在黑客在互联网上的攻击活动十分频繁,他们利用 Internet 的内在缺陷和管理漏 洞非法进入网络系统,修改或毁坏网络系统中的重要数据等。

漏洞是在硬件、软件、协议的具体实现或系统安全策略上存在的缺陷,从而使黑客能 够在未授权的情况下访问或者破坏系统。例如,UNIX 系统管理员设置匿名 FTP 服务时 配置不当,则可能被攻击者利用,从而威胁到 FTP 服务器的安全。

目前有很多漏洞扫描工具可以发现系统的漏洞,必须及时安装补丁、修复漏洞,以免 遭到黑客攻击。但是网络的开放性决定了它的复杂性和多样性,随着技术的不断进步,各 种各样高明的黑客还会不断出现,同时,他们使用的手段也会越来越先进。

7.2 安 全 威 胁

对计算机网络来说,由于软件和硬件的设计问题、人为因素和实现问题造成了安全漏 洞,成为黑客可以利用的安全弱点。常见的安全威胁有侦察攻击、访问攻击、信息泄露攻 击和拒绝服务攻击。

7.2.1 侦察攻击

侦察攻击包括情报收集,黑客经常使用的工具如网络扫描器或报文分析器。之后,就 可能利用收集到的情报危及网络的安全。

常见的侦察攻击包括如下类型。

(1) ping 扫描:发现活动主机的网络地址。

(2) 网络和端口扫描:发现目标主机的活动端口。

(3) 堆栈指纹识别：确定目标主机的操作系统(OS)和目标主机上运行的应用。

(4) 枚举：推断网络的拓扑结构。

7.2.2　访问攻击

访问攻击是指黑客利用他们在侦察攻击时发现的安全弱点进行攻击。下面是一些常见的访问攻击。

(1) 侵入：非法进入 E-mail 或数据库账户。

(2) 收集：收集信息或口令。

(3) 安置：创建一个后门，留作日后再次进入。

(4) 占据：选择控制想要的主机。

(5) 隐藏：通过修改系统日志，黑客可以隐藏自己留下的痕迹。

7.2.3　信息泄露攻击

信息泄露攻击使用复杂的欺骗手段使被攻击者自愿地提供信息，就这方面看，它不同于访问攻击。常用的信息泄露攻击包括社会工程和网络钓鱼。

1. 社会工程

社会工程是一种低技术含量的黑客形式，就是某个人为了渗透到一个组织中去，就冒充别人的身份通过 E-mail 或电话与用户接触。实施社会工程并不需要非常强的技术能力。

2. 网络钓鱼

那些想方设法获取他人财务信息的互联网骗子目前正在使用一种新的方法诱骗毫无疑心的受害者，这种方法称为网络钓鱼。网络钓鱼是一种高技术骗局，它使用垃圾邮件或其他弹出信息的方式欺骗读者透漏他们的信用卡号码、银行账户信息或其他敏感信息。

没有一种安全系统可以防止上述两类信息泄露攻击。只有宣传和执行合理的安全策略才能够帮助用户认识到可疑的邮件或信息，让用户在输入机密信息前要确认其发送者。

7.2.4　拒绝服务攻击

拒绝服务攻击(Denial of Service，DoS)是指通过合法的手段使服务器不能正常提供服务的攻击方法。最基本的 DoS 攻击就是利用合理的服务请求占用过多的服务器资源，从而使合法用户无法得到服务器的响应。

1. DoS 攻击方式

DoS 攻击的常见形式是 SYN 泛洪，在这种攻击下服务器很快就被初始的连接淹没了。黑客向服务器发送无数个 TCP 的同步请求，也就是 SYN 请求，而服务器则使用 SYN ACK 回复每一个请求，并且分配部分计算资源，以便在连接成为"全连接"时提供服务。直到连接发起者完成 3 次握手为止，连接被称为初始连接或半开连接。被攻击的服务器一般会重传 SYN ACK，等待一段时间后放弃这个半开连接。被半开连接淹没的服务器会很快耗尽资源，以至于不能再为即将到来的连接请求分配资源，因此这种攻击就称为拒绝服务攻击。图 7.1 给出了 SYN 泛洪的示意图。

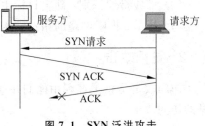

图 7.1　SYN 泛洪攻击

除此之外,还有 UDP 泛洪和 ICMP 泛洪,分别利用一些 UDP 服务和 ICMP 服务进行攻击。UDP 泛洪常见的情况是利用大量 UDP 小包冲击 DNS 服务器、Radius 认证服务器或流媒体视频服务器。由于 UDP 协议是一种无连接的服务,在 UDP 泛洪攻击中,攻击者可发送大量伪造源 IP 地址的小 UDP 包。此外,由于 UDP 协议是无连接性的,所以只要开了一个 UDP 的端口提供相关服务的话,那么就可针对该服务进行攻击。

例如,UNIX 系统通常由一些默认启动的 UDP 服务,如 echo 和 chargen。chargen 服务监听 19 号端口,当接收到一个数据包后会随机返回一些字符。echo 服务监听 7 号端口,接收到一个包后,会原样返回一个包。这两类服务本意是用来监测服务器和网络是否正常,但是黑客利用其特点,将 chargen 服务和 echo 服务互指,会占据大量网络带宽和系统资源。

常见的 ICMP 泛洪攻击采用 ping 服务进行。ping 程序是用来探测主机到主机之间是否可通信,如果不能 ping 到某台主机,表明不能与这台主机建立连接。ping 使用的是 ICMP 协议,它发送 ICMP 回送请求消息给目的主机。ICMP 协议规定:目的主机必须返回 ICMP 回送应答消息给源主机。如果源主机在一定时间内收到应答,则认为目的主机可达。攻击者利用正常的 ping 功能,同时大量地 ping 目的主机,消耗目的主机资源和网络带宽,最终造成目的主机无法进行正常服务。

2. DDoS 攻击

基于扩散的分布式拒绝服务(Distributed DoS,DDoS)攻击是目前 DoS 攻击的主要方式。在 DDoS 中,攻击者首先利用漏洞控制一批主机,然后在这些主机上远程安装 DDoS 主控端软件,把这些主机变成了主控端,如图 7.2 所示。

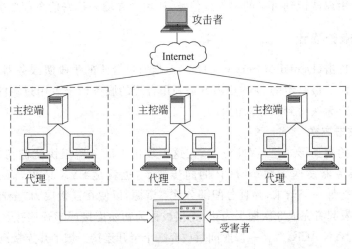

图 7.2　DDoS 原理图

　　然后,这些主控端依次扫描它们所在局域网,寻找可以破坏的主机,将它们变成 DDoS 代理。这些代理又被称为僵尸主机,因此这种 DDoS 攻击也称为僵尸网络。

　　当黑客将僵尸按计划部署好之后,就开始发起攻击。黑客把攻击命令发送给主控端和代理,这些命令控制这些主机在某一确切时刻同时向目标主机发送数量庞大的报文,这样受害主机以及去往它的网络都被淹没。当主控端和代理同时向最终的受害者发起攻击时,那些感染上了主控端和代理端的局域网也会出现严重的网络拥塞。

　　目前,DDoS 攻击已经成为威胁 Internet 稳定运行的主要因素。一方面,现在已经出现了许多使用方便的 DDoS 攻击工具,这使得发动 DDoS 攻击变得相当容易;另一方面,目前还没有很有效的手段能够有效防范 DDoS 攻击,也很难对 DDoS 的攻击者进行追踪。

7.3　风险降低技术

　　各种不安全因素的存在说明一个绝对安全的计算机和网络是不存在的。但是可以采取一些风险降低技术抵御安全威胁。这些技术主要分成以下 4 类。

　　(1) 威胁防御:包括病毒防护、流量过滤、防火墙、入侵检测和保护以及内容过滤等。

　　(2) 安全通信:包括虚拟专用网(VPN)和文件加密等。

　　(3) 身份认证:包括认证、授权和记账(AAA)以及公钥基础设施(PKI)等。

　　(4) 网络安全措施:包括网络管理、评估与审计和安全策略等。

7.3.1　威胁防御

　　威胁防御指的是预防那些已知的和未知的攻击而采用的必要行为。

1. 病毒防护

　　病毒防护要从防毒、查毒和解毒 3 方面进行,信息系统对病毒的防御能力和效果也要从防毒能力、查毒能力和解毒能力这 3 个方面来评估。

　　防毒是指根据系统特性,采取相应的系统安全措施预防病毒入侵计算机系统;查毒是指对于确定的环境(包括内存、文件、引导区和网络等),能够准确地发现病毒名称;解毒是指根据不同类型的病毒对感染对象的修改,按照病毒的感染特性所进行的恢复,该恢复过程不能破坏未被病毒修改的内容。

　　病毒的防范主要有以下一些措施。

　　(1) 选择和安装经过相关部门认证的防病毒软件,定期对整个硬盘进行病毒检测和清除工作。

　　(2) 经常从软件供应商处下载和安装安全补丁程序与升级杀毒软件。随着计算机病毒编制技术和黑客技术的逐步融合,下载和安装补丁程序与杀毒软件升级已成为防治病毒的有效手段。

　　(3) 新购置的计算机和新安装的系统一定要进行系统升级,保证修补所有已知的安全漏洞。

　　(4) 使用高强度的口令。尽量选择难于猜测的口令,对不同的账号选用不同的口令。

　　(5) 经常备份重要数据。要做到每天坚持备份。较大的单位要做到每天进行增量备份,每周完全备份,并且每个月要对备份进行校验。

(6) 可以在用户的计算机和互联网之间安装使用防火墙,提高系统的安全性。

(7) 当计算机不使用时,不要接入互联网,一定要断掉连接。

(8) 重要的计算机系统和网络一定要严格与互联网进行物理隔离。这种隔离包括离线隔离,即在互联网中使用过的系统不能再用于内网。

(9) 不要打开陌生人发来的电子邮件,无论它们有多么诱人的标题或者附件。同时也要小心处理熟人的邮件附件。

(10) 正确配置和使用病毒防治产品。一定要了解所选用产品的技术特点。正确地配置使用,才能发挥产品的特点,保护自身系统的安全。

(11) 正确配置系统,减少病毒侵害事件。充分利用系统提供的安全机制,提高系统防范病毒的能力。

(12) 定期检查敏感文件。对系统的一些敏感文件定期进行检查,保证及时发现已感染的病毒和黑客程序。

在网络中执行上述病毒防范措施,可按以下层面进行：主机、E-mail 服务器、网络。对于专业人士,建议在网络上的不同节点和不同设备上使用不同品牌的防病毒产品,这样可以从多个病毒特征库中受益,有助于扩大病毒搜索的范围。

2. 流量过滤

可以在 OSI 模型的多个层次上实现流量过滤。例如,在数据链路层上可以使用 MAC 地址实现流量过滤,在网络层上利用 IP 地址进行过滤,在传输层上利用端口号进行过滤。比较常用的是在网络层进行报文过滤,可以进一步分为静态报文过滤和动态报文过滤。

(1) 静态报文过滤也称为无状态报文过滤。通常会在边界路由器上实现静态报文过滤。在这种过滤方式下,路由器不跟踪报文的状态,也不知道一个报文是 SYN 过程的一部分还是实际传输的一部分。静态过滤只检测 IP 地址,因此可能会被使用伪装 IP 地址的黑客欺骗。

(2) 动态报文过滤也称为状态报文过滤。该功能通常由防火墙实现,一些路由器也带有动态报文过滤功能。动态报文过滤会检查更多的状态信息,如源 IP 地址、目的 IP 地址、源端口、目的端口、连接的 TCP 标记和随机产生的 TCP 序列号等。

3. 防火墙

防火墙(Firewall)实际上是一种访问控制技术,在某个机构的网络和不安全的网络之间设置障碍,阻止对信息资源的非法访问,也可以使用防火墙阻止保密信息从受保护网络上被非法输出。防火墙不是一个单独的计算机程序或设备。理论上,防火墙由软件和硬件两部分组成,用来阻止所有网络间不受欢迎的信息交换,而允许那些可接受的通信。

1) 防火墙的类型

现有的防火墙主要有包过滤型、应用网关型、代理服务型和复合型防火墙。

(1) 包过滤型防火墙

包过滤(Packet Filter)型防火墙通常安装在路由器上,而且大多数商用路由器都提供了包过滤的功能。包过滤规则以 IP 包信息为基础,对 IP 源地址、目的地址、封装协议和端口号等进行筛选。

包过滤路由器将对每一个接收到的包进行允许/拒绝的决定。具体地说,它对每一个数据报的包头按照包过滤规则进行判定,与规则相匹配的包依据路由表信息继续转发,否则,则丢弃之。

具体可以采取与服务相关的过滤或者独立于服务的过滤。

① 与服务相关的过滤:是指基于特定的服务进行包过滤,由于绝大多数服务的监听都驻留在特定 TCP/UDP 端口,因此,阻塞所有进入特定服务的连接,路由器只需将所有包含特定 TCP/UDP 目标端口的包丢弃即可。

② 独立于服务的过滤:有些类型的攻击是与服务无关的,例如,带有欺骗性的源 IP 地址攻击(包中包含一个错误的内部系统源 IP 地址,经掩饰后变成一个似乎来自一个可以信任的内部主机,此时的过滤规则为:当一个具有内部源 IP 地址的包到达路由器的任意一个外部接口时,将此包丢弃)、源路由攻击和细小碎片攻击(入侵者使用 IP 分裂技术将包划分成很小的一些碎片,并将 IP 报头的分段偏移量设置成不合理的数值,导致网络设备或主机重组碎片时耗费大量的系统资源而崩溃)等。由此可见,此类网上攻击仅仅借助包头信息是难以识别的,此时,需要路由器在原过滤规则的基础上附加另外的条件,这些条件的判别信息可以通过检查路由表、指定 IP 选择和检查分段偏移量等获得。

包过滤型防火墙具有如下优点:大多数防火墙配置成无状态的包过滤路由器,因而实现包过滤几乎没有任何耗费。另外,它对用户和应用来说是透明的,每台主机无须安装特定的软件,使用起来比较方便。

包过滤型防火墙的局限性在于定义包过滤是个复杂的工作,网络管理员需要对各种 Internet 服务、包头格式以及其中每一个选项的值有足够的了解;面对复杂的过滤需求,过滤规则将是一个冗长而复杂、不易理解和管理的集合,同样也很难测试规则的正确性;任何直接通过路由器的包都可能被利用作为发起一个数据驱动的攻击;随着过滤数目的增加,将降低路由器包的吞吐量,同时耗费更多 CPU 的时间而影响系统的性能;IP 包过滤难以进行有效的流量控制,因为它可以许可或拒绝一个特定的服务,但无法理解一个特定服务的内容或数据。

(2) 应用网关型防火墙

应用网关(Application Level Gateways)型防火墙是指在网络应用层上建立协议过滤和转发功能。它针对特定的网络应用服务协议使用指定的数据过滤逻辑,并在过滤的同时对数据包进行必要的分析、登记和统计,形成报告。实际中的应用网关通常安装在专用工作站系统上。

包过滤型和应用网关型防火墙有一个共同的特征,那就是它们仅仅依靠特定的逻辑判定是否允许数据包通过。一旦满足逻辑,则防火墙内外的计算机系统建立直接联系,防火墙外部的用户便有可能直接了解防火墙内部的网络结构和运行状态,这有可能被非法访问和攻击。

(3) 代理服务型防火墙

代理服务(Proxy Service)型防火墙通常由两部分构成:服务器端程序和客户端程序。客户端程序与中间节点连接,中间节点再与提供服务的服务器实际连接。与包过滤型防火墙和应用网关型防火墙不同的是,采用代理服务型防火墙,内外网间不存在直接的连接,而且代理服务器提供日志和审计服务。

此外,代理服务型防火墙也会对过往的数据包进行分析、注册登记并形成报告,同时当发现被攻击迹象时会向网络管理员发出警报,并保留攻击痕迹。

应用代理型防火墙是内部网和外部网的隔离点,起着监视和隔绝应用层通信流的作用,同时也常结合过滤器的功能。它工作在 OSI 模型的最高层,掌握应用系统中可用做安全决策的全部信息。

(4) 复合型防火墙

复合型(Hybrid)防火墙将包过滤和代理服务两种方法结合起来,形成新的防火墙,这类结合通常包括以下两种方案:

① 屏蔽主机防火墙体系结构:在此结构中包过滤防火墙与 Internet 相连,同时将一个堡垒主机安装在内部网络,通过包过滤防火墙过滤规则的设置,使堡垒主机成为 Internet 上其他节点所能到达的唯一节点,这确保了内部网络不受非授权外部用户的攻击。

② 屏蔽子网防火墙体系结构:堡垒主机放于一个子网内,形成非军事区(Demilitarized Zone,DMZ),两个包过滤防火墙放在该子网的两端,使该子网与 Internt 及内部网络分离。在屏蔽子网防火墙体系结构中,堡垒主机和分组过滤器共同构成了此类防火墙的安全基础。

2) 防火墙设计应考虑的问题

在进行防火墙设计的过程中,网络管理员应考虑的问题包括防火墙的基本准则、整个企业网的安全策略、防火墙的财务费用预算以及防火墙的部署。

(1) 防火墙的基本准则

防火墙可以采取如下两种理念之一来定义防火墙应遵循的准则:

① 未经允可的就是拒绝:防火墙阻塞所有流经的信息,每一个服务请求或应用的实现都基于逐项审查的基础上。这是一个值得推荐的方法,它将创建一个非常安全的环境。当然,该理念的不足在于过于强调安全而减弱了可用性,限制了用户可以申请的服务的数量。

② 未说明拒绝的均为许可的:约定防火墙总是传递所有的信息,此方式认定每一个潜在的危害总是可以基于逐项审查而被杜绝。当然,该理念的不足在于它将可用性置于比安全更为重要的地位,增加了保证私有网安全性的难度。

(2) 企业网的安全策略

在一个企业网中,防火墙应该是全局安全策略的一部分,构建防火墙时首先要考虑其保护的范围。企业网的安全策略应该在细致的安全分析、全面的风险假设以及商务需求分析的基础上来制定。

(3) 防火墙的费用

简单的包过滤防火墙所需费用最少,实际上任何企业网与 Internet 的连接都需要一个路由器,而包过滤是标准路由器的一个基本特性。对于一个商用防火墙,随着其复杂性和被保护系统数目的增加,其费用也随之增加。而采用自行构造防火墙方式虽然费用低一些,但仍需要时间和经费开发、配置防火墙系统,需要不断地为管理、总体维护、软件更新、安全修补以及一些附带的操作提供支持。总之,防火墙的配备需要相当的费用,如何以最小的费用来最大限度地满足企业网的安全需求,这是企业网决策者应该周密考虑的问题。

(4) 防火墙的部署

防火墙部署时可以遵照以下策略:

① 局域网内的 VLAN 之间控制信息流向时加入防火墙。

② Interent 与 Intranet 之间连接时加入防火墙。

③ 总部局域网和分支机构相连时,需要采用防火墙隔离。

④ 利用一些防火墙提供的负载均衡功能,在公共服务器和客户端之间加入防火墙实现负载均衡、流量控制和日志记录等。

⑤ 两网对接时,利用硬件防火墙实现地址转换(NAT)和网络隔离等。

图 7.3 给出了一个防火墙部署实例图。

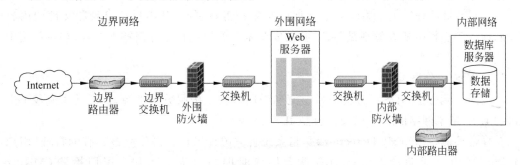

图 7.3 防火墙部署实例

从图 7.3 中可看出,在这个企业网中部署了两个防火墙。一个隔离了 Internet 和企业的外围网络(DMZ),另一个隔离了 DMZ 和内部网络。DMZ 通常包含对外提供服务的 Web 服务器和 FTP 服务器等,它们需要接受 Internet 上主机的访问并返回数据,但是仍然需要防火墙来防御潜在的攻击威胁。内部网络的安全性要求更高,往往不允许 Internet 上的主机直接访问内部网络中的主机,因此需要一个防火墙分隔 DMZ 和内部网络。

4. 入侵检测和入侵保护

在安全解决方案中,入侵检测系统(Intrusion Detection System,IDS)和入侵保护系统(Intrusion Protection System,IPS)主要负责保护边界、外部网络和不断增长的内部网络。IDS 和 IPS 的目标是分析每个进入网络的报文来监测。

入侵检测(ID)是对入侵行为的发觉。它通过对计算机网络或计算机系统中的若干关键点收集信息并对其进行分析,从中发现网络或系统中是否有违反安全策略的行为和被攻击的迹象。进行入侵检测的软件与硬件的组合便是 IDS。与其他安全产品不同的是,IDS 需要更多的智能,它必须可以将得到的数据进行分析,并得出有用的结果。IPS 是在入侵检测的基础上对违反安全策略的行为和攻击进行过滤、拒绝和丢弃报文处理的软件和硬件系统。

1) IDS 的组成

IDS 由信息收集、信息分析和响应处理 3 部分组成。入侵检测的第一步是信息收集，收集内容包括主机和网络的数据及用户活动的状态和行为。入侵检测在很大程度上依赖于收集的信息的可靠性和正确性。如果收集的数据时延较大，检测就会失去作用；如果收集的数据不完整，系统的检测能力就会下降。目前所采用的信息收集方法主要有分布式与集中式数据收集、基于主机的数据收集与基于网络的数据收集。

信息分析包括模式匹配、统计分析和完整性分析 3 种方法。

(1) 模式匹配就是将收集到的信息与已知的网络入侵及系统误用模式数据库进行比较，从而发现违背安全策略的行为。

(2) 统计分析方法是先给系统对象(如用户、文件、目录和设备等)创建一个统计描述，统计系统正常使用时的一些测量属性(如访问次数、操作失败次数和端口连接次数等)。测量属性的平均值和偏差将用来与主机和网络系统的行为进行比较，当观察值在正常范围之外时，就认为有入侵发生。

(3) 完整性分析主要关注某个文件或对象是否被更改，其中包括目录和文件的内容及属性。完整性分析在发现被更改的、被安装木马的应用程序方面特别有效，它往往用于离线分析。

2) IDS 的分类

按照检测方法，IDS 可分为异常检测和误用检测。按照数据来源，IDS 可分为基于主机的 IDS、基于网络的 IDS 以及混合型 IDS。

异常检测(Anomaly Detection)是指系统首先统计出正常操作应该具有的特征(用户轮廓)，当用户活动与正常行为有重大偏离时即被认为是入侵。误用检测(Misuse Detection)是指通过收集非正常操作的行为特性，建立相关的特征库，当监测的用户或系统行为与库中的记录相匹配时，系统就认为这种行为是入侵。

基于主机(Host-based)的 IDS 获取数据的来源是运行 IDS 的主机，保护的目标也是运行系统的主机。基于网络(Network-based)的 IDS 获取的数据是网络传输的数据包，保护的是网络的运行。而混合型 IDS 获取数据的来源既有主机的，也有网络的。

3) 性能评价

衡量 IDS 性能好坏的关键参数是误报率和漏报率。误报(False Positive)是指 IDS 将正常活动误认为入侵(虚报)，而漏报(False Negative)是指 IDS 未能检测出真正的入侵行为。

另外，IDS 本身的容错性、响应的及时性以及检测速度也是非常重要的。由于 IDS 是检测入侵的重要手段，所以它也成为入侵者攻击的首选目标。IDS 自身必须能够抵御对它的攻击，特别是 DoS 攻击。由于大多数 IDS 部署在网络上最先遭受攻击的部位(网络入口处)，这就要求 IDS 必须尽快地分析数据并把分析结果传播出去，以使系统安全管理员能够在入侵攻击尚未造成更大危害以前作出反应，阻止入侵者进一步的破坏活动。

4) IPS

为了提高防火墙的防护功能和 IDS 的检测功能，可以将 IDS 和防火墙结合起来使用，即让 IDS 和防火墙进行联动，这就是 IPS。

IPS 保留了 IDS 的实时检测功能,但是采用了防火墙式的在线安装和检查,即直接嵌入到网络流量中,通过一个网络端口接收来自外部系统的流量,经过检查确认其中不包含异常报文,再通过另外一个端口将它传送到内部系统进行入侵检测。

事实上,可以在防火墙中驻留一个 IDS 代理,用它接收来自 IDS 的入侵检测结果,通过入侵检测自动增加防火墙的过滤规则,最终实现 IDS 与防火墙联动。

为了提高 IDS 的准确性,IDS 经常与蜜罐技术结合在一起。蜜罐(Honeypot)是一个包含漏洞的系统,它模拟一个易受攻击的主机/网络,给黑客提供一个攻击目标。蜜罐记录黑客的攻击行为,以便研究它。蜜罐也可以用于拖延攻击者对其真正目标的攻击,让攻击者在蜜罐上浪费时间,这样真正有价值的目标就受到了保护。

5. 内容过滤

除了通过在边界路由器或防火墙上配置过滤规则控制网络进出流量外,还可以在网络设计中增加一些内容过滤策略:统一资源定位器(Uniform / Universal Resource Locator,URL)过滤和 E-mail 过滤。

1) URL 过滤

企业使用内容过滤来执行网络使用策略,以此来防止员工访问 Internet 上的某些 Web 站点。内容过滤服务器通常和流量过滤一样安装在防火墙模块上,负责检查去往指定 URL 的网络出量。对于用户请求的 URL,内容过滤服务器执行允许或拒绝操作。内容过滤策略可以非常复杂,可以拒绝多组或单个 Web 站点,也可以设定成在某个时间段内禁止/允许访问某个 URL。

2) E-mail 过滤

在设计企业级邮件服务器时,往往必须考虑设置 E-mail 过滤服务。这种服务和 E-mail 服务器安装在同一个网段(通常在 DMZ),它会在邮件分发给最终用户之前拦截一些可疑邮件或清除可执行附件。

7.3.2　安全通信

安全通信最先考虑的问题就是数据加密,加密满足了数据机密性的需要。加密技术中的两个要素就是算法和密钥。图 7.4 给出了加密工作过程。

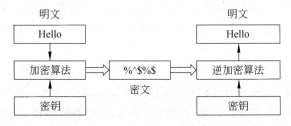

图 7.4　加密的工作过程

在密码系统中,伪装前的原始信息称为明文(Plaintext),伪装后的信息称为密文(Ciphertext),伪装过程称为加密(Encryption),其逆过程称为解密(Decryption)。实现信息加密的数学变换称为加密算法(Encryption Algorithm),对密文进行解密的数学反变换称为解密算法(Decryption Algorithm)。加密算法和解密算法通常都是在一组密钥(Key)控制下进行的,分别称为加密密钥和解密密钥。

加密算法可以看作是数据加密的变形设备,变形的"模式"由密钥提供。密钥就是加密和解密数据的密码。加密算法可以公开,只要密钥被妥善保管并且只能在安全通信的双方之间共享,仍然能保证密文的安全性。有以下两种密钥类型:

(1)对称密钥。使用相同的密钥加密和解密信息。对称密钥加密的最大优势是加密和解密速度快,适合于对大量数据进行加密,但其密钥管理比较困难。对称密钥加密算法要求通信双方事先通过安全信道(如邮寄或电话等)交换密钥,当系统用户很多时,非常不方便。例如,在电子商务中,商家需要与成千上万的购物者进行交易,若采用简单的对称密钥加密技术,则商家需要保存和传递数以万计的与不同对象通信的密钥,不仅存储开销非常大,而且也难以管理。常用的对称密钥加密算法有 DES、AES、IDEA 和三重 DES 等。

(2)非对称密钥。信息加密的密钥和解密的密钥不同,在这种方式中使用公钥和私钥,它是密码学的一个巨大进步。与对称密钥加密不同,非对称密钥加密使用一对密钥分别来完成加密和解密操作。这两个密钥相互关联,但是知道其中一个密钥并不能推导出另一个密钥。因此,可以将一个密钥公开(公钥),而另一个密钥(私钥)由用户保存好。发送方使用接收方的公钥进行加密,而接收方则使用私钥进行解密。公开密钥加密算法解决了密钥的管理和分发问题,每个用户都可以把自己的公钥公开,如发布到一个公钥数据库中。常见的非对成密码加密算法有 RSA 和 DSA。

在网络安全中,基于数据加密技术出现了很多安全通信技术,如虚拟专用网(VPN)和文件加密等。

1. 虚拟专用网

采用租用线路组建专网的好处是安全性和可靠性高,但是专网的建设费用非常高。一种解决方法就是基于公共网络来搭建虚拟专用网。虚拟专用网(Virtual Private Network,VPN)是一种利用公共网络来构建私人专用网络的技术,用于构建 VPN 的公共网络包括 Internet、帧中继和 ATM 等。"虚拟"这一概念是相对传统私有网络的构建方式而言的,对于广域网连接,传统的组网方式通过远程拨号连接或者专线来实现,而 VPN 是利用服务提供商所提供的公共网络来实现远程的广域连接。通过 VPN,企业可以以更低的成本连接远程办事机构、出差人员以及业务合作伙伴。典型的 VPN 架构如图 7.5 所示。

图 7.5 所示的网络系统包含一个总部、若干分支机构和数量不等的移动远程用户等。除远程用户外,其余各部分均为规模不等的局域网络,其中总部局域网是整个网络系统的核心,同时也是网络管理中心。各部分之间的连接方式多种多样,包括远程拨号、专线和 Internet 等,而互连方式则可分为 3 种模式:个人拨号远程访问企业网络,远程分支机构局域网通过专线或公网和总部局域网连接,合作伙伴(客户、供应商)局域网通过专线或公网和总部局域网的非控制区连接。

企业内部资源使用者只需接入本地局域网,即可与总部相互通信。利用传统的 WAN 组建技术,彼此之间要有专线相连才能够实现安全通信。VPN 搭建之后,远程用

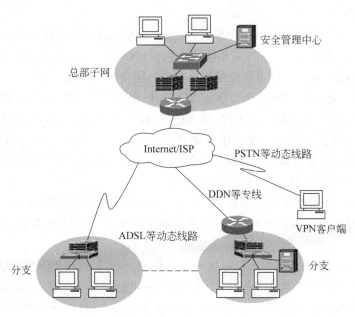

图 7.5　VPN 架构实例

户只需拥有本地 ISP 的上网权限,就可以访问企业内部资源,这对于流动性大、分布广泛的企业来说很有意义,特别是当企业将 VPN 服务延伸到合作伙伴方时,便能极大地降低网络的复杂性和维护费用。

1) VPN 与专线的区别

与传统的专线网络相比,VPN 虚拟专网具备以下优势:

(1) 廉价的网络接入。VPN 利用 Internet 资源将企业在全省乃至全国的各分支机构进行互连,各节点全部采用本地电话或本地专线接入方式,大大节省了长途拨号及长途专线的连接费用。

(2) 严格的用户认证。VPN 系统全部采用 CA 认证体制(采用非对称密钥证书体系),即在企业信息中心 VPN 控制平台建立全省统一的认证授权系统,所有企业客户端都有自己的私有证书、用户名及密码,使接入用户与 VPN 虚拟专网、VPN 网关进行双向身份鉴别,同时客户端还支持双因素身份认证。每次用户登录都将有严格的审计日志记录,以便于日后的审计与稽核,同时 VPN 系统增加了用户操作的数字签名,即数据交易的不可抵赖性,这种技术一般用于银行的金融业务交易。所以与普通专线相比,其强制认证措施确保了企业内网服务的访问与稽核安全。

(3) 高强度的数据保密。由于数据全部通过互联网进行传输,所以必须进行数据加密与数据完整性保护。VPN 虚拟专网一般提供 128 位以上的对称加密措施,非对称密码算法使用 1024 位,并采用网络协议堆栈上的应用层 VPN 技术,全部采用一次一密体制,数据安全性极高。同时 VPN 虚拟专网采用 MD5 数据摘要算法,用以保护数据传输过程的完整性。而普通电信专线不提供任何形式的加密措施,所以 VPN 技术虽然构建在 Internet 之上,但其高强度的加密措施使得数据传输的安全性要比普通电信专线高得多。

2) 搭建 VPN

搭建 VPN 可以使用专用的 VPN 硬件设备,这类产品往往能提供较为完善的安全认证和易于操作的管理界面。也可以不使用专用 VPN 硬件设备,通常有两种方法:一种是架设 VPN 服务器,另外一种则是使用路由器或三层交换机提供 VPN 接入服务。从应用场合上讲前者主要用于方便远程拨号、从家中连接企业内部网的环境,这样员工就可以在家中通过 VPN 拨号连接企业的 VPN 接入服务器,从而实现远程办公的目的。而使用路由器或三层交换机提供 VPN 接入服务则更适合于互连企业多个分支机构到本部的场合,这样可以保证分支机构的所有员工计算机可以正常访问本部的内部计算机和服务器。

3) VPN 的安装机制

VPN 系统一般都会采用加密技术,通过 VPN 隧道传输的数据都会被加密。隧道可以由 VPN 设备建立或者使用 VPN 软件的远程用户建立。VPN 的信息安全措施主要包含下以几种:

(1) 基于公钥基础设施(PKI)的用户授权体系。PKI 是一个包含数字证书、管理机构、证书管理和目录服务的安全系统。PKI 技术采用标准 x.509 证书,将用户的身份和自己的公共密钥绑定在一起,通过 PKI 技术和数字证书技术,可以有效地判明用户的身份,同时降低用户在使用基于 PKI 体系的应用安全系统的复杂性(PKI 工作机制将在 7.3.3 节加以具体介绍)。

(2) 身份验证和数据加密。用户通过 VPN 客户端访问 VPN 网关时,客户端首先对用户进行双因子身份验证,即用户同时拥有用户数字证书和该证书的使用口令。VPN 客户端采用基于 PKI 技术的数字证书技术,完成 VPN 网关服务器和用户身份的双向验证。验证通过后,VPN 网关服务器产生对称会话密钥,并分发给用户。在用户与 VPN 网关服务器的通信过程中,使用该会话密钥对信息进行加密传输。身份验证和保护会话密钥在传递过程中的安全主要通过非对称加密算法完成,VPN 系统使用 1024 位的 RSA 算法,具有高度的安全性。

(3) 数据完整性保护。完善的 VPN 系统不但要对用户的身份进行认证,同时还要对系统中传输的数据进行认证,确认传输过程中的消息已被全部发送并且没有失真。VPN 系统对所有传输数据进行散列(Hash)摘要并对结果进行加密,以实现数字签名,有效地保证了数据在传输过程中的完整性,防止被他人篡改。

(4) 访问权限控制。企业需要利用 VPN 网络组织内部运营流程并与其客户及合作伙伴交换重要信息,这就要求企业 VPN 系统必须拥有严格的访问控制机制。VPN 技术采用细粒度的访问控制列表(Access Control List,ACL),管理员可方便地为每个 VPN 用户分配不同的访问特权。ACL 以用户身份特征为基础,其管理与 VPN 系统的技术维护无关,企业可以将制定和管理 ACL 的工作交由行政部门执行,既方便公司的管理,又可有效防止网络维护人员窃取公司机密。

4) VPN 的加密标准

目前常见的 VPN 加密标准一般有 IPSec 和安全套接字协议层(Secure Socket Layer,SSL)两种。

对于传统的 TCP/IP 协议,IP 数据包在传输过程中并没有过多的安全需求,人们很容易伪造 IP 地址,篡改数据包内容,重发以前的包并在传输途中截获并查看包内信息。因此不能保证自己收到的数据包来自正确的发送端,不能肯定数据是发送端的原始数据,也不能防止原始数据在传输过程中被窃听,所以本质上说这种协议是不安全的。为了有效保护 IP 数据包的安全,IPSec 应运而生,它随着 IPv6 的制定而产生,鉴于 IPv4 应用的广泛性,IPSec 也提供对 IPv4 的支持,不过在 IPv6 中它是必须支持的,而在 IPv4 中是可选的。

IPSec 是 IETF 设计的一组协议,用来对 Internet 上传送的 IP 报文提供安全服务。IPSec 基于端对端的安全模式,在源 IP 和目标 IP 地址之间建立信任和安全性。IP 地址本身没有必要具有标识,但 IP 地址后面的系统必须有一个通过身份验证程序验证过的标识。只有发送和接收的计算机需要知道通信是安全的。每台计算机都假定进行通信的媒体不安全,因此在各自的终端上实施安全设置。

IPSec 没有规定任何特定的加密算法或认证方法,它只提供了安全框架、机制和一组协议让实体自动选择加密、认证和散列算法,图 7.6 给出了 IPSec 的结构框架。

IPSec 协议族主要包括认证头部(Authentication Head,AH)、封装安全有效载荷(Encapsulating Security Payload,ESP)、Internet 密钥交换(Internet Key Exchange,IKE)、Internet 安全与密钥管理协议(Internet Security And Key Management Protocol,ISAKMP)以及各种加密算法等。

SSL 是保证浏览器和 Web 服务器通过安全连接进行通信的技术。在这种安全连接上,数据在发送前经过加密,然后在接收时先解密再进行处理。浏览器和服务器在发送任何数据之前都对所有流量加密。SSL 对进出 Web 浏览器的数据提供加密功能。如果某个服务需要点到点的加密,则要考虑启用 SSL。

SSL 最初由网景公司(Netscape)设计并提出,用于提供 Internet 通信的安全协议。它位于网络层协议(如 TCP/IP)与各种应用层协议(如 HTTP 等)之间,如图 7.7 所示。

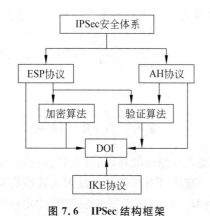

图 7.6　IPSec 结构框架　　　　　图 7.7　SSL 在 TCP/IP 协议栈中的位置

在发送端,SSL 层接收应用层的数据,然后将加密的数据发往 TCP 端口。在接收端,SSL 从 TCP 端口读取数据,解密后将数据交给应用层。它为客户端与服务器之间提供安全通信,允许双方相互认证、通过加密提供消息保密。

IPSec VPN 与 SSL VPN 相比,分别具有各自的优缺点。

(1) IPSec VPN 多用于"网-网"连接,SSL VPN 用于"移动客户-网"连接。SSL VPN 的移动用户使用标准的浏览器,无须安装客户端程序;而 IPSec VPN 的移动用户需要安装专门的 IPSec 客户端软件。

(2) SSL VPN 是基于应用层的 VPN,而 IPSec VPN 是基于网络层的 VPN。

(3) SSL VPN 用户不受上网方式限制,SSL VPN 隧道可以穿透防火墙;而 IPSec 客户端需要支持"NAT 穿透"功能才能穿透防火墙。

(4) SSL VPN 更容易提供细粒度访问控制,可以对用户的权限、资源、服务和文件进行更加细致的控制,与第三方认证系统(如 Radius、LDAP 等)结合更加便捷。而 IPSec VPN 主要基于 IP 五元组对用户进行访问控制。

因此,在进行网络设计时,可以根据用户不同需求选择合适的 VPN 加密标准。目前很多 VPN 专用硬件设备都同时支持 IPSec VPN 和 SSL VPN。

2. 文件加密

文件加密往往分成两种情况:一种是对信息本身要求安全保密,使用加密算法将文件完整加密;另一种情况则仅仅为验证信息的完整性、真实性和不可否认性,这时不需要对整个文件加密,而仅仅需要找到等同于亲笔签名效用的电子签名即可,这就是数字签名(Digital Signature)。对于第一种情况,可以采用对称加密或者非对称加密,发送方和接收方事先协商、妥善分发并保存密钥,不再详细介绍。下面主要讨论基于公开密钥加密算法的数字签名方法。

数字签名的概念和纸质文件签名类似,当发送电子文件时,可以对整个文件签名,也可以对文件的摘要(也称为报文摘要,Message Digest)进行签名。

公开密钥加密可以用来对文档进行数字签名。发送方使用其私钥对整个文档进行加密(签名),接收方使用发送方的公钥对签名进行验证。在数字签名中,公钥和私钥的作用是不同的,私钥用来签名,而公钥用来验证签名。

由于公开密钥加密算法的速度比较慢,因此数据签名时不是对整个文档进行签名,而是对文档摘要进行签名,这样可以加快签名速度。计算文档摘要的算法称为散列(Hash)算法,即从一段很长的明文中计算出一段固定长度的比特串——摘要,只对该摘要进行"数字签名"。对报文摘要进行数字签名的工作过程如图 7.8 所示。

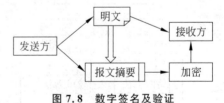

图 7.8　数字签名及验证

在图 7.8 中,发送方首先计算明文的散列值,即报文摘要。然后发送方用自己的私钥对报文摘要进行加密处理,完成签名。最后,发送方将明文和签名摘要分别通过网络发送给接收方。接收方对明文进行散列运算得到报文摘要(之前发送方和接收方协商好使用相同的散列算法),再用发送方的公钥对散列签名进行解密。如果解密后的摘要与接收方根据明文直接计算出的摘要匹配,则能够验证文档的确是发送方发出的,且未被篡改。

由此可见,数据签名保证了以下 3 点:

(1) 接收方能够验证发送方所宣称的身份。

（2）发送方不能否认报文是他发送的。

（3）接收方自己不能伪造该报文。

7.3.3　身份认证

身份认证包括认证、授权和记账，这也涉及如何采用密钥进行加密的认证。

1．认证、授权和记账

在网络设计时应考虑认证、授权和记账（Authentication，Authorization，Accounting，AAA），它是网络安全中的重要方面。AAA服务器要完成以下工作：

（1）认证——谁

认证也叫鉴别，通常使用用户名和密码组合检查用户的身份，也就是实体身份认证。

（2）授权——干什么

在用户通过身份验证之后，AAA服务器控制用户在网络上允许执行的操作。认证关心是否在和某个特定的对象进行通信，而授权关心的是允许此对象做什么。

（3）记账——何时

AAA服务器可以记录会话的长度和会话期间访问的服务等，即完整的日志信息。

2．公钥基础设施

公钥基础设施（Public Key Infrastructure，PKI）是一套用户身份鉴别的技术和方法。它使用私钥和公钥来解决密钥分发的问题，属于非对称密钥。公钥通常存放在中心数据仓库中，称为认证中心（Certification Authority，CA）。私钥通常存储在本地设备中。PKI的工作机制如图7.9所示。

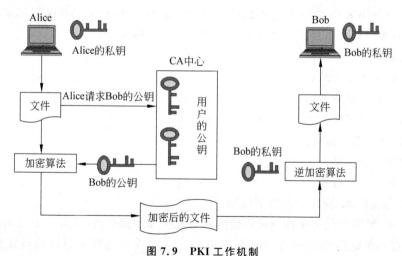

图 7.9　PKI 工作机制

每一对唯一的公钥和私钥是相关的，但是不相同。使用公钥加密的数据只能使用它相应的私钥解密，而使用私钥加密的数据只能使用它相应的公钥解密。

PKI通常被考虑用在复杂的企业网络设计中，因为对于每个想要使用加密通信的人来说，在本地保存另一方的公钥太麻烦了。而在PKI环境中，公钥在CA保存，这样就简化了密钥的分发和管理。

7.3.4 网络安全措施

除了上述介绍的技术方法外,在具体网络管理中也有一套网络安全措施。

1. 网络管理

大多数网络安全设备(例如防火墙、路由器和IDS)都可以记录日志,网络流量产生时会触发记录。但是仅记录日志,却不分析日志,则毫无用处。因此需要采用专业的安全时间管理软件分析日志,以协助网络管理员从那些看似随机发生的活动中发现安全异常模式。

2. 评估和审计

面对网络安全的种种威胁,应该对网络系统进行一次安全评估,以便发现潜在的安全弱点,从而按最有效的方法进行安全防范。一般绝对安全的计算机和网络是不存在的,各个国家和地区都有相关的法律法规制定了信息系统的安全等级。请专业机构对网络系统的安全性进行全面评估和测试,确定安全等级,不仅是为了保护自身网络安全,有时也会成为不得不考虑的社会因素。

安全审计主要是对网络用户的行为监管,对计算机的工作过程进行详尽的跟踪,记录用户活动,记录系统管理日志,监控和捕捉各种安全文件,维护管理审计记录和审计日志。如多次使用错误口令试图进入系统,试图越权对某些程序或文件进行操作,审计跟踪可对这些操作时间、终端地址及其他相关信息进行定位,以便发现和解决系统中出现的安全问题。

3. 安全策略

为了保证网络安全,最大限度地保护网络中的敏感信息,企业必须制定基本的网络安全策略,并且要宣传并强制执行这些策略。网络安全策略包括:

(1) Internet使用策略;

(2) E-mail使用策略;

(3) 远程访问策略;

(4) 密码管理策略;

(5) 软、硬件安装策略;

(6) 物理安全策略;

(7) 业务连续性策略。

制定安全策略时,应该遵循以下原则。

(1) 需求、风险和代价平衡分析。任何网络安全都是相对的,没有一个网络系统是绝对安全的,威胁可能带来的风险和防御威胁所花费的成本是安全系统设计需要考虑的方面。

(2) 综合性和整体性。要从系统综合的整体角度看待和分析网络系统的安全性,从而制定可行的安全策略。

(3) 安全措施公开。保密是基于一系列密钥和通行证,这样攻击者即使获得一个密码设施,由于没有密钥也毫无办法,因此安全措施的设计和操作应公开化。

（4）特权分散。网络系统中每个应用程序、系统程序及管理人员只具有操作完成某项任务所需的最小特权，这样一旦出现问题可以减少损失。

（5）易操作性。降低安全策略的操作复杂性，减少人为错误造成的风险。

7.4 安 全 设 计

在进行网络规划与设计时，网络安全也是重要环节之一。除了上述介绍的技术和方法外，设计时可遵照一定的模型进行。

7.4.1 网络安全层次模型

网络安全防范层次可以从图 7.10 所示的模型来考虑。

在图 7.10 中，物理层安全是安全防范的基础，其次要依次考虑网络层安全、系统层安全和应用层安全。合理的网络管理和安全策略则是涉及各个层次的安全因素。

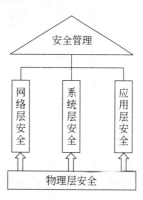

图 7.10　网络安全层次模型

1. 物理层安全

物理层安全包括通信线路的安全、物理设备的安全和机房的安全等。物理层的安全主要体现在通信线路的可靠性（如线路备份、网管软件和传输介质）、软硬件设备的安全性（如替换设备、拆卸设备和增加设备）、设备的备份、防灾害能力、防干扰能力、设备的运行环境（如温度、湿度和灰尘）以及不间断电源保障等。

2. 系统层安全

系统层安全问题来自网络内使用的操作系统安全，如 Windows、UNIX 和 Linux 等。系统层安全主要表现在 3 方面：一是操作系统本身的缺陷带来的不安全因素，主要包括身份认证、访问控制和系统漏洞等；二是对操作系统的安全配置问题；三是病毒对操作系统的威胁。

3. 网络层安全

网络层安全问题主要体现在网络方面的安全性，包括网络层身份认证、网络资源的访问控制、数据传输的保密与完整性、远程接入的安全、域名系统的安全、路由系统的安全、入侵检测的手段以及网络设施防病毒等。

4. 应用层安全

应用层安全问题主要由提供服务的应用软件和数据的安全性产生，包括 Web 服务、电子邮件系统和 DNS 等。此外，还包括病毒对应用系统的威胁。

5. 管理层安全

管理层安全包括安全技术和设备的管理、安全管理制度、部门与人员的组织规章等。管理的制度化极大地影响着整个网络的安全，严格的安全管理制度、明确的部门安全职责划分以及合理的人员角色配置都可以在很大程度上降低各个层次的安全漏洞。

7.4.2　设计原则

基于网络安全层次模型,可以采用模块化的安全设计方法,将一个大的网络划分成模块层来处理设计上的问题。模块化的设计方法有助于确保在设计阶段能够对网络的每个关键部分进行考虑,并且保证了网络的可扩展性。

模块化安全设计中要考虑以下问题:

(1) 保护 Internet 连接。

(2) 公共服务器保护。

(3) 电子商务服务器的保护。

(4) 保护远程访问和虚拟专用网。

(5) 保护网络服务和网络管理。

(6) 企业数据中心保护。

(7) 提供用户服务。

(8) 保护无线网络。

7.5　本 章 小 结

网络是否安全可靠,是现在互联网时代所面临的一个非常重要的课题。本章主要介绍了有关网络安全所面临的安全威胁和弱点,以及在网络设计中必须考虑的安全应用背景。此外,介绍了为维护网络安全所能采取的技术和手段,包括病毒防护、流量过滤、防火墙、入侵检测和保护、内容过滤、VPN 和文件加密等。最后介绍了模块化网络安全设计模型和设计原则。

习 　题 　7

一、选择题

(1) 以下关于病毒、蠕虫和特洛伊木马的描述中(　　)正确。

　　A. 蠕虫传播无须人为干预,可以通过网络自我传播

　　B. 病毒不能自我复制,蠕虫才能自我复制

　　C. 在 DOS 环境下有一种恶意软件专门破坏系统引导区,该软件属于蠕虫

　　D. 一种恶意软件,用户下载打开后会看到可爱的动画图片,但是在后台该软件复制用户地址簿中的所有联系人信息,通过网络发送到黑客的信息库,则该软件属于病毒

(2) 下面关于 DoS/DDoS 攻击的描述中(　　)不正确。

　　A. SYN 泛洪利用 TCP 3 次握手连接协议来发起攻击

　　B. 利用某些服务器开启的 UDP 服务发动攻击属于 UDP 泛洪

　　C. 遭受 DoS 攻击的主机通常被称为"僵尸"

　　D. "死亡之 ping"属于 ICMP 泛洪攻击

（3）下面关于防火墙的描述中（　　）正确。

A. 包过滤防火墙工作在应用层，分析用户数据来过滤数据包

B. 防火墙是指能过滤网络信息的软件系统

C. 通过部署防火墙可以将网络划分成边界网络、DMZ 和内部网络 3 个区域。DMZ 即非保护网络，与边界网络的通信不受任何控制

D. 代理服务器型防火墙工作在应用层，对应用层数据进行控制

（4）下面关于入侵检测系统的描述中（　　）不正确。

A. IDS 收集信息并对其进行分析，从中发现网络或系统中是否有被攻击的迹象

B. IDS 是英文 Internet Detection System 的首字母缩写

C. NIDS 的报告接口通常放在内部网络上，而它的隐蔽接口放在外部网络上

D. 蜜罐（Honeypot）是一种主动防御型 IDS

（5）下面关于 SSL 的描述中（　　）不正确。

A. SSL 是英文 Secure Socket Layer 的首字母缩写

B. SSL 提供了对浏览器和 Web 服务器之间通信的数据进行加密的功能

C. 部署了 SSL 的客户端浏览器与 Web 网站通信时，客户端使用本地私钥对发往服务器的数据进行加密

D. 网上银行和网上购物等网站为了保证 Web 系统的安全性，可以使用 SSL

（6）下面关于加密技术的描述中（　　）不正确。

A. 现代密码体制把算法和密钥分开，只需要保证密钥的保密性就行了，算法是可以公开的

B. PKI（公钥基础设施）中使用两种密钥：公钥和私钥

C. 一种加密方案是安全的，当且仅当解密信息的代价大于被加密信息本身的价值

D. 我的公钥证书是不能在网络上公开的，否则其他人可能假冒我的身份或伪造我的数字签名

二、思考题

（1）常见的网络信息安全技术有哪些？

（2）Alice 要通过网络向 Bob 发送文件，假设 Alice 的公钥和私钥分别为 A 公钥和 A 私钥，Bob 的公钥和私钥分别为 B 公钥和 B 私钥。如果希望 Alice 发送的明文带上她的签名，同时希望 Alice 和 Bob 之间是保密通信，请问 Alice 在发送明文之前应对其如何处理？而 Bob 接收到报文后又如何处理？

（3）查阅资料，看看中国对网络和信息系统安全等级评估有何法律法规？在网络安全设计中，如何考虑到这些社会因素？

第8章

服务质量（QoS）

本章主要介绍服务质量（QoS）模型、工具以及设计原则。

首先介绍什么是 QoS，QoS 为什么是当前网络设计中一项重要的任务，以及如何确定 QoS 的需求；其次介绍 QoS 的两种模型：综合服务模型和区分服务模型；然后介绍 QoS 工具，包括分类、标记、管制、整形、拥塞避免、拥塞管理和链路专用工具；最后介绍 QoS 的设计指导方针。

8.1 QoS 概　述

服务质量（Quality of Service，QoS）可以定义为"对网络传输质量和服务可用性的度量"。QoS 的另一种定义是"网络通过各种底层技术为网络业务提供优化服务的能力"。这两个定义都体现了 QoS 要保证向网络业务提供有品质的服务。

QoS 是网络提供的一种必要的支撑服务。网络的最终目标不是实现 QoS，而是把 QoS 作为实现网络应用的必要服务。我们知道，计算机网络设计时遵循的是尽力而为服务（Best-Effort Service）模型，也就是说，一个网络中如果没有实现 QoS 策略、工具和技术，那么网络会按照相同的方式处理所有业务——尽全力发送所有报文并且平等地对待所有报文。例如，如果公司的一个首席执行官正使用网络与一个重要客户视频通话，而一个员工开始下载电影，即使存在着对网络资源的竞争，网络还是平等地对待两种业务，这可能并不是用户所想要的网络工作方式。使用 QoS 策略则可以保证视频语音业务比电影下载拥有更高优先级。

一个融合的网络是指数据、语音和视频业务共存于一个网络中。这些不同的业务有着不同的特点，因此对服务质量的要求也不相同。本章所介绍的 QoS 工具就是设计用来改善不同业务的服务质量。

通常影响业务服务质量的因素主要有丢包数、时延和抖动。

(1) 丢包数是指报文丢失的数量。一般来说，丢包是网络拥塞造成的。丢包产生的影响取决于具体的应用，丢失一个语音分组对接收端的语音信号质量不会产生影响，因为它可以利用其他语音样本进行内插值替换，但是丢失多个语音分组就会导致接收到的信息不可理解。另外，如果使用 TCP 协议，则 TCP 重传机制就会加重拥塞问题。

(2) 时延也叫延迟，指报文经过网络所花费的时间。时延由固定时延和可变时延组成。固定时延是准备和封装数据，并将其传输到线路上最后到达接收方可预测的时间。固定时延包括发送时延和传播时延。可变时延是不可预测的，它是由数据在网络各节点排队等待引起的，随着网络负载增加，可变时延就会增加。

（3）抖动是指报文在网络中经历的时延的变化。抖动通常不会引起文件传输等应用的注意，但是对语音传输则很敏感。

QoS 允许为不同的应用控制和预测网络提供的服务。实现 QoS 可以带来如下好处：

（1）对正在使用的网络资源的控制，如带宽、设备以及广域网设施等。

（2）确保关键应用可以有效地利用网络资源，这些关键应用对于用户非常重要。

（3）为将来实现完全融合的网络打下基础。

8.2　QoS 需 求

在本章后面部分将介绍思科 QoS 基线，对于各种类型的业务应该如何实现 QoS，思科 QoS 基线推荐了最优的方法。

一般来说，QoS 需求分析要确定以下问题：

（1）确定不同业务需要的服务质量，包括时延、抖动和丢包数。

（2）不同应用的优先级。

（3）应用的交互方式区别。

（4）保证网络自身运行相关的业务。

语音业务对时延、抖动和丢包十分敏感。为了保证可接受的语音质量，必须遵循下面的指导原则：单项时延不能超过 150ms，抖动不能超过 30ms，丢包率不能超过 1％。

交互式视频或视频会议对时延、抖动和丢包的要求和语音业务一样。有区别的是对带宽的要求——语音要求较小，而视频会议要求较大，一般建议在数据带宽的基础上额外提供 20％带宽。

流媒体视频的需求与交互式视频不同，流媒体视频要求较低：丢包率不超过 5％，时延不超过 4～5s。

在一个企业网络中存在多种类型的应用。例如，一些应用交互性较弱，因而对时延不敏感（如电子邮件），而另一些应用需要用户输入数据并等待响应，所以对时延非常敏感（如数据库应用）。而且，还可以按照应用对企业的重要性来对其进行分类。

此外，还需要考虑与网络自身运行有关的业务，例如路由协议——路由更新消息的大小和发送频率是变化的，这取决于路由协议和网络的稳定性。另一个例子是网络管理数据，其中包括网络设备和网络管理工作站之间的 SNMP 数据。

8.3　QoS 模 型

对于那些不适合计算机网络本身提供的尽力而为服务的业务来说，可以选择两种模型来部署端到端的 QoS：综合服务模型（IntServ）和区别服务模型（DiffServ）。尽力而为模型是最简单的服务模型。应用程序可以在任何时候，发出任意数量的报文，而且不需要事先获得批准，也不需要通知网络。网络则尽最大的可能性来发送报文，但对时延、可靠性等不提供任何保证。而应用程序使用 IntServ 向网络请求服务，那么在任何数据发送之前,网络设备会确认它们是否可以满足这个要求,这里把来自该应用程序的数据都看成是一组报文流。如果使用 DiffServ,报文在进入网络时,设备会根据报文所包含的业务类型给它打上标记。当报文经过网络传输时,网络设备使用这个标记确定如何处理这些报文。

8.3.1　IntServ

IntServ 是一个综合服务模型,它可以满足多种 QoS 需求。这种服务模型在发送报文前,需要向网络申请特定的服务。这个请求是通过信令(Signal)来完成的,应用程序首先通知网络它自己的流量参数和需要的特定服务质量请求,包括带宽和时延等,应用程序一般在收到网络的确认信息,即网络已经为这个应用程序的报文预留了资源后发送报文。

IntServ 使用从应用到网络设备的明确的信令机制。假设应用请求一个特定的服务水平,例如对带宽和时延有一定要求,在网络设备确认可满足这些需求后,应用只能按照请求的服务水平发送数据。

在 IntServ 环境中,应用使用资源预留协议(Resource reSerVation Protocol, RSVP)向网络设备说明自己的需求。网络设备保存有关报文流的信息,并通过队列机制(按优先顺序排列业务)和管制方法使网络流可以得到它们需要的资源。在 IntServ 环境中提供以下两种类型的服务:

(1)保证速率服务:这种服务允许应用预留带宽以满足它们的需求。网络使用 RSVP 和加权公平队列(WFQ)提供这项服务(WFQ 在本章后面部分介绍)。

(2)可控负载服务:这种服务允许应用请求低时延、高吞吐量服务,即使在网络拥塞期间也可以。网络使用 RSVP 和加权早期检测(WRED)提供这项服务(WRED 将在本章后面讨论)。

因为 IntServ 需要所有的网络设备都支持 RSVP,所以当前 IntServ 的应用不如 DiffServ 普遍。

8.3.2　DiffServ

DiffServ 即区别服务模型,它可以满足不同的 QoS 需求。与 IntServ 不同,它不需要信令,即应用程序在发出报文前,不需要通知路由器。网络不需要为每个流维护状态,它根据每个报文指定的 QoS 来提供特定的服务。

在 DiffServ 环境中,应用在发送数据之前不用明确地向网络发送信令,而由网络设法传递一个特定的服务水平,该服务水平是基于每个报头中指定的 QoS。通常管理员在网络边缘配置设备,使设备可以根据业务的源地址或业务类型进行报文的分类和标记,然后网络中的设备根据这些标记提供适合的资源。例如,因为语音业务独特的需求,语音业务的优先级通常高于文件传输。

IntServ 需要网络对每个流均维持一个软状态,因此会导致设备性能的下降;另外,还需要全网设备都能支持 RSVP 才能实现 QoS。DiffServ 则没有上述缺陷,且处理效率高,但是在构建网络时,需要对网络中的路由器设置相应的规则,因而使配置管理比较复杂。

8.4　QoS 工 具

本节将介绍实现 QoS 的各种工具，包括分类和标记、管制和整形、拥塞避免、拥塞管理以及链路专用工具。图 8.1 给出了 QoS 工具的应用场景。

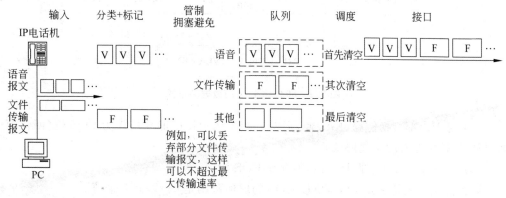

图 8.1　QoS 工具的应用场景

许多设备把数据发送到网络中。当数据进入网络时，网络设备根据处理策略分析和处理报文。在分类完报文后，设备再对相应的数据进行标记。分类和标记是其他 QoS 工具的基础，通过分类和标记实现了策略和优先级等。

8.4.1　分类和标记

在按照不用优先级和不同方式处理任何业务之前，首先应该对每个业务进行标记。分类是分析报文并按不同类别进行排序的一个过程，以便对报文进行标记，在标记完报文之后，就可以对报文进行适当处理了。标记是把报文类别标记放入报文的过程，以便供其他工具使用。

在网络中接受标记的地方被称为信任边界，在信任边界之外的设备打上的标记会在信任边界被覆盖。建立信任边界意味着分类和标记过程可以在边界一次性完成，然后在网络其他部分就不必重复这个过程。理想情况下，信任边界尽可能靠近终端设备，或就在终端设备上。

1. 分类

设备可以基于任意 OSI 层的数据进行分类。例如，可以基于第 1 层物理接口进行业务区分，或按照第 2 层以太帧中的源 MAC 地址。对于 TCP/IP 业务来说，区分标志包括源、目的 IP 地址、TCP 或 UDP 的端口号。

分类是 QoS 的基础，只有区分了不同的报文业务，才能进行分别处理及保障相应业务的服务质量。

2. 标记

边界设备可以在 2 层数据帧和 3 层报文中进行标记，采用某些特定字段标记该数据帧或报文的优先级。

对于以太帧,可以使用下面的方法进行2层标记:

(1) 对于 IEEE 802.1q 帧,把标记域(TAG)中的3位 802.1q 用户优先级(PRI)作为服务类型(COS)位,如图 8.2 所示(回忆一下第 2 章,802.1q 是干线协议标准,干线信息被编码在标记域)。

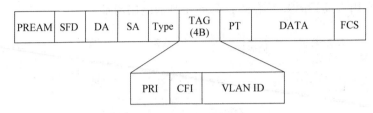

图 8.2　802.1q 封装的数据帧格式

(2) 对于内部交换链路(ISL)帧,把 ISL 帧头用户域中的3位作为 COS 位(回忆第 2 章,ISL 是思科专有的干线协议)。

(3) 对于非 802.1q/非 ISL 帧,不存在 COS 标识。

因为使用 3 比特表示 COS,所以 COS 的取值范围是 0~7,共 8 个值。

把 2 层标记作为端到端 QoS 指示器是没有用处的,因为整个网络中介质可能会改变(如从以太网到帧中继),因此需要 3 层标记来支持端到端 QoS。

对于 IPv4,使用报头的服务类型(ToS)域可以实现 3 层标记。8 位 ToS 信息域位于 IP 报头的第 2 个字节,如图 8.3 所示。最初仅使用了前 3 位,称为 IP 优先级位(IPP)。报文的优先级值越大,那么它在网络中得到优先级最高。因为 3 位仅仅可以指定 8 个标记值,所以 IP 优先级不允许细粒度的业务分类。

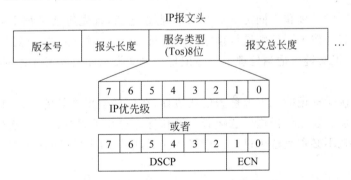

图 8.3　IPv4 报头中的 ToS 域支持 IP 优先级或 DSCP

因此,目前 ToS 域使用了更多位:ToS 域的前 6 位称为区分服务代码点(DSCP),用以区分服务优先级。后 2 位用作显示拥塞通知(ECN)。DSCP 值可以用数字表达或用逐跳特性(PHB)值表示。

目前存在 4 类 PHB:

(1) 默认或尽力而为(BE)PHB。DSCP 值为 000000,表示尽力而为的服务。

(2) 类别选择(CS)PHB。低 3 位 DSCP 值为 000。因为这类 PHB 仅使用高 3 位,以便与 IP 优先级兼容,所以写成 CSx。例如,值为 011000 的 CS PHB 表示 IP 优先级为 011

或 3,可写成 CS3。

（3）加速转发（EF）PHB。DSCP 值为 101110(46),提供低丢包率、低时延、低抖动和确保带宽等服务。EF PHB 应该保留给最关键的应用,以保证在网络变得拥塞时,关键业务也可以得到它们需要的服务。

（4）保证转发（AF）PHB。共有 4 种类型,每类有 3 个丢弃优先级,可以表示为 AFxy,其中 x 表示类别,y 表示丢弃优先级(取值范围为 1~3)。类别 x 由 DSCP 的高 3 位确定,而丢弃优先级 y 由后两位确定(最低位始终为 0)。1 表示丢弃优先级最低,3 表示最高。在网络拥塞时可以用优先级域确定应该丢弃哪些业务。例如,AF22 业务将先于 AF21 被丢弃。图 8.4 给出了 AF PHB 的信息。

DSCP

7	6	5	4	3	2	1	0
x			y		0	ECN	

AFxy

类型	丢弃优先级	DSCP二进制			DSCP十进制
		x	y		
AF1级	低丢弃优先级 AF11	001	01	0	10
	中丢弃优先级 AF12	001	10	0	12
	高丢弃优先级 AF13	001	11	0	14
AF2级	低丢弃优先级 AF21	010	01	0	18
	中丢弃优先级 AF22	010	10	0	20
	高丢弃优先级 AF23	010	11	0	22
AF3级	低丢弃优先级 AF31	011	01	0	26
	中丢弃优先级 AF32	011	10	0	28
	高丢弃优先级 AF33	011	11	0	30
AF4级	低丢弃优先级 AF41	100	01	0	34
	中丢弃优先级 AF42	100	10	0	36
	高丢弃优先级 AF43	100	11	0	38

图 8.4　AF PHB 的 DSCP 值

QoS DSCP 标记的要点可以总结如下:

（1）IPv4 报文头内的 ToS 域标记了报文中的业务类型,网络中的其他工具则使用这个标记向报文提供所需服务。

（2）ToS 域的前 6 位称为 DSCP 位。

（3）DSCP 的值可以用数值表示,也可以用关键字表示,关键字称为 PHB,每个 PHB 代表一个特定的 DSCP 值,即表示处理业务的一种特定方式。

思科建立了 QoS 基线,提供一些建议来保证自己的产品设计和产品部署工作在 QoS 方面保持一致。虽然 QoS 基线文档是思科的内部文档,但是它包含了可用于企业的 11 种分类规划。表 8.1 给出了面向企业业务类型的 QoS 基线建议。该表列出了 11 类业务及相应的 QoS 标记,如前所述,QoS 标记可以是 2 层帧标记,也可以是 3 层 IP 报文的标记值。3 层标记可以通过 3 位 IP 优先级或 6 位 DSCP 值实现,表 8.1 还给出了 DSCP 值和 PHB 关键字的表示值。

表 8.1　思科基线提供的分类和标记建议

应　用	3 层分类			2 层 COS
	IPP	PHB	DSCP	
IP 路由	6	CS6	48	6
语音	5	EF	46	5
交互式视频	4	AF41	34	4
流视频	4	CS4	32	4
关键业务数据	3	AF31	26	3
呼叫信令	3	CS3	24	3
事务数据	2	AF21	18	2
网络管理	2	CS2	16	2
大批量数据	1	AF11	10	1
清道夫	1	CS1	8	1
尽力而为	0	0	0	0

在思科 QoS 基线中,业务类别的定义如下:

(1) IP 路由类:面向 IP 路由协议的业务,例如 BGP、EIGRP 和 OSPF 等。

(2) 语音类:面向 IP 语音的承载业务,而不是信令业务,信令业务归属于呼叫信令类。

(3) 交互视频类:某些 IP 视频会议业务。

(4) 流视频类:某些单播或组播单向视频业务。

(5) 关键业务数据类:是对企业最重要的事务数据应用的子集,每个企业的这类应用都不相同。

(6) 呼叫信令类:某些语音和视频信令业务。

(7) 事务数据类:某些用户交互式应用,例如数据库访问、事务处理和交互式信息。

(8) 网络管理类:面向网络管理协议,例如 SNMP。

(9) 大批量数据类:面向后台、非交互式业务,例如大文件传输、内容分发、数据同步、备份操作和电子邮件。

(10) 清道夫类:这个类是基于 Internet2 草案定义的不尽力而为服务。如果链路变得拥塞,将会最迅速地丢弃这个业务。任何与企业业务不相关的业务可能会归为这一类(例如很多企业会把下载音乐列入这类业务)。

(11) 尽力而为类:默认类。没有分配到其他类的应用都处于这个类。大多数企业的网络上会有很多应用运行,这些应用中大多数属于尽力而为类。

QoS 基线没有要求一定使用这 11 种分类,而是把这种分类方案作为一个优秀企业类别设计的参考提供出来。企业的业务类别取决于它的特定需求,所以类别会比较少,但是随着企业的发展可能会使用到更多的类别。

在完成业务分类和标记后,报文被发送出去,接着沿途的其他设备读取标记并采取相应的操作。8.4.2 节将介绍设备所使用的 QoS 工具。

8.4.2　管制和整形

管制和整形工具都可以识别超出某个阈值或违反 SLA(Service Level Agreement,服务水平协议)的业务,不同之处在于它们对此的响应不同。管制工具会把超出部分的流量丢掉或修改报文的标记。整形工具会缓冲额外数据,直到把数据发送出去为止,因此会带来时延,但是不会丢掉报文。

1. 管制工具

流量管制设备可以控制接口发送和接收流量的最大速率。通常把这个功能配置在网络边缘来限制进入网络的流量。没有超过指定速率的流量被正常发送,而超过部分则被丢弃。

2. 整形工具

流量整形工具可以使出站流量与目标接口的速率相匹配,或者确保流量符合特殊的策略。不同的流量整形设备支持不同的整形方法,常见的有以下 4 种方法:

(1) 通用流量整形(GTS):该方法提供了相应机制,可以在接口上把出站流量减少到指定的比特率。可以使用访问控制列表(ACL)对特殊的业务进行整形。当网络中接收设备的接入速率低于传输设备时,GTS 非常有用。

(2) 基于类别的整形:这种方法可以基于报头的标记为一种类型的业务配置流量整形,而不是基于访问表。基于类别的整形还允许指定流量整形的平均速率和最大速率。

(3) 分布式流量整形(DTS):这种方法类似于基于类别的整形,但是 DTS 被用在支持分布式处理和基于类别整形的设备上。

(4) 帧中继流量整形(FRTS):虽然 GTS 可以工作在帧中继上,但是 FRTS 可以向帧中继网络提供更加特殊的功能,包括基于虚电路执行速率控制、基于虚电路的通用后向显式拥塞通知以及基于虚电路的优先级和自定义队列。

8.4.3　拥塞避免

拥塞避免技术可以监测网络流量负载,以便在出现问题之前能够预测并避免拥塞。如果没有使用拥塞避免技术并且接口队列已经被充满,那么不管队列中是什么业务,正在试图进入队列的报文将被丢弃,这称为尾部丢弃,即在队尾报文之后到达的报文被丢弃。而拥塞避免技术在队列充满时丢弃的报文来自那些被标识为适合早期丢弃的网络流(优先级较低)。

拥塞避免与基于 TCP 的业务配合得很好,因为 TCP 自身具有流量控制机制,所以当源点发现丢包时可以减慢传输速率。

随机早期检测(RED)是拥塞避免的一个机制。当队列充满到一个特定水平时(即接近饱和时),RED 开始随机丢弃报文。RED 被设计为应用在 TCP 之上:当 TCP 报文被丢弃时,TCP 的流控机制减慢传输速率,然后再逐渐地开始增加。因此 RED 导致源点减慢发送速率,避免出现拥塞。

加权早期检测(WRED)扩展了 RED,它使用 IP 报头内的 IP 优先级确定应该丢弃哪一类业务。丢弃选择过程是通过 IP 优先级加权的。类似地,基于 DSCP 的 WRED 在丢弃选择过程中使用 IP 报文中的 DSCP 值。当接口上出现拥塞时,WRED 选择性地丢弃较低优先级的业务。

此外还有 WRED 的扩展机制,称为显式拥塞通知(ECN),具体定义参见 RFC 3168 "向 IP 添加显示拥塞通知"。ECN 使用 ToS 字节中的低 2 位(参见图 8.3)。设备使用这 2 位 ECN 传达它们正处于拥塞状态。当使用 ECN 时,如果发送者支持 ECN 并且队列还没有到达最大阈值,那么设备将把报文标记为正在经历拥塞(而不是丢弃报文)。如果队列到达饱和,那么没有 ECN 标记的报文将被丢弃。

8.4.4 拥塞管理

拥塞避免工具管理队列的尾部,而拥塞管理工具关心的是队列的头部。顾名思义,拥塞管理在拥塞出现之后对拥塞实施控制,因而如果没有拥塞,就不会触发这个工具,并且报文一到达接口就会被发送出去。拥塞管理可以看作是两个过程:排队和调度,排队是把业务分散到不同的队列和缓冲中,而调度是确定下一次该发送哪个队列和业务。

拥塞管理被看作是两个独立的过程:一个是排队,它负责把流量分散到各个不同的队列或缓冲上;另一个是调度,它会确定下一个将要发送哪个队列的流量。

队列算法按照业务的出站接口对业务进行分类。一般网络设备包括许多队列机制:优先级队列(PQ)、自定义队列(CQ)、加权公平队列(WFQ)和向语音业务提供优先级的 IP 实时传输协议(RTP)[①]优先级队列等。这些队列的机制描述如下:

(1) PQ:指为了把业务放入高、中、正常和低 4 个优先级队列中的一个而配置的一系列基于报文特性(例如源 IP 地址和目标端口)的过滤器。例如,可以把语音业务放入高优先级队列,而把其他业务放入 3 个优先级较低的队列。高优先级队列首先被服务,直到队列空时才服务低优先级队列,因此这些低优先级队列需要承担永远不被服务的风险。

(2) CQ:业务被放入 16 个队列之一。因为队列的带宽与队列最大转发字节数成正比,所以可以通过为每个队列指定最大转发字节数的方法来确定队列带宽。CQ 按照循环模式为每个队列服务,每次为每个队列发送指定数量的数据,然后转向下一个队列进行服务。如果一个队列为空,则路由器发送下一个队列的报文。

(3) WFQ:WFQ 把流量分类为多个会话,然后使用权重或优先级来确定分配给每个会话的相对带宽量。WFQ 还可以识别 IP 报头中的 IP 优先级。例如,WFQ 可以首先调度语音业务,然后让其他数据流公平地共享剩余的带宽。

(4) IP RTP 优先级队列:这类队列为时延敏感的业务提供严格的优先级队列方案。系统通过 RTP 端口号可以识别这类业务并放入一个优先级队列中。因此,像语音这样时延敏感的业务可以得到比其他非语音业务更高的优先级。

(5) CBWFQ:CBWFQ 基于定义好的类别提供 WFQ,但是对实时业务(如语音)不提供严格的优先级队列。CBWFQ 基于权值公平地为所有报文服务,并且不准许向任何

---

① RTP 是设计用于实时业务的协议,例如语音业务。RTP 运行在 UDP 之上(避免 TCP 带来的额外的开销和延迟)。为了保证接收端按照正确的顺序处理接收到的数据,并且使时延的变化在一个可接受的范围内,RTP 添加了另一个报头,其中包括序列信息和时戳信息。

类别的报文提供严格的优先级。

（6）LLQ：LLQ 是 CBWFQ 和 PQ 的组合，即向 CBWFQ 添加了严格的优先级队列机制。因此时延敏感的数据（例如语音）将会比其他业务得到更优先的处理，并且首先被发送。对于语音业务网，建议采用 LLQ。

8.4.5　链路专用工具

在点到点 WAN 连接的两端使用链路专用工具可以减少带宽需求或传播时延。这个 QoS 工具包括报头压缩（减少带宽利用率）、链路分片和交叉（LFI）（减少时延）。

语音报文的净载相对于报头来说比较小——RTP、UDP 和 IP 报头加起来为 40B。所以压缩报头会对带宽的用量起很大作用。RTP 报头压缩称为 cRTP，可以把 40B 的报头压缩到 2B 或 4B。

如果 WAN 接口上有个大数据包（例如正在传输的大文件）需要发送，即使采用队列和压缩技术，时延敏感的报文也必须等到大报文出站后才能被发送。而接口一旦开始转发报文，队列将无法干预并且也不能取消报文发送。因此语音报文将会经历较大的时延，并且还会影响到语音质量。为了消除这些影响，可以在 WAN 链路上配置 LFI，该技术把大报文分割为多个小报文，然后在分片中加入其他待发送的报文。时延敏感的报文越小，经历的时延也越小。大报文的分片在接收端需要重组，所以将经历一些时延。由于发送这些报文的应用对时延不敏感，所以时延不会对它们产生较大的影响。

8.5　QoS 设计指导方针

正如第 1 章所讨论的，任何设计过程的第一步都是确定需求，然后根据这些需求设计网络的功能，通常这个过程称为自上而下的设计方法。在自上而下的设计方法中，确定在哪些接口上部署 QoS。

因此在为网络设计 QoS 时，必须对网络的 QoS 需求有一个清晰的定义。例如，如果网络包含 VoIP、视频或其他时延敏感的业务，则应确定该业务是否足够重要需要向它提供严格的优先级。

此外，必须确定网络中将会用到的业务类型数量以及哪些是关键应用。通常在关键类中的应用个数应该尽量少，否则，关键应用的数量过多必然会导致这些应用不能得到它们真正需要的服务。

QoS 可以被认为是"可控非公平系统"，在这个系统中，某些业务的优先级低于其他业务，这可能被有些用户认为是不公平的。因此，最重要的是高层管理部门必须就哪些数据对企业是关键的达成一致的协定，并依据此协定确定 QoS 需求。所以不管出现任何对不公平的抱怨，都可以通过引证这个协定加以抑制。

QoS 工具可以用在企业复合网络模型的所有功能区内。理想的信任边界（执行业务分类和标记的位置，并且该边界被网络的其余部分所信任）要尽可能地靠近终端设备。如果网络管理员不信任终端用户或他们的应用能够按照网络策略设置标记，那么可以让连接用户 PC 的接入交换机执行这个任务。

使用3层DSCP标记可以在整个网络上提供端到端的QoS。如果某些接入交换机仅支持2层标记,那么可以把这些标记映射到相应的DSCP值上。分布交换机可以实现这个功能,而且分布交换机还可以把DSCP应用到所有没有被标记的业务上。园区核心不应该涉及业务的分类和标记任务,因为它的任务是基于前面的标记来快速处理业务。

为了避免不必要的流量穿越整个网络(消耗带宽等资源),管制点应尽可能地接近业务源点,这样效率最高。另外,在园区网的基础设施内部,应该在接入和分布设备上实施管制。

QoS工具可以在交换机或路由器上实现。当基于软件执行QoS功能时,QoS操作可能会消耗大量CPU资源,所以理想的方式是在设备上用硬件实现,以便达到更高的性能。

虽然通常认为队列仅用在慢速WAN链路上,但是LAN链路也会出现拥塞。例如,汇集多个其他链路流量的上联链路可能出现拥塞。虽然这比WAN链路上发生拥塞的可能性小,但是应该考虑在任何有可能发生拥塞的链路上部署队列,以便向网络业务提供其需要的服务。怎样处理每种业务的队列策略应该在整个企业中保持一致。

8.6 本章小结

本章介绍了QoS模型、工具和设计指导方针,主要包括以下内容:

(1) 为什么QoS在融合的网络(数据、语音和视频业务存在于一个网络)中非常重要。

(2) 各种不同类型业务的QoS需求。

(3) 部署端到端QoS的两种模型:IntServ和DiffServ。

(4) 实现QoS策略的QoS工具,包括分类和标记(分析报文并按不同类别进行分类,然后在报头中加入分类标记)、管制(丢弃超载流量或修改标记)、整形(缓冲数据直到可以发送为止,或者延迟发送报文但不丢弃报文)、拥塞避免(监测流量负载以便在出现问题之前预测和避免拥塞)、拥塞管理(拥塞出现之后控制拥塞)以及链路工具(压缩和LFI)。

(5) QoS设计指导方针。

习 题 8

思考题

(1) 什么是QoS? 说明IntServ和DiffServ的不同。

(2) 查阅资料,了解QoS有哪几种国际化标准定义,它们之间有何不同。

(3) QoS是IPv6设计伊始就考虑的重要方面,查阅相关资料,看看IPv6中针对QoS有哪些特点,与IPv4有什么不同。

第9章

网　络　管　理

　　本章的重点是网络管理的设计。首先介绍网络管理的重要性、国际标准化组织
(ISO)中网络管理的相关标准,并介绍网络管理系统的体系结构,研究 SNMP、MIB 和
RMON 协议。然后描述网络管理策略,讨论为确保需求得到满足应如何进行设计。在本
章的最后,介绍了网络管理方案设计的注意事项。

9.1　网络管理概述

　　对于不同的网络,管理的要求和难度也不同。由于 TCP/IP 协议的开放性,20 世纪
90 年代以来逐渐得到网络制造商的支持,获得了广泛的应用,已经成为事实上的互联网
标准。在 TCP/IP 网络中有一个简单的管理工具——ping 程序。用 ping 发送探测报文
可以确定通信目标的连通性及传输时延。如果网络规模不是很大,互连的设备不是很多,
这种方法还是可行的。但是当网络的互连规模很大时这种方法就不适用了。这是因为一
方面 ping 返回的信息很少,无法获取被管理设备的详细情况;另一方面用 ping 程序对很
多设备逐个测试检查的工作效率很低。在这种情况下出现了用于 TCP/IP 网络管理的标
准——简单网络管理协议(SNMP)。这个标准适用于任何支持 TCP/IP 的网络,无论是
哪个厂商生产的设备或是运行哪种操作系统的网络。

　　与此同时,国际标准化组织也推出了 OSI 系统管理标准 CMIS/CMIP(Common
Management Information Service/Protocol)。从长远看,OSI 系统管理更适合结构复杂、
规模庞大的异构型网络,但由于其技术开发缓慢而尚没有进入实用阶段,也许它代表了未
来网络管理发展的方向。

　　网络管理标准的成熟刺激了制造商的开发活动。近年来市场上陆续出现了符合国际
标准的商用网络管理系统。这些系统有的是主机厂家开发的通用网络管理系统开发软件
(例如 IBM NetView 和 HP OpenView),有的则是网络产品制造商推出的与硬件结合的
网管工具(例如 Cisco Works 2000 和 Cabletron Spectrum)。这些产品都可以称为网络管
理平台。在此基础上开发适合用户网络环境的网络管理应用软件,才能实施有效的网络
管理。

　　有了统一的网络管理标准和适用的网络管理工具,对网络实施有效的管理,就可以减
少停机时间,改进响应时间,提高设备的利用率,同时还可以减少运行费用。管理工具可
以很快地发现并消灭网络通信瓶颈,提高运行效率。为及时采用新技术,还需要有方便适
用的网络配置工具,以便及时修改和优化网络的配置,使网络更容易使用,可以提供多种

多样的网络业务。在商业活动日益依赖于互联网的情况下,人们还要求网络工作得更安全,对网上传输的信息要保密,对网络资源的访问要有严格的控制,以及防止计算机病毒和非法入侵者的破坏等。这些需求必将进一步促进网络管理工具的研究和开发。

9.2 网络管理系统体系结构

9.2.1 ISO 网络管理标准

由于网络管理对于企业而言变得越来越重要,ISO 为此开发了一个标准框架——就是众所周知的故障管理、配置管理、账务管理、性能管理和安全管理(Fault, Configuration, Accounting, Performance and Security management, FCAPS)。网络管理的这 5 个功能定义如下。

(1) 故障管理:检测、隔离和通知相关用户和纠正网络中发生的故障。

(2) 配置管理:跟踪和维护网络的配置信息,包括设备清单、配置文件和软件。

(3) 账务管理:追踪设备和网络资源的使用情况。

(4) 性能管理:监控和采集来自网络设备的性能测试数据,并且分析这些信息,以便主动地进行网络性能管理,满足应用需求。

(5) 安全管理:根据安全策略控制并记录网络资源的访问情况。

FCAPS 是网络管理领域的标志,因此在设计网络管理时必须包含这 5 个方面。

9.2.2 网络管理系统的层次结构

网络管理系统组织成如图 9.1 所示的层次结构。在网络管理站中最下层是操作系统和硬件。操作系统之上是支持网络管理的协议族,例如 OSI 和 TCP/IP 等通信协议,以及专用于网络管理的 SNMP 和 CMIP 协议等。协议栈上面是网络管理框架(Network Management Framework),这是各种网络管理应用工作的基础结构。

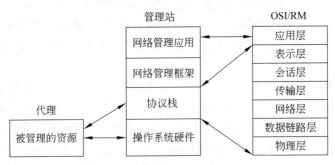

图 9.1 网络管理系统的层次结构

图 9.1 把被管理资源画在单独的框中,表明被管理资源可能与管理站处于不同的系统中。网络管理涉及监视和控制网络中的各种硬件、固件和软件元素,例如网卡、集线器、中继器、处理机、外围设备、通信软件、应用软件和实现网络互连的软件等。有关资源的管理信息由代理进程控制,代理进程通过网络管理协议与管理站对话。

各种网络管理框架的共同特点如下。

（1）管理功能分为管理站（Manager）和代理（Agent）两部分。

（2）为存储管理信息提供数据库支持，例如关系数据库或面向对象的数据库。

（3）提供用户接口和用户视图（View）功能，例如管理信息浏览器。

（4）提供基本的管理操作，例如获取管理信息，配置设备参数等操作过程。

网络管理应用是用户根据需要开发的软件，这种软件运行在具体的网络上，实现特定的管理目标，例如故障诊断和性能优化，或者业务管理和安全控制等。网络管理应用的开发是目前最活跃的领域。

9.2.3 网络管理系统的配置

网络管理系统的配置如图 9.2 所示。每一个网络节点都包含一组与管理有关的软件，称为网络管理实体（Network Management Entity，NME）。网络管理实体完成下面的任务。

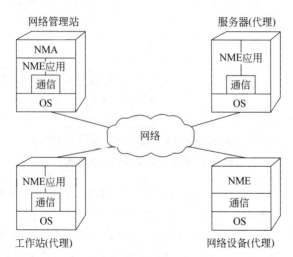

图 9.2 网络管理系统的配置

（1）收集有关网络通信的统计信息。

（2）对本地设备进行测试，记录设备状态信息。

（3）在本地存储有关信息。

（4）响应网络控制中心的请求，发送管理信息。

（5）根据网络控制中心的指令，设置或改变设备参数。

网络中至少有一个节点（主机或路由器）担当管理站的角色，除了 NME 之外，管理站中还有一组软件，称为网络管理应用（Network Management Application，NMA）。NMA提供用户接口，根据用户的命令显示管理信息，通过网络向 NME 发出请求或指令，以便获取有关设备的管理信息，或者改变设备配置。

网络中的其他节点在 NME 的控制下与管理站通信，交换管理信息。这些节点中的NME 模块称为代理模块，网络中任何被管理的设备（主机、网桥、路由器或集线器等）都必须实现代理模块。所有代理在管理站监视和控制下协同工作,实现集成的网络管理。这种集中式网络管理策略的好处是管理人员可以有效地控制整个网络资源,根据需要平衡网络负载,优化网络性能。

然而,对于大型网络,集中式的管理往往显得力不从心,正在让位于分布式的管理策略。这种向分布式管理演化的趋势与集中式计算模型向分布式计算模型演化的总趋势是一致的。图9.3提出一种可能的分布式网络管理配置方案。

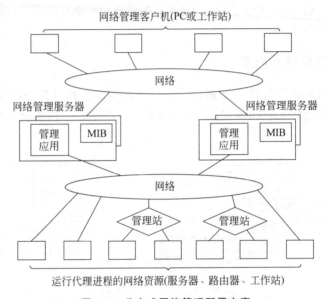

图9.3 分布式网络管理配置方案

在这种配置中,分布式管理系统代替了单独的网络控制主机。地理上分布的网络管理客户机与一组网络管理服务器交互作用,共同完成网络管理功能。这种管理策略可以实现分部门管理,即限制每个客户机只能访问和管理本部门的部分网络资源,而由一个中心管理站实施全局管理。同时中心管理站还能对管理功能较弱的客户机发出指令,实现更高级的管理。分布式网络管理的灵活性和可伸缩性带来的好处日益为网络管理工作者青睐,这方面的研究和开发是目前网络管理中最活跃的领域。

图9.2和图9.3的系统要求每个被管理的设备都能运行代理程序,并且所有管理站和代理都支持相同的管理协议。这种要求有时是无法实现的。例如,有的老设备可能不支持当前的网络管理标准;小的系统可能无法完整实现NME的全部功能;甚至还有一些设备(例如调制解调器和集线器等)根本不能运行附加的软件,我们把这些设备称为非标准设备。在这种情况下,通常的处理方法是用一个称为委托代理的设备(Proxy)来管理一个或多个非标准设备。委托代理和非标准设备之间运行制造商专用的协议,而委托代理和管理站之间运行标准的网络管理协议。这样,管理站就可以用标准的方式通过委托代理得到非标准设备的信息,委托代理起到了协议转换的作用,如图9.4所示。

9.2.4 网络管理软件的结构

这里说的网络管理软件包括用户接口软件、管理专用软件和管理支持软件,如图9.5

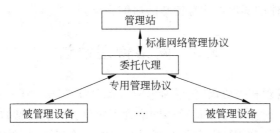

图 9.4　委托代理

所示,大约相当于图 9.1 中管理站的上三层。

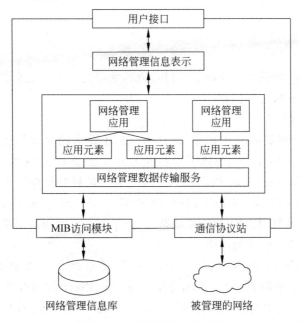

图 9.5　网络管理软件的结构

　　用户通过网络管理接口与管理专用软件交互作用,监视和控制网络资源。接口软件不但存在于管理站上,而且也可能出现在代理系统中,以便对网络资源实施本地配置、测试和排错。有效的网络管理系统需要统一的用户接口,而不论主机和设备出自哪个厂家,运行什么操作系统,这样才可以方便地对异构型网络进行监控。接口软件还要有一定的信息处理能力,对大量的管理信息要进行过滤、统计、汇总和化简,以免传递的信息量太大而阻塞网络通道。最后,理想的用户接口应该是图形用户接口,而非命令行或表格。

　　管理支持软件包括 MIB 访问模块和通信协议栈。代理中的管理信息库(Management Information Base,MIB)包含反映设备配置和设备行为的信息,以及控制设备操作的参数。管理站的 MIB 中除了保留本地节点专用的管理信息外,还保存着管理站控制的所有代理的有关信息。MIB 访问模块具有基本的文件管理功能,使得管理站或代理可以访问 MIB,同时该模块还能把本地的 MIB 格式转换为适于网络管理系统传送的标准格式。通信协议栈支持节点之间的通信。由于网络管理协议位于应用层,原则上任何通信体系结构都能胜任,虽然具体的实现可能有特殊的通信要求。

9.3 网络管理协议

本节介绍网络管理相关协议,包括简单网络管理协议(SNMP)、管理信息库(MIB)和远程监测(RMON)。SNMP 是最简单的网络管理协议。管理信息的标准是 MIB,它详细定义了被管设备上的信息。MIB 数据是通过某种网络管理协议(如 SNMP)进行访问的。RMON 的标准是 MIB 的一种扩展:MIB 只提供有关被管设备的静态信息,而 RMON 代理建立了一些特定的统计数据组,这些数据可被收集用于长期运行趋势的分析。下面将一一介绍。

9.3.1 SNMP

SNMP 是一种传输管理数据的 IP 应用协议,它运行在用户数据报协议(UDP)上层。SNMP 允许配置和获取管理信息。

1. SNMP 的发展

TCP/IP 网络管理最初使用的是 1987 年 11 月提出的简单网关监控协议(Simple Gateway Monitoring Protocol,SGMP),在此基础上改进成简单网络管理协议第一版(Simple Network Management Protocol,SNMP v1),陆续公布在 1990 年和 1991 年的几个 RFC(Request For Comments)文档中,即 RFC 1155(SMI)、RFC 1157(SNMP)、RFC 1212(MIB 定义)和 RFC 1213 (MIB-2 规范)。由于其简单性和易于实现,SNMP v1 得到了许多制造商的支持和广泛的应用。

为了修补 SNMP v1 的安全缺陷,1992 年 7 月出现了一个新标准:安全 SNMP(S-SNMP),这个协议增强了安全方面的功能。但是 S-SNMP 没有改进 SNMP 在功能和效率方面的其他缺点。几乎与此同时有人又提出了另外一个协议 SMP(Simple Management Protocol)。在对 S-SNMP 和 SMP 讨论的过程中,Internet 研究人员之间达成了如下共识:必须扩展 SNMP 的功能并增强其安全设施,使用户和制造商尽快地从原来的 SNMP 过渡到第二代 SNMP。于是 S-SNMP 被放弃,决定以 SMP 为基础开发 SNMP 第 2 版,即 SNMP v2。

由于 SNMP v2 没有达到“商业级别”的安全要求(提供数据源标识、报文完整性认证、防止重放、报文机密性、授权和访问控制、远程配置和高层管理能力等),因而 SNMP v3 工作组一直在从事新标准的研制工作,终于在 1999 年 4 月发布了 SNMP v3 新标准。

2. SNMP 体系结构

由于 SNMP 定义为应用层协议,因而它依赖于 UDP 数据报服务。同时,SNMP 实体向管理应用程序提供服务,它的作用是把管理应用程序的服务调用变成对应的 SNMP 协议数据单元,并利用 UDP 数据报发送出去。图 9.6 给出了 SNMP 的体系结构。

之所以选择 UDP 协议而不是 TCP 协议,是因为 UDP 效率较高,这样实现网络管理不会太多地增加网络负载。但由于 UDP 不是很可靠,因而 SNMP 报文容易丢失。为此,对 SNMP 实现的建议是对每个管理信息要装配成单独的数据报独立发送,而且报文应短些,不超过 484B。

　　每个代理进程管理若干管理对象,并且与某些管理站建立团体(Community)关系,如图 9.7 所示。团体名作为团体的全局标识符,是一种简单的身份认证手段。一般来说,代理进程不接受没有通过团体名验证的报文,这样可以防止假冒的管理命令。

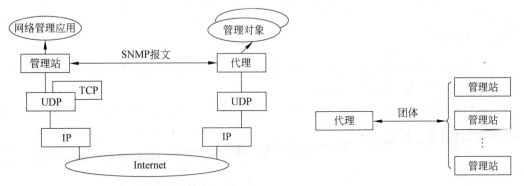

图 9.6　SNMP 的体系结构　　　　　　　图 9.7　SNMP 的团体关系

　　SNMP 要求所有的代理设备和管理站都必须实现 TCP/IP 协议。对于不支持 TCP/IP 的设备(例如某些网桥、调制解调器、个人计算机和可编程控制器等),不能直接用 SNMP 进行管理。为此,提出了委托代理的概念,如图 9.8 所示。

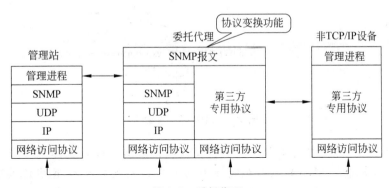

图 9.8　委托代理

　　一个委托代理设备可以管理若干台非 TCP/IP 设备,并代表这些设备接收管理站的查询。实际上委托代理起到了协议转换的作用,委托代理和管理站之间按 SNMP 协议通信,而与被管理设备之间则按专用的协议通信。

3. SNMP 操作

SNMP v1 在管理实体和管理代理之间定义了 5 种消息类型。

　　(1) get request:向代理请求一个指定的 MIB 变量。

　　(2) get next request:在最初的 get request 之后再次请求获取该表格或列表中的下一个对象。

　　(3) set request:设置代理上一个 MIB 变量。

　　(4) get response:对来自管理者的 get request 或 get next request 的响应。

（5）trap message：主动向管理者发送告警，必须在设备检测到故障的时候。

SNMP v2 包括下面两种新的消息类型。

（1）get bulk：在一次请求中获取大量的数据（比如表格），这样就不必使用多个 get next request 报文。

（2）inform request：与 SNMP v1 的 trap message 类似。

9.3.2 MIB

MIB 是采集管理信息的标准。MIB 存储了由被管理设备上的代理所收集的信息，通过网络管理协议可以获取这些信息。

MIB 的逻辑结构表现为树的层次结构。这棵树的根没有命名，树被分成 3 个主要的分支：国际电报电话咨询委员会（CCITT）、ISO 和 ISO/CCITT 联合，如图 9.9 所示。

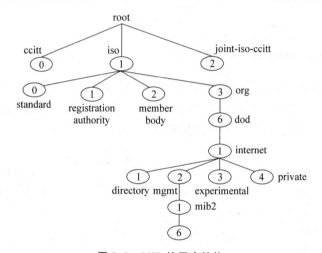

图 9.9　MIB 的层次结构

在 MIB 树中，分支由短文本字符串和整数两种形式标识，并由此形成对象标识符。例如，Internet 标准的 MIB 可以由对象标识符 1.3.6.1.2.1 表示，也可以写成 iso.org. dod.internet.mgmt.mib。MIB 中每一个对象都有唯一的对象标识符。当网络管理应用软件需要设置或获取某个管理对象时，它们只要指定标识符就可以了。

厂商在使用标准 MIB 的同时，也可以保留它们自己的私有 MIB 分支，在私有分支下面，它们可以创建自定义的对象。例如，在思科的设备上存在属于 MIB 树 private 部分的对象（1.3.6.1.4.1.9 或 iso.org.dod.internet.private.enterprise.cisco），这些对象用来表示与思科私有协议相关的参数或其他变量。

在不同的 Internet 标准（RFC）中都对标准 MIB 进行了定义。MIB-Ⅱ由 RFC 1213（"基于 TCP/IP 的互联网网络管理信息库：MIB-Ⅱ"）定义。它是对原始 MIB（被称为 MIB-Ⅰ）的扩展。MIB-Ⅱ支持一些新的协议，并且提供更详细的结构化信息。

RFC 1213 说明了选择管理对象的如下标准。

（1）包括了故障管理和配置管理需要的对象。

（2）只包含"弱"控制对象。所谓"弱"控制对象，就是一旦出错对系统不会造成严重危害的对象。这反映了当前的管理协议不很安全,不能对网络实施太强的控制。

(3) 选择经常使用的对象,并且要证明当前的网络管理中正在使用。

(4) 为了容易实现,开发 MIB-Ⅰ 时限制对象数为 100 个左右,在 MIB-Ⅱ 中,这个限制稍有突破(117 个)。

(5) 不包含具体实现(例如 BSD UNIX)专用的对象。

(6) 为了避免冗余,不包括那些可以从已有对象导出的对象。

(7) 每个协议层的每个关键部分分配一个计数器,这样可以避免复杂的编码。

MIB-Ⅱ 只包括那些被认为是必要的对象,不包括任选的对象。对象的分组方便了管理实体的实现。一般来说,制造商如果认为某个功能组是有用的,则必须实现该组的所有对象。例如,一个设备实现 TCP 协议,则它必须实现 TCP 组的所有对象,当然网桥或路由器就不必实现 TCP 组。

9.3.3　RMON

远程网络监视(Remote Network Monitoring,RMON)是对 SNMP 标准的重要补充,是简单网络管理向互联网管理过渡的重要步骤。RMON 被定义为 MIB-Ⅱ 管理对象集的一部分。RMON 不仅采集和存储数据,而且在被管对象上(或在独立的 RMON 探测设备上)的 RMON 代理还对数据进行分析。

1. RMON 的基本概念

MIB-Ⅱ 能提供的只是关于单个设备的管理信息,例如进出某个设备的分组数或字节数,而不能提供整个网络的通信情况。通常用于监视整个网络通信情况的设备称为网络监视器(Monitor)或网络分析器(Analyzer)、探测器(Probe)等。监视器观察 LAN 上出现的每个分组,并进行统计和总结,给管理人员提供重要的管理信息,例如出错统计数据(残缺分组数和冲突次数)、性能统计数据(每秒钟提交的分组数和分组大小的分布情况)等。监视器还能存储部分分组,供以后分析用。监视器也能根据分组类型进行过滤并捕获特殊的分组。通常每个子网配置一个监视器并与中央管理站通信,因此也称其为远程监视器。RMON 的配置如图 9.10 所示。

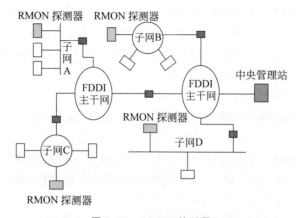

图 9.10　RMON 的配置

RMON 定义了远程网络监视的管理信息库以及 SNMP 管理站与远程监视器之间的接口。一般来说,RMON 的目标就是监视子网范围内的通信,从而减少管理站和被管理系统之间的通信负担。更具体地说,RMON 有下列目标。

(1) 离线操作。必要时管理站可以停止对监视器的轮询,有限的轮询可以节省网络带宽和通信费用。即使不受管理站查询,监视器仍要持续不断地收集子网故障、性能和配置方面的信息,统计和积累数据,以便管理站查询时提供。

(2) 主动监视。如果监视器有足够的资源,通信负载也允许,监视器可以连续地或周期地运行诊断程序,收集并记录网络性能参数;在子网时效时通知管理站,给管理站提供有用的诊断故障信息。

(3) 问题检测和报告。如果主动监视消耗的网络资源太多,监视器也可以被动地获取网络数据;可以配置监视器,使其连续观察网络资源的消耗情况,记录随时出现的异常情况(例如网络拥塞),并在出现错误条件时通知管理站。

(4) 提供增值数据。监控器可以分析收集到的子网数据,从而减轻管理站的计算任务。

(5) 多管理站操作。一个互联网可能有多个管理站,这样可以提高可靠性,或者分布地实现各种不同的管理功能。监视器可以配置得能够并发工作,为不同的管理站提供不同的信息。

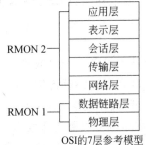

图 9.11　RMON 的层次

RMON 1 提供了在 OSI 的数据链路层和物理层上的统计信息,而 RMON 2 监视第 3~7 层的通信,如图 9.11 所示。下面分别介绍 RMON 1 和 RMON 2。

2. RMON 1

RFC 2819"远程网络监测管理信息库"给出了 RMON 1 的定义,RMON 1 为远程 LAN 网段提供了统计和分析数据。RMON 1 工作在数据链路层和物理层上。因此它提供了 MAC 地址和 LAN 流量相关的信息。

RMON 1 定义了 9 个统计信息组(在 RFC 1513"远程网络监测 MIB 的令牌环扩展"中定义了第 10 个统计组,该组包括令牌环扩展),这些 MIB 组由 RMON 1 代理实现,网络管理系统可以请求查看这些信息。RMON 1 的组定义如下。

(1) 统计组(Statistics):包含设备上每个被监测接口的实时统计信息,例如,被发送的报文数和字节数、广播和组播报文数等。

(2) 历史组(History):存储周期性的统计样本。

(3) 警报组(Alarm):包含被管对象指定的阈值,当达到阈值时,触发一个在事件组中定义的事件。

(4) 主机组(Host):包含与每个在网络上被发现的主机相关的统计量。

(5) HostTopN 组:包含前 N 台主机的统计数据列表,列表根据主机组中的某个变量进行排序。

(6) 矩阵组(Matrix):包含每两台主机间会话的统计数据。

(7) 过滤器组(Filters):包含对报文过滤器的定义,这些报文过滤器可以产生事件或定义应该在报文捕获组中存储哪些信息。

(8) 报文捕获组(Packet capture):包含与过滤器匹配的数据包。

(9) 事件组(Events):控制告警的产生和通知,或者控制设备上的过滤器。

(10) 令牌环(Token Ring):包含令牌环接口的统计信息。

3. RMON 2

RMON 2 监视 OSI/RM 第 3～7 层的通信,能对数据链路层以上的分组进行译码。这使得监视器可以管理网络层协议,包括 IP 协议,因此能了解分组的源和目标地址,能知道路由器负载的来源,使得监视的范围扩大到局域网之外。监视器也能监视应用层协议,例如电子邮件协议、文件传输协议和 HTTP 协议等,这样监视器就可以记录主机应用活动的数据,可以显示各种应用活动的图表。这些对网络管理人员都是很重要的信息。

RMON 2 定义在 RFC 2011"实用 SMI v2 的远程网络监测管理信息库第二版"中。RMON 2 并不是 RMON 1 的替代,而是它的扩展。RMON 2 在 RMON 1 的基础上又添加了 9 个 MIB 组,可以提供对 OSI 上层的可见性。

使用 RMON 2,可以观测到网络层和应用层的会话。例如,可以为某台主机的指定应用(如文件传输程序)采集它产生的流量统计。

RMON 2 增加了以下统计信息组。

(1) 协议目录(Protocol directory):保存设备所支持协议的列表。

(2) 协议分布(Protocol distribution):包含各协议的流量统计信息,其中这些协议都是系统支持的。

(3) 地址映射(Address mapping):提供了网络层地址到 MAC 地址的映射关系。

(4) 网络层主机(Network layer host):包含每台主机收发的网络层的流量统计。

(5) 网络层矩阵(Network layer matrix):包含主机间会话的网络层流量统计。

(6) 应用层主机(Application layer host):包含每台主机收发的应用层流量统计。

(7) 应用层矩阵(Application layer matrix):包含主机间会话的应用层流量统计。

(8) 用户历史记录(User history collection):包含用户指定变量的定期采样数据。

(9) 探测器配置(Probe configuration):提供远程配置探测器参数的标准方法。

9.4 网络管理设计

前面已经介绍了网络管理系统和相关协议,为了成功地管理一个网络,要考虑如何选择合适的网络管理系统并集成到管理策略中。本节将介绍如何进行网络管理设计。

9.4.1 网络管理策略

制定网络管理策略的工作是十分重要的,因为网络管理策略详细描述了应从每台设备上采集哪些信息以及如何分析这些信息。在策略制定过程中,可以从前面介绍的协议工具中选择合适的工具。

策略中需要设置一些阈值,这样,当参数一旦超出了设置的范围会产生一些告警或警报。为了确定这些阈值级别应该是多少,需要使用基本的测量方法为当前正在运行的网络生成一个快照。与基本测量方法相关的告警和警报有助于网络管理者在网络正常运行被影响之前主动地解决问题,而不再是等到网络出现故障了再作反应。

建议采用以下这些网络管理的最佳方法。

(1) 保存软件映像(如思科网络设备的 IOS)和所有设备配置的归档备份。

(2) 保存最新的清单,并对任何配置和软件的更改作日志。

(3) 监测关键的参数,包括所有对网络重要的日志报告的错误、SNMP 陷阱和 RMON 统计。

(4) 使用工具识别所有的配置差异。

9.4.2　网络管理设计

网络管理包括向网络提供监测、日志、安全和其他管理功能。进行网络管理设计的第一步是了解网络和它的发展,必须知道网络所使用的设备类型,网络是如何组织的,对于将来的发展有什么计划。然后,列出必须拥有的网络管理要点。另一个关键元素是基本平台,加上第三方开发者所提供的功能。另外必须清楚不同的产品有何特性,它们将怎样和网络管理软件一起工作。

在选择网管软件时,一般需要考虑软件是否满足如下标准。

1. 以业务为中心

保持以业务为中心是全面网络管理解决方案最重要的因素。一个完整而理想的网络管理解决方案应该根据应用环境、业务流程、用户需求及其所用设备来设计。除了向网络管理员报告服务器上的流程受阻、路由器上的流量过载或者网络出现瓶颈外,理想的解决方案还应该能够提供更多的功能:它首先应该能通过基于策略的网络管理主动采取行动,还应该能通过电子邮件或寻呼等向有关人员发出警报;最后,同时也是最重要的是,它必须能够提供操作方便而功能强大的方法,显示将受影响的业务过程、业务部门甚至个人。

2. 为应用软件和服务提供环境

虽然厂商对服务水平还没有严格的定义,但 SLA(服务水平协议)已经越来越多地被当作网管产品特性来看待。网络管理应确定服务水平在实际应用中的含义,其关键任务是保证网络及其部件能提供用户完成业务流程或交易处理所需的资源。

服务水平需求因行业的不同而不同,如联机股票交易所的任务是保证数百万小时实时处理100%的准确性。全面网络管理解决方案必须能向网络管理员提供对其至关重要的管理方式,如前一个交易中的帧中继管理及后一个交易中交易处理服务器的接入和可用性。该解决方案还必须提供有意义的数据,衡量服务水平与企业需要之间的匹配程度,从而使之用于报告、趋势分析和容量规划。

3. 可用性、可扩展性和易用性的结合

今天,网络的设备仅有可用性是不够的,应该为业务提供最优性能。可用性和设备状态、可访问性和网络拓扑、性能测量和管理都是当今网络管理的组成部分。性能测量应当融入全面网络管理解决方案并与之紧密配合。此外,完整、强大的解决方案必须简单、直观、易于使用和一致,这样才能提高开发的效率。

随着技术成本的降低、互连计算机的增加以及电子商务的出现,可扩展性在中小机构中也变得重要起来。对全球性企业而言,这个问题就更重要、更复杂。因此,可扩展性成为用户选择网络管理解决方案的一个重要标准。

4. 性能价格比

当今的网络管理问题包括各部门需求之间的冲突。用户必须以较少的人员保证开机时间,无须增加硬件,就可以保证高性能和带宽,保证安全性,但同时还要保持系统的可访问性和简单性。网络管理员一般都无权花很多经费购买硬件、雇用人员或进行复杂的支持培训,因此全面网络管理解决方案不仅必须功能强大,还要效率高,而且成本、开发费用和硬件需求低。

5. 标准支持和协议的独立性

SNMP 等标准已经成熟,所有人都可用它们制作产品。真正的全面网络管理解决方案应支持现有甚至新兴的标准,将其纳入自己的体系结构。不仅要支持 SNMP,还要支持 DHCP(动态主机配置协议)和 DNS、DMI(桌面管理规范)及 CIM(公共信息管理)。这样,无论网络管理员以后选择哪种技术或设备,解决方案都能监视和管理整个网络。

Internet 的快速增长使 TCP/IP 成为当今最常用的协议,但它并不是唯一的协议,SNA 和 DECnet 等其他企业协议也能为企业提供关键任务服务。真正的企业网络管理解决方案应支持所有网络协议,应能在各种类型的硬件和操作系统上运行,而不仅仅贴近某个厂商或某种操作系统。

6. 传统支持

虽然当今的网络更多地使用 UNIX 和 Windows 服务器,但有效的网管软件必须支持传统平台。许多企业还依赖于这些环境工作,如果没有这些强大的传统平台,企业将遭受巨大损失。例如,会计部门 UNIX 服务器中的关键业务流程可能必须依赖于一台大型主机运算的结果。传统支持将保证 Windows、UNIX 和主机环境将在以业务为重点的一致、简单的方式下接受管理。

7. 集成性和灵活性

即使解决方案提供最"完整"的一套特性和功能,用户也可能另外需要针对特殊设备的管理器,利用第三方厂商或内部开发工具才能满足需求。网络管理解决方案必须能容易、紧密地与这些特殊设备的管理器和工具相集成。它必须能在自己的网络环境下启动特殊设备的工具,并提供灵活地与这些工具交换信息的方法。用户无须再为同样的信息保留多个文件或数据库。

任何网络管理解决方案都必须能适应客户的特殊需求,能适应主要业务的突然变化。例如,某公司并购了另一家拥有 5000 多个节点的公司,应该不用重新设计其网络管理体系结构,也不需要去购买其他的节点管理授权,而只需去管理这些新增设备。网管软件应该能灵活地处理网络流量、事件数量和类型的突增,或者新增的网络资源。总之,选择的网管软件应该是自适应的,这样在出现新政策后,只需少量延迟或努力就能在网络管理框架中实施。

实现网络管理是一个渐进的过程,在实际应用中,各个企业的网络不尽相同。结合前面网络管理的发展情况,在规划网管系统时,要重点考虑以下几个方面:

（1）基于现有网络，且需要时能方便升级额外的功能。

（2）符合工业标准，最好是基于 SNMP 的管理系统。

（3）支持第三方插件的能力，允许应用开发人员开发其他的模块，以支持其他公司的产品。

（4）支持专用数据库，数据库的统一能使网络管理员在不同的网络管理平台上进行管理，而不需建立不同的映像和相应的数据库。

虽然网管软件和网管系统是用来管理网络、保障网络正常运行的关键手段，但在实际应用中，并不能完全依赖于网管产品。由于网络系统的复杂和多变，现成的产品往往难以解决所有的网管问题。从美国的 INS 公司 1999 年底的一项调查来看，真正直接使用现有的成熟的商业化管理系统的单位仅占受调查单位总数的 18%，其余大部分是在现有的网管平台上进行开发的系统。另外，因为网管系统的运行和单位的管理机制、人员分配、职责划分等管理因素有着密切的关系，所以，在进行网管系统的规划和建设时，还要保证单位的管理体制能够配合网管系统的实施和运行。

9.5 本章小结

本章介绍了有关网络管理的知识，包括网络管理系统体系结构和常见的网络管理协议：SNMP、MIB 和 RMON。另外还介绍了网络管理对于不同需求的用户的方案设计。

习 题 9

一、选择题

（1）根据 ISO 定义的网络管理系统所具备的 5 个功能划分，检测采集网络设备的性能状况属于（　　）功能。

    A. 故障管理　　　B. 配置管理　　　C. 账务管理

    D. 性能管理　　　E. 安全管理

（2）RMON 规范定义管理信息库 RMON MIB，它是（　　）下面的子树。

    A. MIB-Ⅰ　　　B. MIB-Ⅱ　　　C. SNMP v1　　　D. SNMP v2

（3）（　　）是运行在被管设备上的软件，负责采集和存储管理信息。

    A. 管理代理　　　　　　B. 被管设备

    C. 网络管理实体　　　　D. 网管系统

二、思考题

（1）查询资料，比较 Open View、NetView 以及 SunNet 的基本特点和优劣。

（2）简述网络日常管理和维护的任务及常用工具。

（3）如果要建立一个网络管理站，应该做哪些工作？

第 10 章

网络应用服务设计

网络规划与设计不仅包括基础网络设施的建设,网络应用服务设计也是其中的重要环节。本章介绍基础的网络应用服务设计与搭建方法,包括域名系统(DNS)、Web 服务器、FTP 服务器、邮件系统和 DHCP 服务器。

10.1 域名系统(DNS)

使用 IP 地址识别主机对于路由器处理路由很方便,但是对于用户来说不方便。为此,通常在网络中为每台主机分配一个唯一的名字,域名系统(Domain Name System,DNS)就是将主机名映射到 IP 地址的系统。

10.1.1 DNS 的域名结构

图 10.1 给出了呈树状结构的域名空间。如图所示,所有分支都汇聚到一个顶部,即域名空间的根,又称根域。在根下面包括了按照组织或机构分类的所有节点,称为顶级域。在顶级域下为二级域,二级域之下为三级域,以此类推。

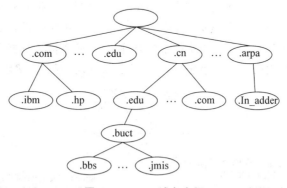

图 10.1　DNS 域名空间

域名结构的每个节点标识一个网络,二级域的节点则管理所有二级域连接的节点。顶级域按组织或地域划分,现在顶级域为 int、net、gov、org、edu、mil、com、firm、rec、arts、info、web、store 和 nom。在美国,顶级域按组织或机构划分。其他国家的顶级域按国家和地区划分,例如,uk(英国)、fr(法国)、cn(中国)等。近年来,其他国家和地区也可以申请按组织和地域划分的顶级域名。

按照上述域名结构,每级域内的 DNS 服务器管理本域内的所有信息(子域的信息和域内的主机信息),每个网络域名服务器都有指向其父域和子域的指针。域间连接 DNS 的指针起到在上级域和下级域管理的网络间传递信息的桥梁作用。

在图 10.1 中有一个特殊的域,即 in-addr. arpa 域,它的作用是 IP 地址到主机名的反向解析。

DNS 的顶级域是由 InterNIC 的若干根 DNS 服务器管理的。因此,系统管理员应该注意更新 DNS 数据库中根 DNS 服务器的信息。最新的根 DNS 服务器清单可以从 ftp://ftp. rs. internic. net 获得。

10.1.2　DNS 的解析过程

DNS 系统工作在 OSI 的应用层。当一个局域网内运行的程序与远程计算机通信时,应用程序只要知道远程计算机的主机名,通过本地计算机上运行的 DNS 客户端软件即可向 DNS 服务器发出一个请求,请求远程计算机的 IP 地址。DNS 服务器用远程计算机的主机名作为关键字,在 DNS 服务器的高速缓存中查找。若缓存中没有,则在数据库中查找。若找到远程计算机的名字,则将远程计算机的 IP 地址返回给发出请求的本地计算机。如果远程计算机的名字不在 DNS 服务器的数据库中,则表明这台远程计算机不在本地 DNS 服务器的代理范围内,属于其他 DNS 服务器的管理范围。

当本地 DNS 服务器的数据库中找不到远程计算机的主机名时,本地 DNS 服务器将向目的主机名相关的根域名服务器查询。从根域到顶级域再到二级域,直至找到目的计算机的 IP。本地 DNS 服务器将远程计算机的 IP 地址返回给发出请求的计算机。这种解析方式称为迭代解析。

图 10.2 描述了 DNS 迭代解析的过程。在 buct. edu. cn 域中有一台主机执行 http 请求网址 lib. pku. edu. cn。主机首先向本域的 DNS 服务器(其 IP 地址为 202.4.130.100)发出"查找主机 lib. pku. edu. cn 的 IP 地址"请求。buct. edu. cn 域的 DNS 服务器接到客户端的请求后,首先在自己的缓存中查找。若缓存中没有,则在本服务器的数据库中查找。若在本地服务器没有找到,则将请求发给上级域 edu. cn 的 DNS 服务器。上级域 DNS 服务器在本地

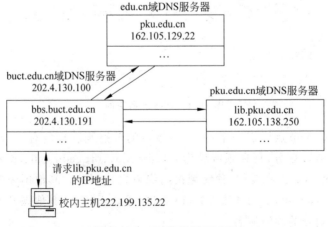

图 10.2　DNS 迭代解析过程

找到 pku. edu. cn 的记录,将 pku. edu. cn 域的 DNS 服务器 IP 地址(162. 105. 129. 22)发给 buct. edu. cn 域 DNS 服务器。buct. edu. cn 域的 DNS 服务器向 pku. edu. cn 域的 DNS 服务器发出请求:"查找主机 lib. pku. edu. cn 的 IP 地址",pku. edu. cn 域的 DNS 服务器通过查找,将对应的 IP 地址(162. 105. 138. 250)返回给 buct. edu. cn 域的 DNS 服务器。buct. edu. cn 域 DNS 服务器再将此地址返回给最初提出请求的校内主机。

除了上述介绍的迭代解析方法,DNS 系统还可以采用递归解析方式。在递归解析方式中,当本地 DNS 服务器的数据库找不到远程计算机的主机名时,它将请求转发给与目的主机名相关的根域名服务器,直接等待对方的回复,而不需要逐级去查询其他域名服务器。

10.1.3　DNS 的体系结构

Internet 中的 DNS 服务是由一组 DNS 服务器完成的。DNS 可以管理单个域(Domain)和多个域,或与某域相关的子域(Subdomain)。某个 DNS 服务器控制的名字空间部分称为分区(Zone)。也就是说,DNS 服务器负责它所在分区内的主机名和 IP 地址的翻译。

在 DNS 服务器的数据库中的数据称为分区文件。DNS 完成名字到地址的映射就是在分区文件中查找主机名,并将其转换为相应的 IP 地址。域和分区的区别是:域可以看作是 DNS 树型结构的一棵子树,而分区是一个授权单位或机构中所有主机和 IP 地址的集合。图 10.3 给出了 DNS 分区的示意图。

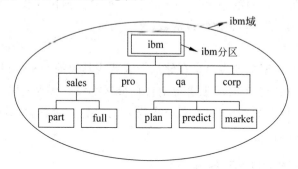

图 10.3　DNS 分区示意

图 10.3 中的顶级域是 ibm,其下有 4 个子域:sales、pro、qa 和 corp,5 个子子域(sub-subdomain):part、full、plan、predict 和 market。分区 ibm 只包含了 ibm 分区中的主机和 IP 地址的集合;域 ibm 包含了所有 ibm 分区内的主机和 IP 地址信息,以及 sales. ibm、pro. ibm、qa. ibm、corp. ibm 中与其下的所有主机的 IP 地址信息的集合。也就是说,ibm 域是整个 DNS 名字空间中的一棵子树。

DNS 的每个分区(Zone)中都包含一个反向地址翻译文件,用于实现由 IP 地址查找主机名的过程,最终完成 IP 地址到主机名的反向地址翻译。反向翻译主要用于在本地计算机授权的远程操作。

10.1.4　DNS 的分类和配置

DNS 服务器有 3 类：主 DNS 服务器(Primary Master Server)、辅 DNS 服务器(Secondary Master Server)和缓存服务器(Cache-only Server)。主 DNS 管理分区的所有信息，又称可信的(Trust)名字服务器。在建立某个分区的 DNS 服务器时应注意，每个分区内必须有一个主 DNS 服务器，至少有一个辅 DNS 服务器对主 DNS 服务器实施备份。

1. 主 DNS 服务器

主 DNS 服务器完成分区内主机名及其相关信息的管理、更新和维护。当主 DNS 服务器中的 DNS 进程启动时，装载数据库中的分区信息，即数据库信息。主 DNS 服务器既可以代理分区内的其他 DNS 服务器，也可以代理分区外的 DNS 服务器。

2. 辅 DNS 服务器

辅 DNS 服务器对分区内主 DNS 服务器的数据库信息进行备份。分区内的数据库信息管理、更新和维护在主 DNS 服务器完成。当辅 DNS 进程启动时，向主 DNS 服务器请求分区内的数据库信息。此后，辅 DNS 服务器定期向主 DNS 服务器发出请求，并比较主 DNS 服务器和辅 DNS 服务器的数据库文件的最后修改日期是否相同。若相同则无须更新，若不同将更新辅 DNS 服务器的数据库信息，即从主 DNS 服务器自动下载更新的数据库文件。因此，当系统管理员在主 DNS 服务器的数据库中修改了 DNS 数据库文件后，必须修改变更的数据库文件中的序列号(Serial)。序列号的值由 4 位年号(YYYY)、2 位月号(MM)、2 位日期号(DD)和 2 位修改次数(NN)组成(即形如 YYYYMMDDNN)。

3. 缓存服务器

缓存服务器是利用服务器缓存来存储从上级域或其他的 DNS 域收到的信息，一直到信息过期或作废为止。缓存 DNS 服务器对任何分区都没有代理权限。缓存 DNS 服务器只控制查询，并向有权限的 DNS 服务器请求需要的信息。缓存 DNS 服务器不管理和维护任何 DNS 数据库的信息。

10.1.5　安装和配置 DNS 服务器

DNS 的根域和其管理的顶级域是由 Internet 网络信息中心(InterNIC)管理的。任何一个网络若要接入 Internet，需向 InterNIC 申请和注册本机构网络的 IP 地址和域名。如果网络规模很小，可以请求当地 ISP(Internet Service Provider)帮助申请、建立和管理 DNS 服务器。

若需建立本机构的 DNS 服务器，并维护和管理 DNS 系统，则需要：

(1) 向当地的 InterNIC 申请 IP 地址。

(2) 向当地的域名管理机构申请注册域名。

然后，在本机构的网络内建立和管理 DNS 服务器。

可以根据需要选择 DNS 软件，例如 Windows Server 自带的 DNS 服务，更常见的是在一台 Linux 服务器上部署 DNS 服务，下面将详细介绍如何安装配置。

1. 获取 DNS 应用软件包

BIND 是一款开放源码的 DNS 服务器软件,BIND 最初由美国加州大学 Berkeley 分校开发和维护的,全名为 Berkeley Internet Name Domain。后来由 DEC 公司的员工负责开发维护,直到 Internet 系统委员会(Internet Systems Consortium,ISC)开始接手负责维护 BIND。目前,BIND 已经成为世界上使用最为广泛的 DNS 服务器软件,支持各种 UNIX 平台、Linux 平台和 Windows 平台。最新版本的 BIND(BIND 9)由 Nominum 公司遵循 ISC 开源代码协议负责开发。

可以从官方网址 https://www.isc.org/software/bind 下载最新的 DNS 应用软件包。

2. 安装 BIND 软件包

下载的软件包一般为.tar.gz 文件。需要解压缩:

```
#tar zxvf bind-9.3.1.tar.gz
```

解压后会自动创建子目录 bind-9.3.1。进入子目录,使用如下命令编译和安装 bind-9.3.1软件包:

```
#./configure
#make
#make depend
#manke install
```

安装成功后,即可开始配置。

3. 配置主 DNS 服务器

1)配置/etc/named.conf 文件

/etc/named.conf 文件是 DNS 服务的主配置文件,在安装 BIND 成功后并不会自动创建 named.conf 文件,可以在/etc 目录手工创建 named.conf 文件。其中定义了 DNS 数据库存放的目录(一般为/var/named),以及正向解析数据库文件、反向解析数据库文件、本地回环网络反向解析数据库文件和根域 DNS 服务器数据库文件等。

named.conf 文件的常用配置语句如表 10.1 所示。

表 10.1　named.conf 选项说明

关　键　字	选 项 说 明
options	服务器的全局配置选项和一些默认设置
view	定义一个视图
zone	定义一个区域
logging	指定服务器的日志记录的内容和日志的来源
acl	定义访问控制列表
include	加载的文件
key	指定用于识别和授权的密钥信息
server	设置服务器的参数
trusted-key	指定信任的 DNSSEC 密钥

关　键　字	选 项 说 明
type	定义区域的类型
file	指定一个区域文件
directory	指定区域文件的目录
forwarders	指定请求将被转发到的 DNS 服务器
masters	指定从服务器所使用的主服务器
allow-transfer	指定允许接收区域传送请求的主机
allow-query	指定允许进行查询的主机
notify	当主区域数据发生变化时,允许通知从服务器

下面为 named.conf 文件的默认模板:

```
//
// named.conf for RedHat caching-nameserver
//

options {
        directory "/var/named";
        dump- file "/var/named/data/cache_dump.db";
        statistics-file "/var/named/data/named_stats.txt";
        // query-source address * port 53;
};
//
// a caching only nameserver config
//
controls {
        inet 127.0.0.1 allow { localhost; } keys { rndckey; };
};

zone "." IN {
        type hint;
        file "named.ca";
};

zone "localdomain" IN {
        type master;
        file "localdomain.zone";
        allow-update { none; };
};

zone "localhost" IN {
        type master;
        file "localhost.zone";
```

```
        allow-update { none; };
    };

    zone "0.0.127.in-addr.arpa" IN {
        type master;
        file "named.local";
        allow-update { none; };
    };

    zone "0.0.0.0.0.0.0.0.0.0.0.0.0.0.0.0.0.0.0.0.0.0.0.0.0.0.0.0.0.0.0.0.ip6.arpa" IN {
        type master;
        file "named.ip6.local";
        allow-update { none; };
    };

    zone "255.in-addr.arpa" IN {
        type master;
        file "named.broadcast";
        allow-update { none; };
    };

    zone "0.in-addr.arpa" IN {
        type master;
        file "named.zero";
        allow-update { none; };
    };
```

2）/var/named 下的数据库文件

（1）正向解析数据库文件

该文件存放 DNS 数据库由名字到 IP 地址的翻译信息。一个 DNS 正向解析区域文件中包含了该区域的所有相关数据，包括主机名、IP 地址、刷新时间和过期时间等信息。一台 DNS 服务器中可以包含多个区域文件，同一个区域文件也可以存储在多台 DNS 服务器中。区域文件按照 DNS 资源记录（Resource Record）格式进行组织，由多条资源记录组成。一条 DNS 资源记录的格式如下所示：

```
[name] [TTL] addr-class record-type record-specific-data
```

其中 name 字段是域记录的名称，一般用"@"表示。通常只有第一条 DNS 资源记录被设置为 name。区域文件中的其他资源记录的 name 字段必须被设置为空。TTL 字段是一个可选的生存周期（Time to Live），定义了数据在数据库中存放的时间，该字段为空表示默认的生存周期时间将由授权开始记录（Start of Authority，SOA）所指定。addr-class 字段表示地址类型，对于 Internet 地址来说，地址类型应该总为"IN"。record-type 字段表示记录类型，不同记录类型对应不同类型的主机和域名服务器。常用的资源记录类型如

表 10.2 所示。

表 10.2 正向解析文件常用记录类型

类　型	说　明
A	用于描述将域名和 IP 地址匹配的主机地址记录,映射主机名到 IP 地址
NS	用于引用域名服务器
SOA	授权开始记录(SOA),在区域文件的第一条中指定,表明之后的所有记录都是本域授权
CNAME	别名资源记录,也称为规范名字资源记录,用于将多个名称映射到同一台计算机上
PTR	指针记录,用于映射 IP 地址到主机名
WKS	已知的服务描述
RP	文本字符串,包含相关主机的连接点信息
HINFO	主机信息
MINFO	电子邮箱或邮件列表信息
MX	邮件交换器(Mail eXchanger)资源记录,用于指向一个邮件服务器
TXT	文本字符串

假设一个企业向上级联网单位申请的域名是 example.com,该企业园区网内搭建的 DNS 服务器主机 IP 地址为 192.168.111.111,域名为 dns.example.com 和 opensuse. example.com。此外,该企业还搭建了一台 Web 服务器,IP 地址为 192.168.111.199,域名为 www.example.com 和 holyghost.example.com。

下面是一个正向解析区域文件的例子:

```
$ TTL 86400
example.com. IN SOA dns.example.com admin.example.com(
2009071101;
1800;
900;
604800;
86400);
@ IN NS dns.example.com.
dns.example.com. IN A 192.168.111.111
www.example.com. IN A 192.168.111.199
opensuse.example.com. IN CNAME dns.example.com.
holyghost.example.com. IN CNAME www.example.com.
```

用户在使用域名访问网站时,通常会省去主机名。例如在浏览器中输入 http:// example.com,这时可以访问到 http://www.example.com。实现该功能只需在 DNS 正向解析区域中加入一条以“.”表示的资源记录即可,如下所示:

```
. IN A 192.168.111.199
```

（2）反向解析数据库文件

该文件存放 DNS 数据库中由 IP 地址到主机名的翻译信息。反向解析区域文件与正向解析区域文件格式相同,但该文件用于建立 IP 地址到 DNS 域名的转换记录,使用的是 PTR 资源指针记录。

下面是一个反向解析区域文件的例子:

```
$TTL 86400
@ IN SOA dns.example.com. admin.example.com.(
2009071101;
1800;
900;
604800;
86400);
    IN NS dns.example.com.
111 IN NS dns.example.com.
199 IN NS www.example.com.
```

（3）本地回环网络反向解析数据库文件

该文件存放 DNS 数据库中回环网络的反向翻译信息。

（4）根域 DNS 数据库文件

该文件存放所有管理顶级域的根名字服务器的清单。该清单可从网上下载,地址为 ftp://ftp.rs.internic.net。

4. 配置辅 DNS 服务器

辅 DNS 服务器也能像主 DNS 服务器一样向客户端提供域名解析功能。但它与主 DNS 服务器不同的是,它的数据是从主 DNS 服务器中复制的,一般会定期更新,与主 DNS 服务器的数据保持一致。在同一区域网络中,配置辅 DNS 服务器可以有较强的容错能力,并且在高负载的情况下减轻主 DNS 服务器的负荷。

辅 DNS 服务器只需配置 named.conf 文件,将 options 选项中的 type 类型定义为 slave。将本地回环网络反向解析文件和根域数据库文件复制至辅 DNS 服务器的数据库文件目录下即可。辅 DNS 服务器自动定期从主 DNS 服务器复制正向解析数据库文件和反向解析数据库文件。

10.2　Web 服务器

Web 服务器是重要的 Interent 服务器之一,也就是常说的 WWW（World Wide Web）服务器,它的核心技术是超文本传输协议（Hyper Text Transfer Protocol,HTTP）和超文本标记语言（Hyper Text Markup Language,HTML）。WWW 服务器采用 B/S（浏览器/服务器）架构,客户端的浏览器向 WWW 服务器发出 HTTP 请求,WWW 服务器响应客户端浏览器发出的请求,并向客户端发送客户所需的 HTML 文件,如图 10.4 所示。

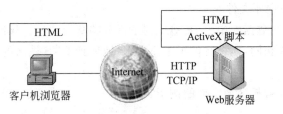

图 10.4　WWW 工作原理

主流 WWW 服务器软件有微软公司的 IIS(Internet Information Services，Internet 信息服务)、开源软件 Apache、开源软件 Tomcat 和甲骨文公司的 WebLogic 等。目前，在全球的 WWW 服务上，Apache 占有率第一，IIS 居第二。下面将对这两个软件进行介绍。

10.2.1　Apache

Apache 取自"a patchy server"的读音，意思是充满补丁的服务器，因为它是开源软件，所以不断有人为它开发新的功能和新的特性，修改原来的缺陷。

1995 年 2 月 23 日，Apache 开源软件社区(http://www.apache.org)成立。目前 Apache 基金会旗下已经有 138 个开源项目，包括著名的 Struts、Tomcat、Perl、Tcl、Hadoop、CouchDB、Lucene、Ant、Maven 和 Wicket 等，还有更多项目在孵化。目前 Apache HTTP Server 的最新版本为 2.2，下面以 Apache 2.0 为例，介绍其安装和配置方法。

1. Apache 2.0 的安装

可以直接从 www.apache.org/dist/httpd/目录下载相应的 Apache 软件包(tar.gz 文件)，解压缩后，即可编译安装，命令如下：

```
#wget http://www.apache.org/dist/httpd/httpd-2.0.48.tar.gz
#tar zxvf httpd-2.0.48.tar.gz
#./configure --prefix=/usr/local/apache
#make
#make install
#/usr/local/apache/bin/apachectl start
```

2. Apache 2.0 的配置

Apache 2.0 的主配置文件为 httpd.conf。这个文件非常重要，合理设置好参数将会让用户的机器充分发挥作用。下面介绍 httpd.conf 中的几条指令。

(1) Port 80：定义了 Web 服务器的侦听端口，默认值为 80。它是 TCP 网络端口之一。若写入多个端口，以最后一个为准。

(2) User apache：一般情况下，以 nobody 用户和 nobody 组来运行 Web 服务器。

(3) Group apache：服务器发出的所有进程都是以 root 用户身份运行的，存在安全风险。

(4) ServerAdmin root@localhost：指定服务器管理员的 E-mail 地址。服务器自动将错误报告发送到该地址。

（5）ServerRoot /etc/httpd：服务器的根目录，一般情况下，所有的配置文件在该目录下。

（6）ServerName new. host. name：80：Web 客户搜索的主机名称。

（7）KeepAliveTimeout 15：规定了连续请求之间等待 15s，若超过，则重新建立一条新的 TCP 连接。

（8）MaxKeepAliveRequests 100：永久连接的 HTTP 请求数。

（9）MaxClients 150：同一时间连接到服务器上的客户机总数。

（10）ErrorLog logs/error_log：用来指定错误日志文件的名称和路径。

（11）PidFile run/httpd. pid ♯：用来存放 httpd 进程号，以方便停止服务器。

（12）Timeout 300：设置请求超时时间，若网速较慢则应把值设大。

（13）DocumentRoot /var/www/html：存放网页文件。

10.2.2　IIS

IIS 是微软公司开发的功能完善的 Internet 信息发布软件，可以提供 Web、FTP 和 SMTP 服务，分别用于网页浏览、文件传输、新闻服务和邮件发送等方面。下面介绍 IIS 的安装和配置。

1. IIS 的安装

Windows Server 系列操作系统中自带 IIS 服务组件，如还未安装 IIS 服务器，可打开"控制面板"，然后单击启动"添加/删除程序"，在弹出的对话框中选择"添加/删除 Windows 组件"，在 Windows 组件向导对话框中选中"Internet 信息服务（IIS）"，然后单击"下一步"按钮，按向导的指示完成对 IIS 的安装，如图 10.5 所示。

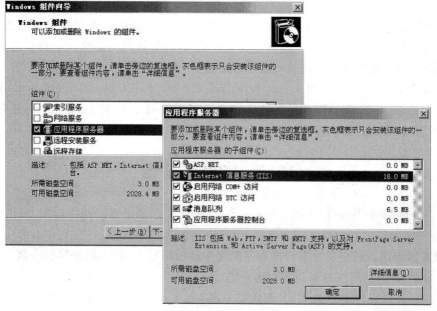

图 10.5　IIS 的安装

2. IIS 的启动和配置

IIS 安装完毕后,选择"Windows 开始菜单"→"所有程序"→"管理工具"→"Internet 信息服务(IIS)管理器",即可启动"Internet 信息服务"管理工具。在 Internet 信息服务的工具栏中提供有启动与停止服务的功能,可启动或停止 IIS 服务器。

IIS 自动创建了一个默认的 Web 站点,该站点的主目录默认为 C:\Inetpub\www. root。用鼠标右击"默认 Web 站点",在弹出的快捷菜单中选择"属性",此时就可以打开站点属性设置对话框,在该对话框中可完成对站点的全部配置,如图 10.6 所示。

图 10.6 IIS Web 站点配置

单击"主目录"选项卡,切换到主目录设置页面,该页面可实现对主目录的更改或设置,指向待发布网页所在目录。单击"文档"选项卡,可切换到对主页文档的设置页面,主页文档是在浏览器中输入网站域名而未指定所要访问的网页文件时系统默认访问的页面文件。常见的主页文件名有 index. htm、index. html、index. asp、default. htm、default. html 和 default. asp 等。IIS 默认的主页文档只有 default. htm 和 default. asp,根据需要,利用"添加"和"删除"按钮可为站点设置所能解析的主页文档。

10.3 FTP 服务器

文件传输协议(File Transfer Protocol,FTP)是另一个常见的网络应用,采用 C/S 模式,实现资源共享。用户通过一个支持 FTP 协议的客户端程序,连接到在远程主机上的 FTP 服务器程序。用户通过客户端程序向服务器程序发出命令,服务器程序执行用户所发出的命令,并将执行的结果返回到客户端。

现在有很多有代表性的 FTP 服务器软件,如 Linux 平台下的 Wu-ftpd、ProFTP 及 vsftpd 等,Windows 平台下的 IIS 和 Serv-U 等。

10.3.1　FTP 工作原理

　　FTP 应用需要建立两条 TCP 连接，一条为控制连接，另一条为数据连接。根据数据连接由服务器端发起还是客户端发起，FTP 服务器的工作模式可以分成两类：端口模式和被动模式。端口模式（Port FTP）也称主动模式，由服务器发起数据传输请求，21 为控制端口，20 为数据端口。被动模式（Pasv FTP），由客户端发起数据传输请求，并确定传输数据所使用的端口。

　　图 10.7 给出了端口模式 FTP 服务器的工作原理。

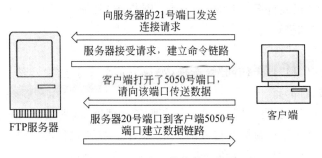

图 10.7　FTP 端口模式的工作原理

　　在端口模式下，FTP 服务器打开 21 号端口，等待客户端请求。客户端与 FTP 服务器建立控制连接。客户端打开一个端口号大于 1024 的空闲端口，请求 FTP 服务器向此端口发送数据。FTP 服务器用 20 号端口主动连接客户机的大于 1024 的随机端口。

　　图 10.8 给出了被动模式 FTP 服务器的工作原理。

图 10.8　FTP 被动模式的工作原理

　　在被动模式下，控制连接建立过程如下：FTP 服务器打开 21 号端口，等待客户端请求。客户端与 FTP 服务器建立控制连接。FTP 服务器被动打开端口号大于 1024 的空闲端口，等待客户端。客户端用大于 1024 的随机端口主动连接服务器大于 1024 的随机端口。

10.3.2　FTP 服务器安装和配置

1. Windows 平台下 FTP 服务器的搭建

　　微软 IIS 提供了构建 FTP 服务器的功能，IIS 的安装过程请参考 10.2 节。FTP 服务器安装好后，可以设置专门目录供网络中的客户端访问、下载文件和接收上传文件。使用

IIS 管理工具,可以创建 FTP 站点,设置发布目录,将供 FTP 共享的文件复制到该目录下。具体步骤如下。

(1) 启动"Internet 信息服务管理器"或打开 IIS 管理单元。

(2) 展开"服务器名称",其中服务器名称是该服务器的名称。

(3) 展开"FTP 站点"。

(4) 右击"默认 FTP 站点",然后单击"属性"。

(5) 单击"安全账户"选项卡。

(6) 选中"允许匿名连接"复选框(如果它尚未被选中),然后选中"仅允许匿名连接"复选框。如果选中"仅允许匿名连接"复选框,则将 FTP 服务配置为仅允许匿名连接,用户无法使用用户名和密码登录。

(7) 单击"主目录"选项卡。

(8) 选中"读取"和"日志访问"复选框(如果它们尚未被选中),然后清除"写入"复选框(如果它尚未被清除)。

(9) 单击"确定"按钮退出"Internet 信息服务管理器"或者关闭 IIS 管理单元。

FTP 服务器现已配置为接受传入的 FTP 请求。将要提供的文件复制或移动到 FTP 发布文件夹以供访问。默认的文件夹是 C:\Inetpub\Ftproot。

2. Linux 平台下 FTP 服务器的搭建

绝大多数的 Linux 发行套装中都选用的是 Washington University FTP(wu-ftpd),这是一个性能优秀的服务器软件,由于它具有众多强大功能和超大的吞吐量,Internet 上的 FTP 服务器有很多都采用了它。下面介绍其安装和配置。

1) 安装

一般的 Linux 安装盘中都包含 wu-ftpd 的 RPM 包,只需以 root 身份进入系统并运行下面的命令即可:

```
rpm-ivh anonftp-x.x-x.i386.rpm
rpm-ivh wu-ftpd-x.x.x-x.i386.rpm
```

其中-x.x-x 和-x.x.x-x 是版本号。

2) 启动

和 Apache 一样,wu-ftpd 也可以配置为自动启动:执行 Linux 系统的 Setup 程序,在"System Service"选项中选中 wu-ftpd,单击 OK 按钮确定退出即可。

若更改了 wu-ftpd 配置文件,需要用到手工启动:

```
启动:/usr/sbin/ftprestart
关闭:/usr/sbin/ftpshut
```

3) FTP 服务器的配置

为了确保 FTP 服务器的安全,必须设置一些重要的配置文件,以更好地控制用户的访问权限。这些配置文件是/etc/ftpusers、/etc/ftpconversions、/etc/ftpgroups、/etc/ftpphosts 和/etc/ftpaccess。利用这些文件能够非常精确地控制哪些人、在什么时间、从什么地点可以连接服务器,并且可以对他们连接后所做的工作进行检查跟踪。

　　/etc/ftpusers：该文件夹中包含的用户不能通过 FTP 登录服务器,有时将需要禁止的用户账号写入文件/etc/ftpuser 中,这样就可以禁止一些用户使用 FTP 服务。

　　/etc/ftpconversions：用来配置压缩/解压缩程序。

　　/etc/ftpgroups：创建用户组,这个组中的成员预先定义为可以访问 FTP 服务器。

　　/etc/ftpphosts：用来禁止或允许远程主机对特定账户的访问。

　　/etc/ftpaccess：是非常重要的一个配置文件,用来控制存取权限,文件中的每一行定义一个属性,并对属性的值进行设置。

　　4) 验证

　　安装和配置好 FTP 服务器后,就可以进行验证,用图形工具和命令行均可访问 FTP 服务器。在 Linux 里最常用的命令为 FTP,它提供了一个并不复杂的 FTP 服务器接口。与 FTP 服务器连接,只需要在命令提示符后输入 FTP Servername,用主机名或希望连接的 FTP 服务器的 IP 地址代替 Servername,按照提示输入用户名和口令,然后用标准的 Linux 上移或下移 FTP 服务器目录结构。另外,也可以采用图形化 FTP 程序,可以借助 Web 浏览器去访问 FTP 服务器。

10.4　邮件系统

　　邮件系统是 Interent 中应用最广泛的系统之一。邮件系统工作在 TCP/IP 体系结构的应用层。邮件系统采用基于 C/S 的网络工作模式:服务器负责处理邮件用户的各种收、发信件请求,客户端程序为邮件用户向服务器发出收、发邮件的请求。

10.4.1　邮件协议

　　任何邮件系统都采用 SMTP(Simple Mail Transfer Protocol)协议发邮件,采用 POP(Post Office Protocol)或 IMAP(Internet Message Access Protocol)协议接收邮件。下面简单加以介绍。

1. SMTP

　　简单邮件传输协议 SMTP 最初在 RFC 821 文档中定义,提供了一种邮件传输的机制,当收件方和发件方都在一个网络上时,可以把邮件直传给对方;当双方不在同一个网络上时,需要通过一个或几个中间服务器转发。SMTP 首先由发件方提出申请,要求与接收方 SMTP 建立双向的通信渠道,收件方可以是最终收件人,也可以是中间转发的服务器。收件方服务器确认可以建立连接后,双方就可以开始通信。

　　SMTP 使用 TCP 连接,SMTP 服务器默认侦听 25 号端口。邮件传送分为 3 个阶段: SMTP 连接建立、邮件传输和 SMTP 连接终止。下面给出了 SMTP 通信过程:

```
S: MAIL FROM:<Smith@Alpha.ARPA>
R: 250 OK
S: RCPT TO:<Jones@Beta.ARPA>
R: 250 OK
S: RCPT TO:<Green@Beta.ARPA>
```

```
R: 550 No such user here
S: RCPT TO:<Brown@Beta.ARPA>
R: 250 OK
S: DATA
R: 354 Start mail input; end with <CRLF>.<CRLF>
S: Blah blah blah...
S: <CRLF>.<CRLF>
R: 250 OK
```

最初的 SMTP 的局限之一在于它没有对发送方进行身份验证的机制。因此,后来定义了 SMTP-AUTH 扩展。尽管有了身份认证机制,垃圾邮件仍然是一个主要的问题。但由于庞大的 SMTP 安装数量带来的网络效应,大刀阔斧地修改或完全替代 SMTP 被认为是不现实的。Internet Mail 2000 就是一个替代 SMTP 的建议方案。因此,出现了一些协同 SMTP 工作的辅助协议。IRTF 的反垃圾邮件研究小组正在研究一些建议方案,以提供简单、灵活、轻量级的、可升级的源端认证。最有可能被接受的建议方案是发送方策略框架协议。

2. POP3

POP 适用于 C/S 结构的脱机模型的电子邮件协议,目前已发展到第 3 版,称为 POP3,定义在 RFC 1939 中。它使用 TCP 连接,服务器侦听 110 端口。POP3 客户端通常采用离线(off-line)方式访问邮件服务器,下载邮件到客户的计算机上,然后和服务器断开。

下面给出了 POP3 客户端和服务器端的通信过程:

```
S: +OK POP3 server ready <1896.697170952@dbc.mtview.ca.us>
C: APOP mrose c4c9334bac560ecc979e58001b3e22fb
S: +OK mrose's maildrop has 2 messages (320 octets)
C: STAT
S: +OK 2 320
C: LIST
S: +OK 2 messages (320 octets)
S: 1 120
S: 2 200
S: .
C: RETR 1
S: +OK 120 octets
S: <服务器发送信件 1>
S: .
C: DELE 1
S: +OK message 1 deleted
C: RETR 2
S: +OK 200 octets
S: <服务器发送信件 2>
S: .
```

```
C: DELE 2
S: +OK message 2 deleted
C: QUIT
S: +OK dewey POP3 server signing off (maildrop empty)
```

POP3 协议很简单,但它的功能有限。POP3 协议具有用户登录和退出、读取邮件以及删除邮件的功能。当用户需要将邮件从邮件服务器上下载到自己的机器时,POP3 客户进程首先与邮件服务器的 POP3 服务进程建立 TCP 连接,然后发送用户名和口令到 POP3 服务器进行用户认证,认证通过后,就可以访问邮箱了。

3. IMAP4

另一种邮箱访问协议是交互式邮件访问协议(Interactive Mail Protocol 4,IMAP4)。IMAP4 比 POP3 功能更强,同时也更复杂。

IMAP4 能够从邮件服务器上获取有关 E-mail 的信息或直接收取邮件,具有高性能和可扩展性的优点。POP3 有其天生的缺陷:即当用户接收电子邮件时,用户无法知道邮件的具体信息,只有照单全收入硬盘后,才能慢慢浏览和删除。在在线方式下,IMAP4 允许用户像访问和操纵本地信息一样来访问和操纵邮件服务器上的信息。

10.4.2　邮件服务器的安装部署

常见的邮件系统有 Windows 平台下的 Exchange Server,UNIX/Linux 平台下的 SendMail 和 Qmail。

Microsoft Exchange Server 是一个设计完备的邮件服务器产品,除了提供 SMTP 和 POP3 协议服务,还支持 IMAP4。此外,它还是一个协作平台,用户可以在其基础上开发工作流、知识管理系统、Web 系统或者是其他消息系统。它是一个全面的 Intranet 协作应用服务器,适合有各种协作需求的用户使用。可供选择的版本有 Microsoft Exchange Server 2010、2007 和 2003。

SendMail 是美国加州大学伯克利分校开发的免费软件,用于 Linux/UNIX 系统下简单的邮件系统。它支持 SMTP、POP3 和 IMAP4 协议。SendMail 邮件系统由 3 部分组成:用户代理、传输代理和投递代理。更多信息可从其官方网站 www.sendmail.org 获取。

与 SendMail 相比,Qmail 是更安全可靠、高效的轻量级邮件系统。它是开源内核软件,内核只包含邮件系统的基本程序,集成其他插件后更易于配置管理。更多信息可以从官方网站 www.qmail.org 获取。

10.5　DHCP 服务器

DHCP(Dynamic Host Configuration Protocol,动态主机配置协议)的作用可以使网络管理员通过一台服务器来管理一个网络系统,并且自动地为一个网络中的主机分配 IP 地址。

在一个网络中,任何一台计算机要连接 Internet,都必须为其配置一个 IP 地址。如果不使用 DHCP 协议,则要手工给每台网络内的主机分配 IP 地址。当此计算机移动到其他网络时,就必须重新配置一个 IP 地址。然而,使用 DHCP,网络管理员可以从一个服务器上监管和分配 IP 地址。也就是说,网络内的任何一台主机都可以通过 DHCP 服务器自动地获得一个 IP 地址。

10.5.1　DHCP 服务器的特性

选用 DHCP 可以使网络的质量管理更为简便,从而降低了网络管理的开销。DHCP 可以实现动态 IP 地址分配,即从未使用的 IP 地址段中提取 IP 地址,并自动分配给主机使用。采用 DHCP 也可以回收那些不再使用或分配时间已经超时的 IP 地址。收回的地址可以由 DHCP 再次分配给其他主机使用。

BOOTP 协议是一个基于 TCP/IP 协议的协议,它可以使无盘工作站从一个中心服务器上获得 IP 地址。DHCP 是 BOOTP 协议的扩展。BOOTP 提供了使客户可以自动下载 IP 地址的信息,而 DHCP 通过提供可再使用的 IP 地址来增强 BOOTP 协议。DHCP 采用“租用”的方式使客户在一定的时间内使用 IP 地址,一旦租用时间过去,该 IP 地址就可以被分配给其他客户。这样就免去了设立 BOOTP 表的工作。当然,DHCP 也支持 BOOTP 客户。

DHCP 的 IP 地址分配是基于一个特定的物理子网和以太网卡的硬件地址。

DHCP 具有如下特性。

(1) 自动管理 IP 地址,防止重复的 IP 地址。一旦 DHCP 网络管理策略确定后,不需要对 IP 地址进行二次管理。DHCP 会检测在同一个网络上重复的网络地址。

(2) 支持 BOOTP 客户,这样客户可以很容易地从 BOOTP 网络转移到 DHCP 网络。

(3) 管理员可以设置地址的租用时间。在默认的情况下,每个由 DHCP 管理的 IP 地址有一天的租用时间。管理员可以根据需要改变租用时间。

(4) 可以限制哪些 MAC 地址能够享受动态 IP 地址服务,也可固定将一个 MAC 地址和 IP 地址绑定。

(5) 可以定义一个被动态分配的 IP 地址池。地址池可以使用非连续的 IP 地址。

(6) 支持在不同 IP 网络(或子网)上的两个以上 IP 地址池的联合。

10.5.2　DHCP 服务器安装和配置

ISC 提供了免费 DHCP 软件,可以从网站 ftp://ftp.isc.org/isc/dhcp/下载所需版本的软件包 dhcp-3.0.2.tar.gz,安装步骤如下:

```
#tar-zxvf dhcp-3.0.2.tar.gz
```

解压后进入 DHCP 应用程序子目录,开始编译 dhcp 应用程序:

```
#./configure
#make
#make install
```

此命令创建/etc/dhcp 子目录,DHCP 应用程序将 DHCP 的相关信息存储在此目录下,并且将 dhcpd 和 dhcprelay 进程复制到/usr/sbin 目录下。

DHCP 服务器安装完毕,需要配置/etc/dhcpd.conf 文件:

```
#Sample /etc/dhcpd.conf
default-lease-time 1200;
max-lease-time 9200;
option subnet-mask 255.255.255.0;
option broadcast-address 192.168.1.255;
option routers 192.168.1.254;
option domain-name-servers 192.168.1.1,192.168.1.2;
option domain-name "mydomain.org";
subnet 192.168.1.0 netmask 255.255.255.0 {
    range 192.168.1.10 192.168.1.100;
    range 192.168.1.150 192.168.1.200;
}
```

这将允许 DHCP 服务器分配两段地址范围给客户 192.168.1.10~100 和 192.168.1.150~200。如果客户不继续请求 DHCP 地址,则 1200s 后释放 IP 地址,否则最大允许租用的时间为 9200s。

服务器发送下面的参数给 DHCP 客户机:用 255.255.255.0 作为子网掩码,用 192.168.1.255 作为广播地址,用 192.168.1.254 作为默认网关,用 192.168.1.1 和 192.168.1.2 作为 DNS 服务器。

完成 dhcp.conf 配置后,存盘退出。输入下面的命令启动 DHCP 进程:

```
#/usr/sbin/dhcpd eth0
```

参数 eth0 指定 DHCP 信息通过 eth0 发布出去,所有 IP 地址的分配信息将保存在/var/state/dhcp/dhcpd.lease 文件中。

10.6 本 章 小 结

本章介绍了 DNS、WWW、FTP、电子邮件和 DHCP 的工作原理及服务器的安装配置方法。在网络规划与设计中,Internet 应用服务的设计与部署也是其中的重要组成部分。根据用户需求、园区网络规模和技术要求,选择合理的应用服务软件,安装和配置应用服务器,是保证网络正常服务的基本要求。

DNS 用于实现 IP 地址和主机名之间的翻译,本章首先介绍了 DNS 的原理和结构,给出了 Linux 下配置 DNS 服务器的实例。WWW 服务已经成为 Internet 上最重要的服务,本章主要介绍两种 Web 服务器软件:IIS 和 Apache。本章还介绍了 FTP 协议的工作原理,以及 FTP 服务器的安装和配置方法。

电子邮件系统也是 Internet 中应用最广泛的系统之一,本章介绍了 SMTP、POP3 和 IMAP4 协议,介绍了常见的邮件系统软件 Exchange Server、SendMail 和 Qmail。最后介绍了 DHCP 的工作原理,以及 Linux 平台下 DHCP 服务器的搭建和配置方法。

习　题　10

一、选择题

(1) FTP 客户和服务器间传递 FTP 命令时,使用的连接是(　　)。

　　A. 建立在 TCP 之上的控制连接

　　B. 建立在 TCP 之上的数据连接

　　C. 建立在 UDP 之上的控制连接

　　D. 建立在 UDP 之上的数据连接

(2) 如果本地 DNS 服务器无缓存,当采用递归方法解析另一网络某台主机域名时,用户主机和本地域名服务器发送的域名请求消息数分别为(　　)。

　　A. 1条,1条　　　B. 1条,多条　　　C. 多条,1条　　　D. 多条,多条

(3) 下列描述中错误的是(　　)。

　　A. Telnet 协议的服务端口为 23　　　B. SMTP 协议的服务端口为 25

　　C. HTTP 协议的服务端口为 80　　　D. FTP 协议的服务端口为 31

(4) 电子邮件的传送是依靠(　　)进行的,其主要任务是负责服务器之间的邮件传送。

　　A. IP　　　　　B. TCP　　　　　C. SNMP　　　　D. SMTP

二、判断题

(1) DNS 服务器的设置遵循层次结构,根域名服务器对于 DNS 系统的整体运行具有极重要的作用。全世界的域名都汇总存储在相应的根域名服务器中。　　　　(　　)

(2) FTP 协议工作模型的一个重要特点是:使用控制连接和数据连接这两个并行的 TCP 连接来完成文件传输。在主动模式下,FTP 服务器端用于控制连接的 TCP 端口号为 20,用于数据连接的 TCP 端口号为 21。　　　　(　　)

(3) 电子邮件客户端使用简单邮件传输协议(SMTP)向邮件服务器发送邮件;客户端使用邮局协议第 3 版(POP3)从邮件服务器上取邮件。　　　　(　　)

(4) HTTP 在传输层使用的是 TCP 协议。　　　　(　　)

(5) 计算机 A 需要访问域名 www.yy.com,它首先向本域 DNS 服务器 S1 查询,如果 S1 的缓存和数据库中均无此域名记录,则向计算机 A 返回上级域 DNS 服务器 S2 的 IP 地址,计算机 A 再向 S2 查询该域名,依此类推,直到计算机 A 找到可以解析该域名的 DNS 服务器为止。　　　　(　　)

三、思考题

(1) 查阅资料,比较 Apache 和 IIS 在服务性能上的优缺点。

(2) 查询相关 RFC 文档,简述 SMTP 在安全性上有哪些改进方法。

第 11 章

网络调试运行和验收

　　网络调试运行和验收是网络建设的"最后一步",但是在此步骤中发现的问题可能需要回溯到部署网络、物理网络设计乃至逻辑网络设计步骤,重新调整方案,才能解决问题。这体现了网络规划与设计是一个反复迭代的过程。同时也对调试运行和验收提出了更高的要求,必须有相应的方法验证即将交付使用的网络体系架构是否满足用户需求,与预期技术指标是否一致,并能发现隐藏的漏洞和问题。本章将介绍组网工程的相关实施步骤,以及调试运行和验收方法。

11.1　组网工程实施步骤

　　第 1 章介绍了广义的网络设计过程包括用户需求分析、逻辑网络设计、物理网络设计、部署网络以及调试和验收。在实际组网工程中,一般还要涉及招标投标等工程步骤,图 11.1 给出了组网工程的实施步骤。

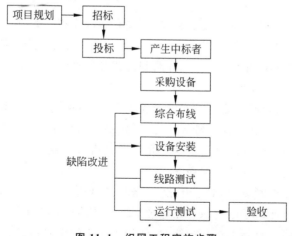

图 11.1　组网工程实施步骤

　　组网工程的开始是由网络需求单位根据自己的实际需要,组织相关的专业技术人员设计编制网络规划,一般以招标文件的形式予以发布。

　　投标人对网络规划进行需求分析,若发现有不清楚或不合理的需求,还需与网络需求单位商讨沟通,可能会重新修订网络规划,直到认可为止。此后,投标人开始进行网络方案设计与标书编制,提交投标书。中标后,中标人开始按标书给定的技术规范组织网络系统软硬件采购、安装、配置和集成,并按布线方案进行布线的具体设计和施工,完成后进行线路测试。

　　线路测试及系统集成完成后,进行系统联调测试,若一切正常,就进入系统运行期,而不正常时,就要对缺陷进行改进,直到系统正常为止。在系统运行期间未发现缺陷,就可以完工验收了;若还有缺陷,则还要对缺陷进行改进,直到系统运行正常为止。

11.2　调试运行

　　最基本的网络问题往往是网络连通方面的问题:是否由于网络整体布局不合理造成网络阻塞? 是否由于网络线缆或 RJ-45 连接器质量不合格造成网络不通? 是否由于线路意外损伤造成网络中断? 或者是因为外界信号对网络干扰造成网络故障?

　　为了保证组网工程的质量,在网络布线施工过程中就需要进行大量的测试工作。布线测试分为连通测试和认证测试两类。连通测试一般是边施工边测试,主要监督布线质量和安装工艺,发现错线,及时修改,它是保证组网工程质量、确保施工工期相当重要的施工环节。认证测试则是对布线系统的安装、电气特性、传输性能、设计、选材以及施工质量的全面检验,是评价综合布线工程质量的科学手段。

11.2.1　线路测试

1. 连通测试

　　布线系统是一种一次到位的设施,一经铺设,主体将不再更改,将会使用多年,所以全面而细致的检查是非常必要的。

　　连通测试注重结构化布线的连接性能,不关心结构化布线的电气特性。

　　连通测试一般是在网络施工过程中由施工人员边施工边测试,对于在施工过程中产生的线缆损伤、接触不良、串线(串绕)、开路和短路等各种问题能及时发现并解决,消除布线中存在的隐患,确保线路质量。

　　一般网络中,传输介质主要包括双绞线和光纤,其连通测试的方法也不同。光纤的连通性测试比较简单,只需在光纤一端导入光线(如手电光),在光纤的另外一端看看是否有光闪即可。连通性测试的目的是为了确定光纤中是否存在断点,一般在施工前购买光缆时都采用这种方法进行简易的光缆检测。

　　在双绞线的连通性测试中,对于开路、短路和接错线(反接或错对)问题,可用一般万用表的电阻挡测试。而对于串扰只有用电缆测试仪才能检查出来。所谓串扰就是将原来的两对线分别拆开而又重新组成新的绕对,使相邻线路的信号传输成为相反方向,从而使近端串扰急剧增加。EIA/TIA 568A 和 EIA/TIA 568B 连接方式的主要区别体现在双绞线线序排列的顺序不同。其所以规定不同的排列线序,主要是为了控制相邻线路的信号传输成为相同方向,达到减少串扰对的目的。因为串扰这种故障的连通性是好的,所以用万用表是查不出来的。此外,串扰故障有时不易发现是因为当网络低速运行或流量极低时其表现不明显,而当网络繁忙或高速运行时其影响极大,导致近端串扰超标。

2. 认证测试

电缆的认证测试是测试电缆的安装、电气特性、传输性能、设计、选材以及施工质量情况。例如双绞线两端是否按照有关规定正确连接,电缆的走向如何等。

通常结构化布线的通道性能不仅取决于布线的施工工艺,还取决于采用的线缆及相关硬件的质量,所以对结构化布线必须要做认证测试。此外,电缆安装是一个以安装工艺为主的工作,与具体施工者的安装技术也有一定的关系,为确保线缆安装满足性能和质量的要求,也必须进行认证测试。

认证测试并不能提高布线系统的通道性能,只是确认所安装的线缆、相关连接硬件及其工艺能否达到设计要求。只有使用能满足特定要求的测试仪器并按照相应的测试方法进行测试,所得结果才是有效的。

电缆的认证测试是指电缆除了正确的连接以外,还要满足有关的标准,即安装好的电缆的电气参数(例如衰减和近端串扰)是否达到有关规定所要求的指标。关于双绞线的现场测试指标可参照 ANSI/TIA/EIA PN3287 即 TSB67《非屏蔽双绞线铺设系统现场测试传送性能规范》进行测试。该标准对非屏蔽双绞线的现场连接和具体指标都做了规定,同时对现场使用的测试器也作了相应的规定。对于网络用户和网络安装公司或电缆安装公司都应对安装的电缆进行测试,并出具可供认证的测试报告。

对布线工程中的光纤或光纤系统,其验证测试的主要指标是衰减,包括测量光纤输入功率和输出功率,分析光纤的损减/损耗,确定光纤连续性和发生光损耗的部位等。实际测试时还包括光缆长度和时延等内容。光纤本身的种类很多,但光纤及其系统的基本测试方法大体上都是一样的,所使用的设备也基本相同。

进行光纤的各种参数测量之前,必须做好光纤与测试仪器之间的连接。目前,有各种各样的接头可用,但如果选用的接头不合适,就会造成损耗,或者造成光学反射。例如,在接头处光纤不能太长,即使长出接头端面不足 1mm,也会因压缩接头而使之损坏。反过来,若光纤太短,则又会产生气隙,影响光纤之间的耦合。因此,应该在进行光纤连接之前仔细地平整及清洁端面,并使之适配。

在具体的工程中对光缆的测试项目及方法通常有如下 3 种。

(1)端-端的损耗测试。端-端的损耗测试采取插入式测试方法,使用一台功率测量仪和一个光源,先在被测光纤的某个位置作为参考点,测试出参考功率值,然后再进行端-端测试并记录下信号增益值,两者之差即为实际端-端的损耗值。

(2)收发功率测试。收发功率测试是测定布线系统光纤链路的有效方法,使用的设备主要是光纤功率测试仪和一段跳接线。在实际应用中,链路两端可能相距很远,但只要测得发送端和接收端的光功率,即可判定光纤链路的状况。图 11.2 为光功率计。

(3)反射损耗测试。反射损耗测试是光纤线路检测非常有效的手段。它使用光时域反射仪来完成测试工作。此外,光时域反射仪还可以测试光纤的长

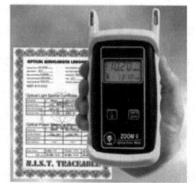

图 11.2　光功率计

度、光纤衰耗、光纤故障点和光纤的接头损耗,它是检测光纤性能和故障的必备仪器。

3. 故障原因分析

网络线缆故障分为两类:一类是连接故障;另一类是电气特性故障。连接故障多是由于施工工艺或对网络线缆的意外损伤造成的,如接线错误、短路和开路等;而电气特性故障则是线缆在信号传输过程中达不到设计要求造成的。影响电气特性的因素除材料本身的质量外,还包括施工过程中线缆的过度弯曲、线缆捆绑太紧、过力拉伸和过度靠近干扰源等。

对于双绞线,如果在测试过程中出现一些问题,可以从以下几个方面着手分析,然后一一排除故障。

(1)近段串扰太大。故障原因可能是近端连接点的问题,或者是因为串扰、外部干扰、远端连接点短路、链路电缆和连接硬件性能问题、不是同一类产品以及电缆的端接质量问题等。

(2)开路和短路问题。故障原因可能是两端的接头有断路、短路、交叉或断裂,或是因为跨接错误等。

(3)衰减太大。故障原因可能是线缆过长或温度过高,或是连接点问题,也可能是链路电缆和连接硬件的性能问题,或不是同一类产品,还有可能是电缆的端接质量问题等。

(4)长度问题。故障原因可能是线缆过长、开路或短路,或者设备连线及跨接线的总长度过长等。

(5)测试仪故障。故障原因可能是测试仪不启动(可采用更换电池或充电的方法解决此问题)、测试仪不能工作或不能进行远端校准、测试仪设置为不正确的电缆类型、测试仪设置为不正确的链路结构、测试仪不能存储自动测试结果以及测试仪不能打印存储的自动测试结果等。

11.2.2　网络运行测试

网络系统建成后,往往需要 1～3 个月的试运行期,进行系统总体性能的综合测试。通过系统综合测试,一是要充分暴露系统是否存在潜在的缺陷以及薄弱环节,以便及时修复;二是要检验系统的性能是否达到设计标准要求。在此期间,可以根据实际的运行状态,针对系统的初始化配置方案做进一步优化和改进,以提高系统的运行效率。

一般在项目验收小组进行验收之前,项目承建单位应先进行自测,只有在自测没有问题的前提下,才交由项目验收小组进行验收。自测的内容如下。

(1)网络配置功能测试。

(2)失效管理功能测试。

(3)故障发现功能测试。

(4)故障报警功能测试。

(5)故障记录功能测试。

(6)故障隔离功能测试。

(7)安全管理功能测试。

(8)路由器安全测试。

（9）防火墙安全测试。

（10）网络防病毒平台测试。

（11）入侵监测系统测试。

（12）性能检测功能测试。

（13）流量统计功能测试。

（14）各类网络服务项目测试。

11.3　验　　收

网络建设项目完成的标志体现在项目的验收环节。由建设单位、监理单位以及相关部门和有关专家组成的项目验收小组，依据合同条例和设计技术书规定的内容及标准，对承建单位施工的建设项目，包括工程建设总体数量、施工质量、系统性能、各类信息服务环境和相关的技术文档等全部建设内容进行实地验收。只有通过验收小组的全面检查验收，确认建设内容与项目设计目标相符，工程质量达到设计标准要求，并签发验收合格的验收报告后，才标志着建设工程正式竣工。否则，必须根据验收小组的检查意见，限期修复缺陷，直至通过再次验收。

工程完工后，设计单位应将工程竣工技术资料一式三份交给用户，包括安装工程说明、设备和器材明细表、竣工图纸和测试记录报告等。用户不仅要注意接收纸面资料，还应该接收电子资料，以便在计算机内建立网络资料库，进行网络的计算机管理。

所完成的工程应有完善的文档，以便于管理和维护。

用户在验收时应进行相应的抽检，以验证工程质量。

项目验收的另一项工作就是工程文档的验收。工程文档既是项目建设的依据，同时又是施工建设的历史记录，其内容包括承建单位建设项目的全套规范文字和图表等文档资料、设计标准规范、技术方案、施工数量、设备和材料使用及剩余清单、网络拓扑结构图、测试报告、工程预算报告、审计报告以及验收机构的验收报告等。

项目验收的成果为验收报告书。

项目验收通过后，一般还应有一年期限的缺陷修补期。在此期间主要有两项任务：一是承建单位根据系统的运行状况，全面负责解决系统运行产生的相关问题；二是网络系统管理技术的转移交接，以承建方为主的系统运行管理的技术将通过技术培训的方式逐步移交给网络使用单位的技术部门，最终实现使用单位独立承担网络运行的管理模式。

等工程验收完成后，必须向客户提供验收报告单，内容包括：

（1）主干路由器。

（2）机柜配线图。

（3）楼层配线图。

（4）信息点分布图。

（5）测试报告书。

（6）材料实际用量表。

11.4　本　章　小　结

　　一个大型的网络工程项目在规划后都是从招投标开始,中标后按合同规定进行工程建设实施,最后对工程测试进行验收。本章详细介绍了调试运行和验收的相关规范。

　　线路测试包括连通测试和认证测试。连通测试注重结构化布线的连接性能,不关心结构化布线的电气特性。认证测试是测试电缆的电气特性和传输性能等。发现线缆故障,要对其故障原因分析,然后一一排除故障。

　　网络系统建成后,往往需要1～3个月的试运行期,之后进入验收环节。项目验收通过后,一般还应有一年的缺陷修补期。验收既包括物理验收也包括文档验收。

习　题　11

思考题

　　(1) 描述组网工程的实施步骤。

　　(2) 布线完成后,测试分哪几个阶段?

　　(3) 查阅资料,列出常见的网络测试仪,说明其工作原理和在实际网络测试中的使用方法。

第 12 章

网络规划与设计案例

本章将对一个虚拟的高校——C 大学的校园网三期改造案例进行介绍。首先介绍 C 大学校园网的相关背景,介绍了现有校园网的情况,并对三期校园网进行需求分析。接着综合介绍了网络设计方法、采用的技术和设备等。

校园网要在性能上保障对于数据、图形、图像、语音和视频等信息都有很好的传输效果,使得教学、科研、学术交流及信息管理的功能网络应用能够高效地运行。整个网络设计成为 Internet/Intranet 应用模式,具有高速、开放、安全和易于管理的特点。

校园网的建设是一个系统工程,需要大量的资金。从另一方面讲,设备的品牌档次不同以及网络的性能要求不同,资金的差别可能会很大。因此,在资金有限的情况下,组建校园网,可考虑在保证网络的性能要求的前提下,降低设备的品牌档次或采取分步实施的办法。但分步实施一定要在总体规划的前提下进行,如果缺乏总体规划,系统将会陷入相互不兼容和前期投资的极大浪费。

随着计算机网络技术的迅猛发展,设备更新淘汰很快。建议采用当前成熟先进的技术和设备,因为这些设备应有良好的扩展性,能够兼容未来可能的技术,从而把当前计算机网络技术的先进性与未来的可扩展性和经济可行性结合起来。

12.1 案 例 背 景

C 大学全校一共有 3 万多名师生,分成 3 个校区,分别位于某大城市的东部、西部和北部郊区,分别称为东校区、西校区和北校区,学校总体占地面积 1052 亩,建筑面积约 60 万平方米。东校区是学校的本部,整个学校的行政管理机构都设在东校区,东校区同时也容纳高年级本科生和所有研究生的在校学习和生活。北校区容纳低年级本科生,西校区则是 C 大学附属培训机构。

因此,整个校园网的核心都在东校区,东校区的网络负载也最大。西校区使用校园网的人数最少。东校区和北校区相距 60km,东校区和西校区相距 10km。

随着计算机技术的迅速发展和普及,计算机网络的应用也得到了蓬勃发展,校园网的建设已成为校园信息化建设的重要组成部分,它不仅会大大改善学校的教学、科研和学术交流环境,更重要的是校园网的建设关系到学校的未来。通过先进可靠的网络可获得及时有用的信息和前沿知识。此外,随着各高校数字化校园和一卡通工程的启动,校园网也日渐成为基本的网络支持平台。

C 大学从 20 世纪 90 年代开始建设校园网一期项目,在主要办公区部署了网络信息接入点,实现与 Internet 的连接。2000 年初开始进行校园网二期改造项目,实现了全校所有楼宇(包括学生宿舍)的计算机网络布线。但是随着计算机网络技术的发展,现有的网络设备已经无法满足全校师生对网络的使用需求。尤其是 IPv6 逐步推广,很多不支持 IPv6 的三层网络设备急需淘汰。此外,出口带宽和网络安全防御方案也需要升级改造。因此,C 大学对校园网的三期改造极为重视。

12.2　项目需求分析

网络的建设以应用为其最根本的目标。任何一个网络规划,都应以明确的网络应用为基本依据。在第 1 章曾经讲述过,当设计一个新的或升级网络时,第一步应该确定需求。本节将分析 C 大学校园网三期改造的项目需求。

12.2.1　建设目标

C 大学改造校园网的根本目的如下。

(1)为学校数字化校园和一卡通建设提供具有开放性、灵活性的网络支撑平台,通过数字化校园和一卡通各业务管理信息系统,逐步实现教学、科研、人事和财会等教育信息化管理。

(2)实现学校教学手段现代化,为学校的教学、科研和学术交流提供共享信息的实用的计算机网络环境。

(3)为学校培养信息化设计所需的高素质人才提供必要的基础环境。网络既是学生的交流工具,同时也是学习资源的提供者。网络进入校园有助于学生多元地获取知识,锻炼和提高探究式、协作式学习的能力。

12.2.2　设计原则

网络建设的一般原则是:统一规划,分步实施;性能先进,满足需求;适度超前,量力而行;留有冗余,保障扩充。

C 大学校园网三期改造的方案设计将在追求性能优越、经济实用的前提下,本着严谨、慎重的态度,从系统结构、技术措施、设备选择、系统应用、技术服务和实施过程等方面综合进行系统的总体设计。在系统设计和实现中,应遵循以下原则。

(1)先进性:系统所有的组成要素均应充分地考虑其先进性。不能一味地追求实用而忽略先进,只有将当今最先进的计算机技术、通信技术和网络技术与实际应用要求紧密结合,才能获得最大的系统性能和效益。

(2)可靠性:在确保系统网络环境中单独设备稳定、可靠运行的前提下,还需要考虑网络整体的容错能力、安全性和稳定性,使系统出现问题和故障能迅速地修复。这表现在两个方面:一是采用成熟的技术和高质量的网络设备;二是对网络的关键设备(如核心交换机、服务器等)考虑有适当的冗余。

(3)扩展性:网络的拓扑结构应具有可扩展性,即网络连接必须在系统结构、系统容量与处理能力、物理连接、产品支持等方面具有扩充与升级换代的可能,采用的产品要遵循通用的工业标准,以便不同类型的设备能方便灵活地接入网络并满足系统规模扩充的要求。具体地说,系统的设计要采用模块化设计方法,便于扩展,以适应未来发展的需求。

(4) 安全性:网络的安全是至关重要的,在某些情况下,宁可牺牲系统的部分功能,也必须保证系统的安全。采用各种有效的安全措施(例如防火墙、加密、认证、数据备份和镜像),确保网络系统的安全性。

12.2.3　主要应用

校园网的应用非常广,从用户的角度分析网络的应用需求,在保证上述目标的基础上应具有以下应用。

(1) WWW系统:构建学校对内、对外信息发布与服务的Web站点。WWW是目前世界范围内信息量最大的网络信息系统,可以将学校简介、教学情况、学术动态等信息通过学校主页对外发布。此外,在校园网内,可以建立学校各业务部门的多级主页,及时发布各种通知,缩短学校管理层和学生之间的距离,便于学校和学生之间进行交流。此外,师生也需要通过WWW从全球范围内搜索、获取感兴趣的信息。支持各种WWW系统的访问流量已经称为校园网的重要职能。

(2) E-mail系统:E-mail(电子邮件)是当今世界最方便、最快捷、最廉价的通信方式,用E-mail来进行国际和国内校际交流和信息交换是一种方便、实用的途径。为教职工及学生建立电子信箱,实现E-mail的收发。建立E-mail系统后,学校内部的各种管理文档和教师之间的文档交流可以E-mail的形式进行。

(3) 基于Web的管理信息系统:现在的各种管理信息系统都逐渐采用B/S架构,即以Web应用的方式提供服务。数字化校园的各项业务系统,如人事管理系统和教务管理系统等,都需要以校园网作为基础支撑平台。

(4) 数字化多媒体教学应用:建立计算机多媒体网络及语音教室,建立教师和学生的计算机电子阅览室,建设用于教学课件制作的计算机多媒体课件制作系统,实现校内视频点播及课件点播系统(VOD),建立用于数字图像视频编辑的非线性编辑系统。

(5) 一卡通应用:遍及食堂、浴室、开水房、超市等各个消费场所的POS机、一卡通自助圈存机、一卡通门禁和一卡通签到机都需要通过网络连接到一卡通中心服务器上。根据安全级别的不同要求,敏感数据传输需要使用一卡通专网,普通数据传输可以使用校园网进行。

(6) 其他应用:如网络存储、FTP服务、网络计费系统、即时通信工具、BBS在线交流等。

12.2.4　信息服务内容

对上述应用按不同的服务分解后,其内容包括以下一些方面。

(1) WWW网站访问服务。

(2) FTP资料传输服务。

(3) E-mail服务。

(4) VOD视频点播服务。

(5) BBS在线交流服务。

（6）数字化校园管理信息系统的网络支持服务。

（7）一卡通系统的网络支持服务。

（8）图书资料管理和情报检索支持服务。

（9）校内计算资源、信息共享服务。

（10）校园信息查询服务。

（11）网络用户管理系统及计费系统。

（12）对外提供的公共资源服务。

12.3　设计模型

回忆第1章，在设计网络时应该考虑如下问题。

（1）确定需求。

（2）如果网络已经存在，那么需要分析现有网络。

（3）准备概要设计。

（4）完成最终的方案设计。

（5）部署网络。

（6）调试运行，监测网络，如有必要，重新设计网络。

（7）维护文档（在每个任务阶段都要进行）。

前面提供了 C 大学的背景材料，包括现有网络、校园网三期改造的需求等细节。从本节开始，将完成网络的设计方案。

在 C 大学校园网三期改造案例中使用层次化网络设计模型。该模型由 3 个功能层次组成：接入层、分布层（汇聚层）和核心层。

网络中采用分层结构是大型网络设计的普遍原则，能有效地隔离各个层次之间的相互影响，为每个层次的需求实现优化设计，提高整个网络的灵活性、扩展性和有效性。

按照层次化网络设计模型，C 大学校园网可以分成如图 12.1 所示的 3 层。

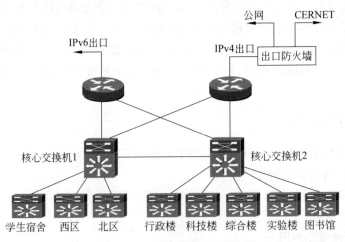

图 12.1　C 大学校园网总拓扑图

图 12.1 中,核心层为网络中心的核心设备,分布层为各楼宇的主汇聚三层交换机,接入层为楼宇内部网络设备。

12.3.1　核心层

核心层的设备都统一部署在 C 大学网络中心的中央机房内。核心层处于网络层次的最高层,该层设计任务的重点是冗余能力、可靠性和高速的传输。该层具有管理整个网络区域的功能,共有两个主节点。

(1) 学生区主节点(核心交换机 1),下连东校区学生宿舍楼汇聚交换机、西校区汇聚交换机和北校区汇聚交换机,上连 IPv4 和 IPv6 出口路由器。

(2) 办公区主节点(核心交换机 2),下连东校区行政楼、东校区科技楼、东校区综合楼、东校区实验楼和东校区图书馆各楼宇汇聚交换机,上连 IPv4 和 IPv6 出口路由器。

核心交换机和东校区各处的汇聚交换机直接铺设 10Gb/s 光缆连接,保证校内各主机之间的高速通信。核心交换机和北校区、西校区采用租用光缆方式连接,考虑到经济成本效益,链路光缆带宽为 1Gb/s。

考虑到出口链路汇聚要求以及冗余备份,两个核心交换机上连了 IPv4 和 IPv6 出口路由器。由于安全性要求,IPv4 出口路由器上连了防火墙。两个核心交换机和上连设备之间采用 1Gb/s 光纤跳线连接。因为此链路不承载校内各主机之间的通信数据,只承载校内主机和 Internet 之间的数据通信,由于出口带宽有限,没有必要采用 10Gb/s 链路,从而只使用 1Gb/s 链路,节约成本。

根据 C 大学的要求,考虑到国内目前几大公网之间互连速度较慢,C 大学租用了两条 IPv4 出口链路,分别选择了两家 ISP:一条接入中国教育和科研计算机网(China Education and Research Network,CERNET),带宽为 200Mb/s;一条为电信通专线,带宽为 200Mb/s。通过出口防火墙的路由设置,教育网内网络通信走 CERNET 出口,教育网外网络通信走电信通出口。国内目前只有中国教育和科研计算机网提供 IPv6 接入服务,因此 C 大学只有一条 IPv6 出口,接入中国教育和科研计算机 IPv6 网——CERNET2,带宽为 1Gb/s。

核心层设备是整个校园网设备中配置最高、性能最好的,以保证校园网整体的高可靠性和高速传输。为了便于布线规划和管理,也根据学校实际条件,C 大学的核心层设备集中放置在网络中心中央机房内。

核心层网络应当满足以下要求。

(1) 高速、交换式网络。

(2) 重要端口及网络线路是冗余的。

(3) 关键性设备具备单点故障解决能力。

(4) 为整个校园网接入 Internet 提供性能非常高的核心数据传输。

(5) 为汇聚层提供高密度的上连端口。

12.3.2　分布层(汇聚层)

分布层(汇聚层)位于网络层次的中间层,实现校园网内各楼宇的主干网络接入,完成各区域的信息汇聚。在分布层设置有互连交换设备,一般采用较高性能的三层交换机(比核心层交换机性能低,但要好于接入层交换机)实现数据高速传输,将各区域之间的流动信息直接汇集传输到核心层,同时与接入层相连,形成区域网络内部数据交换的传输中枢。

区域间数据交换经核心层的主节点交换机,通过网络链路到达目的区域的汇聚交换机处,最后通过接入交换机到达目的主机。

C大学办公区的每个楼宇均设置一台汇聚交换机,直接与核心层的办公区主节点相连。C大学有多个学生宿舍楼,但考虑到学生宿舍楼网络业务优先级和业务量,只设置了一台汇聚交换机直连到核心层,由该汇聚交换机下连到各学生宿舍楼。北校区、西校区也只设置一台汇聚交换机直接连到核心层。

根据承担的任务,汇聚层交换机到核心层交换机之间的链路带宽为10Gb/s,汇聚层交换机与下连的接入交换机之间的链路带宽为1Gb/s。学生宿舍楼汇聚交换机、西校区汇聚交换机和北校区汇聚交换机可以选用性能较好的三层交换机。

一些QoS策略和网络控制功能可以在分布层上实施。按照部署QoS策略的原则,部署点应当尽量靠近源点。但是接入层交换机往往不具备较完善的功能,而核心层的网络设备要保证核心网络高速运行,应该尽量少执行QoS操作,因此可以将QoS策略部署在分布层网络设备上。

12.3.3 接入层

接入层设备分散在各楼宇各层的设备间,楼宇内每个房间的信息点都和某个接入交换机的某个网口相连。但是由于分布层的主汇聚交换网口有限,有时候不可能所有接入交换机都直接连接到主汇聚交换机的网口上,此时可以设置接入层汇聚交换机,先将直接和信息点连接的接入交换机汇聚后,再接入主汇聚交换机。

与信息点相连的接入交换机可以选择配置较低的设备,一般通过带宽为100Mb/s的5类双绞线将信息点和接入交换机网口相连。由于目前很多计算机网卡都支持100Mb/s/1Gb/s自适应,因此对于重点区域,可以设置较好的、可提供1Gb/s网口的接入交换机,采用支持1000Mb/s的双绞线将信息点和接入交换机连接。

C大学新建楼宇在设计时每层都预留了设备间,各楼层接入交换机设置在每层设备间里。对于比较大的楼宇,如东校区科技楼,由于每层信息点较多,一栋楼宇内的所有接入交换机不可能都插在科技楼主汇聚交换机上,因此设置了很多接入层汇聚交换机,按楼层汇聚后,再接入科技楼主汇聚交换机。

对于较旧的楼宇,如学生宿舍楼,没有设备间,根据建筑物规模,采用集中存放交换机(建筑物层数少,面积小,最远的信息点距离集中存放地不超过90m)的方式和在每层走廊架设悬空机柜方式设置接入交换机。

12.4 物理网络方案

依照层次化模型确定了C大学校园网逻辑拓扑图后,就要考虑物理网络方案设计。物理网络设计首先要确定信息点配置和布局,再依照结构化布线工程要求,设计线缆和设备部署方案。

12.4.1 信息点的配置和布局

C 大学东校区包括 3 栋教学楼、1 栋行政楼、2 栋科研楼、图书馆、医院、2 栋食堂和 7 栋学生宿舍；北校区包括 2 栋教学楼、图书馆、1 栋食堂、5 栋学生宿舍；西校区包括 1 栋办公教学楼、2 栋学生宿舍，均保证 1000Mb/s 到楼，部分接入校园网主干的楼宇则是 10Gb/s 到楼，这样网络带宽能满足现在及未来几年的应用需求。

每栋楼都要根据用途和面积估算信息点数量。以东校区行政楼为例，信息点的统计表如表 12.1 所示。

表 12.1 东校区行政楼信息点

楼 层	大办公室	小办公室	会 议 室	值 班 室	合 计
4 层	6×6	6×2			48
3 层	5×6	5×2			40
2 层	4×6	4×2	3×4		44
1 层	2×6	10×2		1×1	33
总计	165				

其他楼宇也采用相同方法估算统计，结果如下：

(1) 东校区教学楼：共有 100×3 个信息点。

(2) 东校区行政楼：165 个信息点。

(3) 东校区科技大厦：1000 个信息点。

(4) 东校区综合楼：500 个信息点。

(5) 东校区图书馆：500 个信息点。

(6) 东校区校医院：20 个信息点。

(7) 东校区食堂：共有 30×2 个信息点。

(8) 东校区学生宿舍：共有 240×6+1000 个信息点(每栋学生宿舍楼 240 个信息点，新建的研究生高层公寓设置 1000 个信息点)。

(9) 北校区教学楼：共有 100×2 个信息点。

(10) 北校区图书馆：200 个信息点。

(11) 北校区食堂：30 个信息点。

(12) 北校区学生宿舍：共有 300×5 个信息点。

(13) 西校区办公教学楼：200 个信息点。

(14) 西校区学生宿舍：共有 240×2 个信息点。

根据上述分析，C 大学 3 个校区共有 7595 个信息点。

12.4.2 结构化布线方案

结构化布线方案是一项复杂的技术工程，应根据具体条件和具体要求进行设计和实施，对一个网络工程的布线系统设计一般由以下 8 个步骤组成。

(1) 绘制建筑物平面图：标明建筑群间距离。

（2）用户需求分析：每个楼宇信息点的数量及位置，通信使用的传输介质。

（3）布线系统结构设计：结构化布线。

（4）布线路由设计：缆线路由方式（管道法还是托架法）。

（5）绘制布线施工图：如采用管道法时，需确定布线路由、埋管槽沟的宽度和深度以及施工的特殊要求等。

（6）编制布线用料清单：线缆、管线、线槽、弯头和信息插座的型号以及数量等。

（7）工程实施：工程组织、工程施工、工程管理、文档管理和工程进度安排。

（8）工程维护：工程保修、工程扩展和设备更新。

具体实施时，以建筑物为单元进行结构化布线设计，参照第2章介绍的综合布线系统模块化设计原则，可以分成6个子系统：工作区子系统、水平子系统、管理间子系统、垂直子系统、设备间子系统和建筑群子系统。

这些子系统的功能相互独立，更改或变动其中任何一个子系统，不会影响其他子系统，这就为结构化布线系统的技术实施提供了较大的处理空间。

标准规定结构化布线的拓扑结构必须是星型结构，限定双绞线电缆长度的最大距离为90m，配线架和交换机之间跳接线的长度必须控制在6m之内，而工作区中信息插座与终端设备的跳接线长度一般不超过3m。终端设备到系统连接设备端口之间的双绞线缆总长度必须控制在100m之内。距离长度限定参见图12.2。

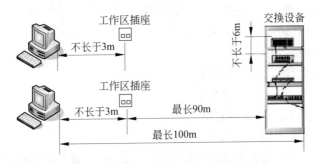

图12.2　双绞线电缆铺设长度限制示意图

结构化布线系统产品由各个不同系列的器件所构成，包括传输介质、交叉/直连设备、介质连接设备、适配器、传输电子设备、布线工具及测试组件。这些器件可组合成系统结构各自相关的子系统，分别起到不同的用途。

C校园网采用结构化布线，构成三级物理星型结构，点到点端接，任何一条线路故障均不影响其他线路的正常运行。第一级采用多模室外光纤到楼宇，第二级采用各个建筑物的楼宇交换机通过光缆与楼层交换机相连，第三级采用超5类四对双绞线从楼层交换机到桌面。布线施工结束后，用线缆测试仪对全系统的线缆性能进行测试。

12.5　无线网络设计

无线网络接入服务已经成为普遍趋势，因此C大学校园网三期改造中，实现校园内主要楼宇无线网络覆盖是重要目标之一。无线局域网标准能够与现有的计算机有线网络进行平滑无缝的连接,并能与现有的计算机网络和终端设备互连,与有线网络资源具有良好的兼容性和整合性。无线网络的特殊优势在于:采用无线联网技术,具有高度的空间自由性和网络灵活性。

12.5.1　技术模式

目前的无线网络解决方案,大致上包括传统的 FAT AP 和无线控制器＋FIT AP 两种模式,各自具有不同的特点。

FAT AP("胖"无线接入点)模式中的每台 AP 设备都具备完全的射频控制、终端接入、认证、加密、权限控制、二层漫游和 QoS 等特性,每个 AP 都可以独立工作,以支撑本区域的无线覆盖。所有的无线 AP 均按设计好的预规划,单独配置安全策略和访问控制。FAT AP 模式可工作在不同的场地和环境:室内单点覆盖、室外单点覆盖、室外桥接等。采用 FAT AP 模式,好处在于先期资金投入不多,容易扩展,比较适合开放式或对用户控制不敏感的 WLAN 网络环境。

FIT AP("瘦"无线接入点),仅需要在网络中心加入一台无线控制器,就可以将分布的 AP 控管起来,形成一个大的集中配置/监控/管理的无线控制域,同时也具备自动的射频控制和调整、灵活的认证机制、行为控制和设备管理,甚至是严格的基于个人和射频的安全防火墙/攻击防御的完整系统。FIT AP 为无线终端提供了灵活和严格的接入限制手段、二/三层漫游和 QoS 流分类等应用高级特性,网管员可以通过无线控制器内部的监控界面和日志报告,清晰地了解异常流量、未识别的攻击以及告警的原因和分析,做出相应的决策。同时也提供了跨 IP 路由,可以将本地和异地部署的无线 AP 统一纳入一个智能无线控制器集中管理,实施统一的认证管理和行为控制策略。

无线控制器＋FIT AP 模式下的无线组网非常适合大/中型校园、园区、政府、单位等地的无线网络部署,它对于有严格的安全和控制需求的、复杂应用的、要求用户/设备集中管理的以及敏感数据业务的应用,有着非常好的操控性、安全性和扩展性。

为了便于管理,C 大学无线网络采用了无线控制器＋FIT AP 的方式部署,简化了对分布在校园网内众多无线 AP 的配置维护工作,也便于统一管理。在技术上,采用了最先进的智能无线控制器。传统 FAT AP 虽然安装和部署简单,拥有较低的成本,但缺乏集中的管理策略和控制,在功能实现上也较逊色,因此只适合在小规模或对安全策略不敏感的 WLAN 使用。无线控制器＋FIT AP 解决方案因拥有集中的管理和统一的安全控制策略和多种定制功能而更加适合在中型或者大型的 WLAN 使用,但其对无线控制器的过分依赖而导致的流量集中转发和设备兼容性差的问题又使其存在一定局限性,降低了无线网络的可扩展性。而采用智能无线控制器在保留原来无线控制器解决方案的基础上,通过胖、瘦 AP 互转和流量转发两种核心技术大大提高了无线网络解决方案的可扩展性和兼容性,使其在更加适合大型园区和分布式园区部署上,保持了良好的性能价格比。

12.5.2　部署方案设计

在 WLAN 部署之前,需要进行 3 个阶段的准备工作,即完成部署方案设计:无线环境的勘查阶段、无线站点规划阶段和无线设备选型阶段。

1. 无线环境的勘查阶段

在 WLAN 的设计中,无线环境的勘查是一个非常重要的环节,主要勘查 3 个重要的因素:覆盖的范围、流量及负载和应用需求。

首先要进行的是 RF 的勘查。由于无线信号是在空气中直线传播的,无线电波传输、接收数据的能力及传输速度都受到周围环境中各种物体的影响。

无线信号每遇到一个障碍物,就会被削弱一部分,尤其是浇注的钢筋混凝土墙体。实验表明,在 10m 的距离,无线信号穿过两堵砖墙后,仍然可以达到标称的最高的传输速率,但再穿过一层楼板后,传输速率将只有标称速率的一半了。可见,钢筋混凝土墙体会极大地削弱无线信号。另外,其他一些建筑物材质也是无线信号或大或小的杀手。

减少无线干扰问题从下面几个步骤着手。

(1) 分析 WLAN 射频干扰的可能性。

(2) 移除 WLAN 射频干扰的来源。

(3) 调整 AP 的频谱波段。

RF 勘查之后就是确定覆盖范围,由此确定需要部署 AP 的个数。无线信号的重叠是非常重要的,它保证漫游的顺利实现,但是它们必须工作在不同的信道上,减少干扰的发生。WLAN 的应用场合主要是在大楼内或大楼间;因此,建筑物的体积、布局、建材及办公环境内各式各样的干扰源都是影响信号传输质量的因素。同样的一套 WLAN 设备在一个地方信号有效传输距离可能是 100 多米,换个地方可能连 50m 都不到。所以,在确定 AP 位置时,设备的标称值只能作为一个大致的参考,精确的位置必须要通过场地信号强度测试仪和比较试验来确定。许多网络厂商都有面向企业的场地信号强度测试产品,效果都不错。

场地信号强度测试工具的种类很多,有基于笔记本电脑、袖珍 PC 的,也有基于 PDA 的。基于袖珍 PC 的测试工具用起来比笔记本电脑灵活,但功能和适应性稍差。如果选用基于 PDA 的测试工具,最好选择能接标准 PC 卡的那种,因为在标准 PC 卡上附加无线收发功能已是时下非常流行的做法。场地信号强度测试工具比较知名的品牌和型号有思科的 Aironet NIC、Symbol Spectrum 24 及 Agere Orinoco。

一个典型 6MB 带宽的 IEEE 802.11b 无线频道可以支持 30～50 个或更多的用户。对于某些特别重要的应用或用户,可以考虑配置带流量优先级管理功能的 AP,也可以选配第 3 方厂商具有同类功能的独立的产品,但成本要高一些。

另外,WLAN 的优化设计不仅要从覆盖范围的角度来考虑,还要考虑其负载能力,以保证服务质量。以布置 WLAN 为例,假设实际的需求是要保证 30 个员工同时使用公司视频服务器,一个 AP 不能满足要求,需要在同一办公室里布置两个 AP。由于用户需求是动态变化的,AP 的实际负载可能会加重或减轻,这些变化可以通过对 WLAN 监视得知。网络管理员应根据实际变化对 AP 的数量和分布做出调整。

WLAN 的部署一定要考虑用户的需求和具体应用,而不同的需求和应用则采用不同的 WLAN 设计方案。例如,咖啡店的 WLAN 使用者可能主要是年轻人,这些人上网喜欢聊天、网络游戏和语音对话;而旅馆多是商务人士,更可能的是连接公司的企业网、收发电子邮件和处理商务等。

在进行环境勘查时一定要了解用户在 WLAN 上将运行哪些应用,这也决定了网络的带宽。总之,良好的 WLAN 设计不仅可以保证较好的服务质量,也可以减少 AP 的使用数量,从而节约成本,其前提是事先经过充分的实地测量和评估。

2. 无线站点的规划阶段

在本阶段中需要考虑两个问题:一是 AP 覆盖范围和密度,二是频段与信道的选择。

AP 的位置首先应根据实际的场景和需求初步进行选择,然后再通过实地测量进行调整。定位需要遵循以下原则:AP 覆盖区域之间无间隙,AP 之间重叠区域最小。第 1 条原则保证所有的区域都能覆盖到,而第 2 条原则是要尽可能减少所需的 AP 数量。

AP 覆盖区域的确定需要根据接收到的信号强度来决定,做法是先设定一个信号强度阈值,例如,为满足某个区域的 WLAN 终端点播流媒体的需求,通过测量得知信噪比 SNR＝10dB 是能够保证点播流媒体质量稳定的最低信号强度,所以可将 10dB 作为阈值,凡是信号强度不低于这个阈值的区域就确定为 AP 的覆盖区域;然后进行实地测量,并记录产生 AP 的覆盖区域图,最后根据定位原则进行调整,直到满意为止。

由于各个区域的用户密度不同,一般情况下用户密度高的区域情况更复杂,所以应先在用户密度高的区域进行 AP 的布置,然后再布置用户密度低的区域。在空旷的户外可用对称圆形和球形来划定 AP 覆盖区域;而在规则的狭长或矩形建筑物内可用线形或矩形将 AP 对称分布。但是由于室内建筑结构的复杂性,例如,金属防盗门、铝合金门窗等,应当在初步选择 AP 位置后进行仔细的测量,以确保所布置的 AP 能够覆盖所有区域。

如果要通过增加 AP 来提高覆盖能力和范围,一定要在详细的规划和设计后再做出决定。在 WLAN 中,传送的数据是利用无线电波在空中辐射传播,它可以被发射机覆盖范围内任何 WLAN 客户机所接收到。无线电波可以穿透天花板、地板和墙壁,发射的数据可能到达预期之外的、安装在不同楼层的、甚至是发射机所在大楼之外的接收设备,这样就可能会有人非法使用 WLAN,更糟糕的是破坏或者攻击网络。所以必须从安全的角度出发,仔细考虑 AP 的部署位置。

另外,在部署 AP 时,还必须详细考虑信道的安排和单元大小。为了实现完美的信道规划,必须仔细阅读 AP 的说明书或厂商的支持网站,详尽了解该 AP 的无线信号覆盖范围。

站点部署步骤如下。

(1) 收集建筑物的设计图和公文,从而了解房间电源和结构基础(例如,金属防火通道、墙、门口和通道)。

(2) 评估建筑物的环境,选择对无线信号影响最小的 AP 部署点。

(3) 测试无线信道,确保没有干扰。

(4) 选择全向或定向天线的部署点。

(5) 配置多样化的天线避免或减少干扰。

因此,不同的应用场景对 AP 密度的要求是不一样的。例如,在家庭这样小面积的应用环境中,单个 AP 基本就可以覆盖整个地方,所以 AP 的吞吐量不是限制应用的关键。而在宾馆、机场这样比较大的应用场所,为了接入更多的用户,AP 的密度就非常重要了。

在一定的区域中,降低 AP 无线信号的发射功率,就可以放置更多的 AP,从而在保证吞吐量的基础上接入更多的用户。

网络的容量受到在线用户数量影响,而为了增加容量,就需要更多的 AP,这才能保证用户能够访问网络。IEEE 802.11b 标准的 AP 具有 11Mb/s 吞吐量,一般情况下可以满足以下的应用。

(1) 50 个大部分时间空闲、偶尔收发一下邮件的普通用户。

(2) 25 个主流用户,这些用户使用邮件、下载或者上传中等大小的文件。

(3) 10~20 个一直在网络上处理大文件的用户。

频道和信段这两方面的选择需要综合考虑。当前市场上的很多 AP 都具有多频段传输能力,如 IEEE 802.11b/g 和 IEEE 802.11a。根据使用模型决定采用哪种 WLAN 标准,公共休息室采用 IEEE 802.11b 标准可以很好地满足邮件和浏览网页,采用 IEEE 802.11a 标准的会议室满足数据的传输和共享,而 SOHO 最好采用 IEEE 802.11g 标准。

无论选择何种标准,信道选择的原则都是一致的。由于多个 AP 信号覆盖区域相互交叉重叠,因此,各个 AP 覆盖区域所占频道之间必须遵守一定的规范,邻近的相同频道之间不能相互覆盖,也就是说,相互覆盖区域的 AP 不能采用同一频道,否则会造成 AP 在信号传输时相互干扰,从而降低 AP 的工作效率。

例如,IEEE 802.11b 工作频带的宽度约为 83.5MB,被划分为 11 个频道。为了最大限度地利用频带资源,最常见的办法就是选取 3 个互不重合的频道作为整个系统的工作频段。3 个互不重合的频道在实际应用中一般有两种用法。

第 1 种:也是最普遍的一种,就是 A、B、C 两两相邻,并部分重叠,从而在获得最大的覆盖面积的情况下消除死角,杜绝同一频道的互相干扰。

第 2 种:用得不太多,即在同一地点安装 3 个 AP,每个 AP 分别工作在 3 个互不重叠的频道,3 个频道聚合使用,以获得最大的传输带宽。利用这些完全不重叠的频道作为多蜂窝覆盖是最合适的。另外还要注意一点,就是用于实现无线漫游网络的 AP 必须使用同一网络名称(SSID)和同一网段的 IP 地址,否则无线客户端将无法实现漫游功能。

信号的完整覆盖与同一频道信号间的干扰是一对矛盾,弄不好就会顾此失彼。实际的网络环境是立体的,而不是平面的,同一楼层的 AP 相安无事,但很可能对另一楼层的 AP 造成干扰。一般来说,工作频道越多,这对矛盾就越容易解决。比起工作在 2.4GHz 频段的 IEEE 802.11b,工作在 5GHz 频段的 IEEE 802.11a 有更多的互不重叠频道的优势(8 个),AP 的定点工作能因此变得轻松一些,不过,每个 AP 的覆盖半径比较小。AP 的实际配置数目估算起来很简单,一般来说,30~50m 左右一个,但精确的数量和摆放位置则要通过实测来定。大楼的结构、布局及办公室是开敞式的还是封闭式的等因素,都会使理论估算与实际情况有些出入。

3. 无线设备的选型阶段

谈到 WLAN(AP、无线控制器、无线交换机和天线)产品的选购,不仅要对产品的特点有所了解,而且要针对特定的安装要求进行挑选,应该主要从产品性能稳定、安全可靠性、使用方便和性价比等角度来考虑。

（1）功率并非越大越好。

WLAN 的有效覆盖直径在室内为 30～50m，室外可达到 100～300m。毫无疑问，覆盖范围越大，用户就可以离 AP 越远，移动空间也就越大。然而功率过大，则会对人体产生不利的影响。国际标准综合考虑了在对人体无害基础上信号最强的功率为 100mW，在满足需要的前提下 AP 的功率越接近这个数值越好。

选择知名品牌——用户应该尽量选择名牌大厂的产品，由规模较大的厂商提供的产品会采用名牌正品无线芯片和电子元件，质量可靠，性能稳定。某些无名小厂大量采用低档甚至残次无线芯片，其结果就是 WLAN 设备的功率过大或过小。从品牌上看，WLAN设备也大致分为 3 大阵营：第 1 阵营是美国产品，如思科、北电和 Avaya 等厂商，它们的产品品质优良、工作稳定、管理方便，并具有强大的企业级全程全网的组网能力；第 2 阵营是中国台湾的产品，如 D-Link 等，作为美国企业的 OEM 厂商，它们的产品制作工艺及产品性能不错，但由于缺乏系统性，因此更适合简便的小型网络环境；第 3 阵营是大陆产品，如清华比威、TP-LINK 等厂商的产品，主要特点是功能性能相对简单，价格也比较便宜。

（2）数据传输速率。

目前，几乎所有 WLAN 产品的数据传输速度都能达到 11Mb/s 或者以上，随着 IEEE 802.11g 产品的推出，54Mb/s 的产品将会越来越多。但是有一点需要注意，那就是标称的速率和实际使用起来得到的速率可能会有差距，因为它除了受所处环境因素影响外，还受产品质量的影响，产品质量不同，传输速度也会有一定的差距，这一点在选购时要注意。

（3）安全性。

安全可靠除了包含对人体无害、链路传输稳定之外，最主要的含义就是数据的安全性了。不同的厂商所提供的数据加密技术和安全解决方案不尽相同，现在常用的 WLAN安全产品及其方案有很多，如 SSID、WEP（Wired Equivalent Privacy）、MAC 地址过滤和IEEE 802.1x/EAP 认证。此外，有的产品采用 WLAN 通信与 IP 路由相结合的方式：IP的过滤、VPN 等。有的产品还采用先进的 Stateful Packet Inspection 防火墙技术，可以防护 DoS 攻击，还可以对可能会出现问题的 E-mail 发出警告通知。在这里要建议的是，用户在购买 WLAN 产品时最好不要单独购买而要整套购买，这样不但可以避免兼容性问题，而且设备的性能会发挥得更为出色，安全的解决方案也会更加完美。

（4）管理与易用性。

WLAN 产品作为一个网络设备，自然需要相应的设备设置。有些 WLAN 产品的安装维护比较复杂，没有专业技术人员就很难完成驱动及其他方面的安装，而有些 WLAN产品的安装维护却比较简单，这一点在购买时要特别注意。对于一些易用性不好的产品，即使经销商答应帮你安装调试好，也尽量不要购买，因为这样会给以后的维护带来很多的麻烦。当然，对于有专业电脑技术人员的一些大型企业来说，易用性并不是很大的问题，但对于一些只有十多个人的小型企业或家庭用户来说，就不得不认真考虑这个问题了。

12.5.3　无线设备部署与配置

经过周密的勘查和规划，终于到了无线设备部署和配置阶段了，在本阶段同样分为几个步骤：一是设备的部署，二是设备的配置，三是安全和管理策略。

1. 设备的部署

在选择 WLAN 设备的位置时,应当注意以下几个方面。

(1) WLAN 设备的位置应当相对较高。

将 AP 置于相对较高的位置,可以有效地消除 AP 与无线终端之间固定的或移动的遮挡物,从而能够保证 WLAN 的覆盖范围,保障 WLAN 的畅通。

(2) WLAN 设备应当尽量居于中央。

由于 WLAN 设备的覆盖范围是一个圆形区域,所以,只有将 WLAN 设备置于中央,才能保障覆盖区内的每个位置都能接收到无线信号,从而有效地接入 WLAN。WLAN 能够自动调整传输速率,以适应复杂的网络环境。离 WLAN 设备越近,无线信号越强,抗干扰能力越大,传输速率也就越高。反之,离 WLAN 设备越远,无线信号就越弱,抗干扰能力越差,传输速率也就越低。

(3) 不要穿过太多的墙壁(尤其是浇注的钢筋混凝土墙体)。

如果建筑物是两层或两层以上建筑,建议在每一层楼都单独设置一个 AP,以保证本楼层内能够覆盖无线信号。另外,如果建筑物的间隔比较多;那么,应当保证 AP 与 WLAN 终端之间不超过两道墙。否则,就应当考虑安装多个 AP,以保证无线信号的强度。

(4) 多 WLAN 设备的覆盖范围应当重叠。

随着距离的延长,无线信号将越来越弱,传输速率也不断下降。因此,为了保证有足够的网络带宽,就必须使每个 WLAN 设备的覆盖区域有少量的重叠。只有覆盖范围少许重叠后,才能尽可能多地减少无线电波的盲区,使 WLAN 覆盖到整个空间。

(5) 供电。

有些 AP 提供了以太网供电(符合 802.3af 标准)功能,这就省去了外接电源,为部署提供了便利条件。

(6) 避雷。

为了保护设备的完好、防雨和正常工作,室外 AP、网桥及相关设备应放置在密封的配电盒内。由于天线布置在楼顶较高的位置,出于安全的考虑,要加装避雷器。

2. 设备的配置

AP 通常可工作于多种模式下,可以根据需要选择合适的工作模式。重点是要做好无线漫游的设置。利用多个 AP 可以搭建无线漫游网络,实现用户在整个信号覆盖区域内的漫游。当用户从一个位置移动到另一个位置时,以及一个 AP 的信号变弱或 AP 由于通信量太大而拥塞时,可以连接到新的 AP 而不中断与网络的连接,这一点与日常使用的移动电话非常相似。若想实现无线漫游,须将多个 AP 形成的各自的无线信号覆盖区域进行交叉覆盖,各覆盖区域之间无缝连接。

3. 安全和管理策略

客户端无线网卡接入 AP 时,需要设置 SSID 或者安全认证密钥。C 大学根据使用需要,采用免认证方式,公布 SSID,任何人均可接入无线 AP。在使用校园网资源时,通过身份认证来拒绝非授权用户。

C 大学无线网采用智能无线控制器+AP 的模式,能统一管理 AP,简化了日常管理工作。此外，智能无线控制器具有非法 AP 检查、压制功能，通过无线信号探测可以发现覆盖区域内的非法接入 AP，给出警报，并通过调整频段干扰非法 AP 信号，达到压制目的。

12.6　IP 地址规划与路由设计

C 大学校园网要为 3 万多名师生提供 IPv4 和 IPv6 网络服务，为了保证网络安全和性能，需要划分成多个子网，这涉及 IPv4 和 IPv6 地址的规划。

12.6.1　IPv4 地址规划

C 大学租用了两条 IPv4 出口链路，分别选择了两家 ISP：一条接入中国教育和科研计算机网（China Education and Research Network，CERNET），带宽为 200Mb/s；一条为电信通专线，带宽为 200Mb/s。通过出口防火墙的路由设置，教育网内网络通信走CERNET 出口，教育网外网络通信走电信通出口。

C 大学从 CERNET 申请了 128 个 C 类 IPv4 地址段，理论可用的 IPv4 地址为 32 512个。即便考虑到划分子网浪费、未来冗余、服务器占用之外，剩余的 IPv4 地址也足够全校师生使用。因此 C 大学内部使用这些教育网 IPv4 地址，没有采用私有地址。

但是 C 大学还租用了另外一个 IPv4 出口：电信通专线。该 ISP 只为 C 大学分配了一段 C 类地址段。在出口设备上开启了相应的路由和 NAT 转换功能，如果是教育网内通信，则无须 NAT 转换，直接路由至教育网出口；如果是非教育网内通信，则进行 NAT转换，将源地址转换成电信通地址后，路由至电信通出口。

对于服务器，要保证教育网内用户和教育网外用户都能以较快的速度访问服务器，为服务器固定分配电信通地址进行 NAT 转换。通过 DNS 服务器的设置，教育网内用户访问服务器域名时，DNS 服务器将域名解析为教育网 IP；教育网外用户访问服务器域名时，DNS 服务器将域名解析为电信通 IP。

因此，C 大学接入校园网的主机均使用公共 IPv4 地址。虽然为了安全性，应当尽量将子网划分得更细，但是考虑到管理的方便，而且一般楼宇至少包含 200 个以上信息点，因此 C 大学采用的是 C 类地址默认网络划分，即一个 C 类地址段一个网段，只有中心机房根据需要划分了更小的子网。表 12.2 给出了 C 大学部分子网划分方案。

表 12.2　IPv4 子网划分

子　　　网	分　　　配
221.3.130.0/25	中心机房服务器
221.3.130.128/25	中心机房管理员办公室
221.3.134.0/24	东校区行政楼
221.3.135.0/24	东校区科技大厦 1～3 层
221.3.136.0/24	东校区科技大厦 4～6 层
…	…

除了中心机房外,其他楼宇采用这种 C 类地址默认网络划分,可能存在子网划分不够细的问题:如行政楼,其中有教务处、人事处等多个部门,从业务需求上划分成不同子网更合理。但一段 C 类地址划分多个子网,会造成少量地址浪费,也增加了管理难度,因此 C 大学一般不再将 C 类地址划分成更小的子网。

C 大学采用了 DHCP 方式动态分配 IPv4 地址,DHCP 服务由最接近终端信息点的三层交换机提供。对于需要固定 IP 的用户或者服务器,在三层交换机上采用 MAC 地址和固定 IP 地址绑定的方法来满足需要。中心机房的关键服务器和网络设备则采用静态配置 IP 地址的方式。

12.6.2 IPv6 地址规划

国内目前只有中国教育和科研计算机网提供 IPv6 接入服务,因此 C 大学只有一条 IPv6 出口,接入中国教育和科研计算机 IPv6 网——CERNET2,带宽为 1Gb/s。

与 IPv4 地址相比,IPv6 地址十分富足。因此 C 大学从 CERNET2 申请了 2001:250:200::/48,即网络前缀 48 位的 IPv6 地址,理论上可以有 2^{80} 个 IPv6 地址可用,地址空间十分充裕,规划时无须过多考虑地址的浪费问题。

12.6.3 路由设计

由于网络大小和复杂程度的不同,根据网络的需求实施正确的路由协议就显得尤为重要,因此路由设计也是网络规划与设计中的重要组成部分。通过第 4 章我们知道,最典型的协议就是路由信息协议(RIP),在小型、简单的网络中这个协议应用得非常广泛,并且能够工作得很好,如果应用于一个复杂的网络,它就不能胜任了。当要维护一个特定区域内部的路由器时,内部网络将有不同的路由需求。这些路由器应使用一个路由协议,如基于距离向量的内部网关路由协议(IGRP)来保持对网络拓扑结构的及时发现。增强型内部网关路由协议(EIGRP)在收敛性等方面有所提高。RIP2 比以往的 RIP 版本有所改进,解决了 RIP 在大型网络中应用的一些局限性。开放最短路径优先协议(OSPF)是常用的内部网关协议,OSPF 使用链路状态技术和最短路径优先算法来确定最佳路由。此外 OSPF 引入了区域(Area)的概念,将一组主机归入一个区域,使得路由更新更有效率。

对于图 12.1 设计的 C 大学网络拓扑图,所有汇聚层交换机先分别接入核心交换机 1 和核心交换机 2,两个核心交换机通过设置静态路由,根据 IP 协议不同,IPv4 默认路由指向 IPv4 核心路由器,IPv6 默认路由指向 IPv6 出口路由器,该路由器一个端口直接接入 CERNET2。出于安全的考虑,IPv4 核心路由器又连接了一台具有路由和 NAT 转换功能的高端防火墙,该防火墙有两个端口分别接入 CERNET 和电信通。

根据这种情况,C 大学的 IPv4 和 IPv6 出口路由器只使用静态路由,没有启用任何路由协议,也就是说,当网络拓扑发生变化时,需要管理员手工修改静态路由表,路由器不会自动更新。考虑到出口拓扑一般不会频繁变动,采用这种方式能加快路由器转发速度,避免路由更新学习的开销。图 12.3 给出了某 Cisco 路由器 IPv4 静态路由的配置文件片断。

如图 12.3 所示,静态路由表一般均会设置一条默认路由,目标网络地址为 0.0.0.0/0。

路由器转发 IP 包时,将 IP 包的目的 IP 地址与静态路由表中的非默认路由逐条比较,寻找合适的路由。如果多条匹配,则网络位长的路由项匹配;如果都不匹配,则依照默认路由转发 IP 包。IPv6 静态路由表设置方法相同。

除了核心层之外,汇聚层和接入层的各路由设备均启用了 OSPF 协议,根据需要划分成不同区域,以限制路由更新信息的扩散层次。图 12.4 给出了某 H3C 路由器 OSPF 协议的配置文件片断。

```
router static
  address-family ipv4 unicast
    0.0.0.0/0 202.4.128.18
    59.39.57.0/24 202.4.128.42
    59.42.244.193/32 202.4.128.42
    59.64.113.0/24 202.4.128.42
...
```

图 12.3　Cisco 路由器 IPv4 静态路由配置命令

```
ospf 1
  area 0.0.0.0
    network 202.4.128.216 0.0.0.3
    network 202.4.128.220 0.0.0.3
  area 0.0.0.1
    network 202.4.128.172 0.0.0.3
    network 202.4.128.160 0.0.0.3
  area 0.0.0.2
    network 202.4.128.0 0.0.0.3
    network 202.4.128.176 0.0.0.3
...
```

图 12.4　H3C 路由器 OSPF 协议配置命令

如图 12.4 所示,该 H3C 路由器启用了 OSPF 路由协议,根据需要划分了多个不同的区域。IPv6 的路由协议设置方法与此相同。

12.7　网络安全规划

C 大学整个校园网都处于防火墙的防护之下。防火墙的基本规则允许内部发起的流量可以返回,而外部发起的访问内部主机的流量则被禁止进入校园网,这起到了一定的防范作用。对于特殊应用需求,如需要对外提供 Web 服务的服务器,防火墙上单独设置成允许外部主机访问;如授权用户需要在校外访问校园网内的非对外服务器,则可使用 VPN 实现。

图 12.5 给出了 C 大学 IPv4 出口 Juniper 防火墙设置的安全策略。

如图 12.5 所示,根据 Juniper 防火墙的配置需要,建立 Trust 区域表示校园网内的所有主机,CERNET 区域表示通过 C 大学 CERNET 出口连接的所有主机,Untrust 区域表示通过 C 大学电信通出口连接的所有主机。安全策略的定义格式为:

set policy id 策略号 **from** 某域 **to** 某域 源地址 目的地址 协议 **permit|deny**

默认校园网的所有主机(即 Trust 区域的主机)可以主动发起对 CERNET 区域和 Untrust 区域主机的网络流量,即图 12.5 中第一部分、第二部分所定义的策略。此时,源地址为 C 大学所有 IPv4 地址,通过聚类后,以 CIDR 格式描述。

但是 CERNET 区域和 Untrust 区域的主机除了可以主动访问 Trust 区域中开放的

服务器,不能主动发起对 Trust 区域其他主机的网络流量。这些允许校园网外访问的开放服务器在图 12.5 的第 3 部分中定义,其中目的地址为开放服务器的 IP 地址。这些开放服务器往往是面向 Internet 公开的 Web 网站,如 C 大学的主页 Web 服务器。

```
set policy id 1 from "Trust" to "CERNET" "222.199.224.0/19"
"Any" "ANY" permit
set policy id 1
exit
...
set policy id 102 from "Trust" to "Untrust" "222.199.224.0/19"
"Any" "ANY" permit
set policy id 102
exit
...
set policy id 116 from "CERNET" to "Trust" "Any" "202.4.130.142/
32" "ANY" permit
set policy id 116
exit
...
```

图 12.5 C 大学 IPv4 出口 Juniper 防火墙安全策略

此外,防火墙还配备了 IDS 和 IPS 模块。IDS 模块检测网络中的流量,试图确定入侵和有敌意的活动。当检测到可疑流量时,会发出警报,管理员可根据警报设置访问控制列表(ACL),暂时拒绝某个主机发起的流量。IPS 模块能够避开恶意用户,禁止这个特殊的源点进一步访问网络。

对于某些服务器,防火墙上设置成不允许 CERNET 区域和 Untrust 区域的主机主动发起网络流量,但是本校的用户有可能需要在校外访问。如学校内部信息门户,教师和学生需要在家里访问,但是出于安全性要求,并不能像学校主页一样在防火墙上设置成允许外部主动访问。因此 C 大学设置了 VPN 服务器,本校授权用户通过身份认证后(用户名加密码验证)登录 VPN,访问这些服务器。

12.8 网络管理设计

C 大学的校园网配置了完善的网络管理软件和硬件设备,以实现对整个网络的监管和维护,主要包括接入校园网的各网络设备均为可管设备、功能强大的网管软件、网络用户认证和计费系统软件、网络审计设备。

C 大学此次校园网升级改造中,所有的网络设备均为可管设备:即设备本身支持 SSH 或者 Telnet 远程登录管理,并且支持 SNMP 协议。采用可管设备具有两个优势:首先,网络管理员可以远程配置网络设备;其次,网管软件可以通过 SNMP 协议实现对设备信息采集管理。

C 大学采用的是 IPv4/IPv6 一体化综合网管系统,产品模块包含常用的配置管理、性能管理、故障监控、拓扑发现和事件处理等模块。网管软件采用 SNMP v1、SNMP v2、MIB 等协议,因此支持对不同品牌的网络设备的管理。主要功能如下。

(1) 拓扑发现:能够根据发现的数据自动生成整个网络的拓扑图,即可在图形用户界面上再现直观的网络拓扑结构图,使系统管理员对整个区域的网络系统有一个全面的了解。

(2) 配置管理:自动获取网络设备的基本信息,对网络设备、逻辑线路和服务器等多种被管对象按树状目录结构进行分级分类管理,并可根据网络配置的变化方便地调整目录结构;为管理员提供编辑和定制等功能。

(3) 故障监控:提供网络故障实时监控功能,对设备和链路运行状态进行监测,包括通断、延时和丢包。监控网络关键设备运行状况,对于参数超出阈值设备的给出实时报警,历史数据可用于提供故障统计信息和日志信息。

(4) 性能监视:实时监视设备的性能信息,实现对网络性能的全方位测量;深层次、全方位、实时的性能分析统计;纵向、横向、多曲线性能对比分析;任意时段的性能查询统计分析。

(5) 事件管理:通过标准 SNMP TRAP 协议及主动监测技术监视网络中的事件信息,并进行综合分析和处理;具有过滤和处理网络事件的功能,使管理人员只对关键事件加以关注,使其在大网及超大网的事件管理上达到很高的效率。

为了保证校园网被授权用户使用,C 大学还配置了网络用户认证和计费系统软件。该软件可以设置成在用户接入校园网或者使用校园网访问校外 IP 地址,首先进行身份验证,只有提供了正确的用户名和密码才能使用校园网资源。还可以根据预定的收费策略记录用户使用校园网产生的网络流量费用,达到计费目的。采用网络用户认证和计费系统软件是当前各大学提供校园网服务的新趋势,从某种程度上提高了校园网的使用效率,认证制度也达到了保护校园网安全的目的。

此外,C 大学还配置了具有收集和报告网络使用情况的审计设备,这也是网络管理工作的一部分。审计工具可以记录校园网用户通过 HTTP、E-mail 和 FTP 等应用层协议获取或者发送的数据,以便授权管理员随时搜索和查看收集的数据。

12.9　本章小结

本章基于本书所介绍的方法和技术,针对 C 大学的案例提供了一套网络设计方案。首先要对案例进行研究,对 C 大学校园网三期改造升级的需求进行了分析,为下一步网络设计做好准备。其次采用层次化网络设计模型规划了校园网逻辑拓扑机构,以此为基础确定了物理网络部署方案,包括结构化布线和无线网络部署等。然后规划了 IPv4 和 IPv6 地址分配方案以及路由策略,最后制定了网络安全和网络管理实施方案。

习　题　12

案例设计

背景信息:科恩公司是一家办公自动化软件及设备制造与集成商,公司总部在中国北京市区的中心,在北京郊外有一处生产基地,在中国广州有一个销售处。公司总部约有 100 名员工,生产基地有 200 名员工,广州销售处有 10 名员工。公司有一个电子邮件服务器,一个公司主页 Web 服务器,多个只供内部员工访问的 FTP 服务器、版本控制服务器和企业资源管理(ERP)服务器。所有的服务器都架设在公司总部,要提供 VPN 服务,以便异地的员工可以访问公司的信息资源。

  问题:假设你已与科恩公司签订了设计公司新网络的合同,请根据背景信息,为该公司设计一份详细的网络解决方案。

附录 A

网络互连设备

为了将各种局域网和广域网互连起来,构成更大规模的网络,必须引入新的互连设备和互连协议。网络互连是指通过各种网络设备将多个不同物理网络互连起来。这些网络互连设备可以是工作在 OSI 物理层的中继器和集线器,也可以是工作在 OSI 数据链路层的网桥和交换机,还可以是工作在 OSI 网络层上的路由器。

中继器和集线器是完成物理信号放大和转发的物理层互连设备,也称为一层设备;网桥和局域网交换机是利用数据链路层 MAC 地址转发帧,是含物理层和数据链路层两层的互连设备,也称为二层设备;而路由器则利用网络层地址转发网络层报文,是含有物理层、数据链路层和网络层的互连设备,也称为三层设备。图 A.1 给出了上述网络互连设备的层次图。

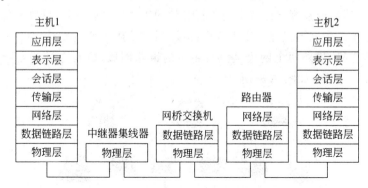

图 A.1　网络互连设备与 OSI 模型层次

本附录将详细介绍这些网络互连设备的工作原理和功能。

A.1　一层设备

A.1.1　中继器

中继器(Repeater)常用于两个网络节点之间物理信号的双向转发工作。中继器是最简单的网络互连设备,主要完成物理层的功能,负责在两个节点的物理层上按位传递信息,完成信号的复制、调整和放大功能,以此来延伸网络的长度。

由于存在损耗,在线路上传输的信号功率会逐渐衰减,衰减到一定程度将造成信号失真,因此会导致接收错误。中继器就是为解决这一问题而设计的,它完成物理线路的连接,对衰减的信号进行放大,保持与原数据相同。中继器是一个用来扩展局域网的硬件设备,它把两段局域网连接起来,并把一段局域网上的电信号增强后传输到另一段上。中继器对它所连接的局域网是不可见的(透明的)。图 A.2 给出了使用中继器连接两个网段的示意图。

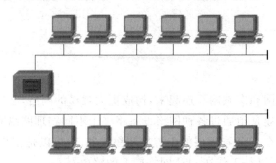

图 A.2　中继器连接两个网段

中继器仅仅是一种放大信号的网络连接设备,它不仅功能有限,而且作用范围也有限。一个中继器只包含一个输入端口和一个输出端口,所以它就只能接收和转发数据流。此外,中继器只适用于总线拓扑结构的网络。使用中继器的好处是扩展网络的成本较低廉。但是也不能使用中继器将网络无限延长,因为网络标准中都对信号的延迟范围作了具体规定,中继器只能在规定的范围内进行有效的工作,否则会引起网络故障。以太网标准中就约定一个以太网上只允许出现 5 个网段,最多使用 4 个中继器,而且其中只有 3 个网段可以挂接主机,另外两个网段是没有主机的链路网段,所有主机都处于一个冲突域内,即"5-4-3-2-1"原则,如图 A.3 所示。

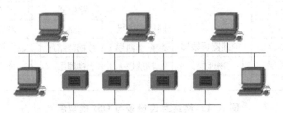

图 A.3　中继器最多连接 5 个网段

通过中继器连接的所有主机都处于一个冲突域中,即同时有超过一台主机试图传输数据,将会导致冲突(Collision)。

A.1.2　集线器

集线器(Hub)是中继器的一种形式,也称为多口中继器。使用集线器可以将网络拓扑从直线型总线结构转变为星型结构,通过线缆进入集线器端口的数据将被转发到所有的其他端口上,因此所有连接到集线器上的设备都能接收全部的通信,所有连接到同一个网段上的设备一起构成了一个冲突域。图 A.4 给出了集线器实物图。

图 A.4　集线器

从功能上分,集线器有 3 种基本类型。

(1) 无源型(Passive)集线器:此类集线器不需要外接电源,仅用于物理介质的共享连接。

(2) 有源型(Active)集线器:能够将进入的信号放大,然后再从其他所有端口转发出去。

(3) 智能型(Intelligent)集线器:其工作方式基本与有源集线器类似,但还包括一个微处理器并具备诊断能力。

尽管集线器是一个很有用的网络互连设备,但是采用集线器进行以太网互连时,有 3 个限制妨碍了它的应用。

(1) 当用集线器将不同网段互连起来时,原来多个独立的冲突域现在变成一个范围更大的冲突域,随着主机的增加,网络中潜在的通信量也增加了,发生冲突的可能性随之增大。

(2) 集线器不支持不同速率以太网之间的互连,假设一个网段采用 100Base-T,另一个网段采用 10Base-T,那么它们之间就不能用集线器互连,因为集线器本质上是转发器,并不缓存帧,所以不能将工作在不同速率的网段互连。

(3) 每种以太网技术对冲突域内允许的最多站点数、两台主机之间的最大距离以及在多级设计中允许的最大级数都有约束,这些约束限制了能够连接到一个多级 LAN 的主机总数和覆盖范围。

A.2　二层设备

A.2.1　网桥

网桥(Bridge)工作在数据链路层,将两个网段连起来,根据 MAC 地址来转发帧。它可以有效地连接两个网段,使本地通信限制在本地网段内。

网桥的工作原理如下:当网桥刚安装时,它对网络中的各主机一无所知。在主机开始传送数据时,网桥会自动记下其 MAC 地址,直到建立一张完整的 MAC 地址与主机的映射表为止,这是一个"学习"的过程。一旦地址表建完,数据在通过网桥时,网桥就根据帧的目的地址进行判断,如果目的设备与数据帧处在同一个网段中,那么网桥将阻止该帧进入其他网段,这个过程称为过滤(Filtering);如果目的设备位于不同的网段上,那么网桥将转发该帧到适当的网段上;如果目的地址对网桥是未知的,那么网桥将把数据帧转发到除接收该帧的端口之外的所有端口,这个过程称为泛洪(Flooding)。

图 A.5 给出了网桥的连接方式。

与中继器和集线器不同,网桥具有处理数据链路层帧的功能,根据目的地址可以执行过滤或者转发功能,因此能够隔离冲突域,网桥连接的两个网段分别处于不同的冲突域中。

A.2.2　交换机

交换机(Switch)有时也被称为多端口网桥,与网桥一样,交换机也会接收来自网络上不同主机的数据帧,并学习关于这些帧的特定信息。交换机用这些信息来构建转发表,以确定被一台计算机发往其他计算机的各种数据的目的位置。图 A.6 给出了 Cisco 某型号的交换机实物图。

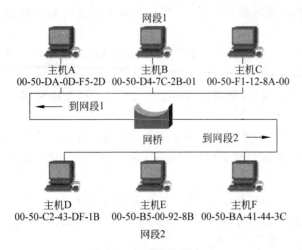

图 A.5　网桥的连接方式

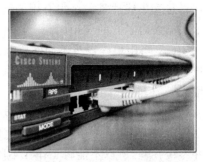

图 A.6　交换机实物图

与网桥只有两个端口不同,交换机具有多个端口,分别连接多个网段,交换机根据数据帧的 MAC 地址选择目标设备或工作站所连接的端口。连接到交换机一个接口上的所有设备处于一个冲突域,但是连接到不同端口的设备处于不同的冲突域。

所有的交换设备都完成两种基本操作:"交换数据帧"和"交换表的维护"。第一个操作是一个从输入介质上接收帧,然后从输出介质上发送出去的过程;第二个操作是交换机建立和维护交换表,并查找环路。

交换机与集线器的区别主要体现在以下几个方面。

(1)集线器在一段时间内只允许一个端口上连接的主机发送/接收数据,而交换机连接在不同端口上的主机可以同时接收/发送数据,从而大幅度提高了网络的传输速率。

(2)交换机的数据传输方式不同。集线器的数据传输方式是泛洪的;而交换机的数据传输是有目的的,数据帧只向目的端口转发,只有在交换表中查找不到目的地址时,才采用泛洪方式。这样的好处是数据传输效率提高,在安全性方面也避免了其他节点侦听。

(3)带宽占用方式不同。在带宽占用方面,集线器所有端口是共享集线器的总带宽,而交换机的每个端口都具有自己的带宽,这也就决定了交换机的传输速率比集线器要快很多。

因此交换机的最大优点在于:允许多个用户实现并行通信,在共享介质上实现了可用带宽利用率的最大化。目前一些高端交换机还具备了新的功能:如对 VLAN 的支持等。采用交换机可以构造范围更大的交换式 LAN,具体内容请参见第 2 章 2.3 节内容。

第 2 层设备利用分配给每个以太网设备的 MAC 地址来控制帧的传播,从而实现了冲突域的分割。但是,网桥和交换机虽然隔离了冲突域,但是无法隔离广播域,关于广播域的介绍请参见第 2 章 2.3.2 节内容。

A.3　三　层　设　备

路由器(Router)工作在 OSI 模型的第 3 层(网络层),它可以分析第 3 层数据包,使用第 3 层逻辑地址来判断适当的网络目标。此外,路由器还具有路径选择能力,可以选择最佳链路完成通信。图 A.7 给出了 Cisco 某低端型号的路由器实物图。

图 A.7　路由器实物图

路由器必须具备的基本条件是:

(1) 有两个或两个以上的接口;

(2) 协议至少实现到网络层;

(3) 具有存储、转发和路由功能;

(4) 运行一组路由协议。

路由器的主要功能包括路由处理、IP 报文转发、流量控制和报文控制等,其中路由处理和 IP 报文转发是其核心功能。

路由处理就是使用路由协议获取网络的拓扑视图,然后构造和维护路由表。具体内容请参见第 4 章介绍。

路由器接收到一个 IP 报文后的处理过程如下。

(1) IP 报文检查:检查版本号和 IP 报文头,计算头校验和。

(2) 目的 IP 地址与路由表查找:决定 IP 报文的输出接口和到达目的 IP 地址的下一跳(Next Hop)节点。查表的结果可能是:

- 本地递交:目的 IP 是本路由器的一个接口的地址。
- 向一个输出端口的单播递交:将 IP 报文送给下一跳路由器或最终目的地。
- 向一组输出端口的组播递交:依赖于路由器对组成员关系的了解。

(3) TTL 计算:路由器调整 TTL 字段值,防止 IP 报文在网络中无终止循环。本地递交的 IP 报文的 TTL 值要大于 0。对于向外转发的 IP 报文,首先 TTL 值减去 1,在实际转发之前还要重新检查 TTL 值。TTL 值等于 0 的 IP 报文要丢弃,同时还可能向 IP 报文的发送者通告错误信息。

(4) 校验和计算:TTL 字段有变化,要求重新计算校验和。

(5) IP 分段:为了适应输出网络接口的 MTU 值,有时需要对报文进行分段处理。

路由器除了具有上述核心功能外,还有其他功能,例如流量控制、访问控制和认证。另外,路由器还要有网管功能,包括 SNMP 代理和 MIB 等。

路由器可以连接多个逻辑上分开的 LAN,它支持 LAN 之间的通信,但是会阻断广播。连接到路由器上的设备不会接到发送给其他端口的任何信息,也不会收到来自其他端口上的设备的广播信息。连接到路由器一个端口的所有设备处于相同的广播域,但是连接到不同端口的设备属于不同的广播域。

A.4 小 结

中继器和集线器向一条链路转发数据时,只是转发比特到这个链路,而不关心该链路现在是否有站点正在发送数据,因此通过中继器和集线器互连的所有主机处于一个冲突域。网桥和交换机向一条链路转发一个帧时,会关心是否有站点正在使用该链路发送数据,网桥和交换机接口要运行 CSMA/CD 协议,因此隔离了冲突域。

网桥和交换机的一个重要特性是可以把使用不同技术的以太网段互连起来,而且互连 LAN 网段时,对 LAN 所能达到的物理范围在理论上没有限制。所有用网桥或交换机互连的 LAN 网段处于同一广播域,因此用交换机和网桥互连的网络,只要一个主机发出广播帧(如 ARP 广播),所有其他节点都将受到影响,因此,完全使用交换机来构造大型网络的效果不是很理想,大型网络还需要使用路由器来构建。

用路由器可以构建非常复杂的网络。路由器之间通过交换路由信息来动态维护路由表,以反映网络当前的拓扑结构。另外,使用路由器作为互连设备,可以对第二层的广播帧进行过滤,起到了隔离广播域的作用。当然,路由器最大的缺点是不能即插即用,需要人工配置,同时路由器对每个报文的处理时间通常比交换机更长。

表 A.1 对中继器、集线器、网桥、交换机和路由器的典型特征进行了比较。

表 A.1 网络互连设备比较

互连设备	中 继 器	集 线 器	网 桥	交 换 机	路 由 器
隔离冲突域	不支持	不支持	支持	支持	支持
隔离广播域	不支持	不支持	不支持	不支持	支持
即插即用	支持	支持	支持	支持	不支持

在相关文献上还会经常出现网关设备。网关通常指传输层及传输层以上的设备,如应用层网关等。但是在计算机网络发展初期,路由器也称为网关,目前仍有这样的说法,因此往往需要根据上下文来判断其具体含义。

最后介绍一下三层交换机,目前主流网络设备厂商都推出了三层交换机产品,如 Cisco 公司的 Catalyst 6500 系列,H3C 公司的 H3C S7500 系列等。三层交换机和 A.2 节中介绍的交换机完全不同,它实质是含有物理层、数据链路层和网络层 3 层的互连设备,具有路由器的一切功能,理论上就是真正的路由器。设备厂商推出的三层交换机产品和路由器产品的主要区别不在于功能,而在于设备的物理实现:三层交换机的某些功能是通过硬件——专用集成电路(ASIC)实现的,如网络报文交换任务下放给硬件去完成,使整体性能有重大提升。因此,从功能上看,三层交换机和路由器是同义的。在本书中,如无特殊说明,单独出现"交换机"时均指两层交换机。

数据包格式速查表

本附录的目的是提供网络各层数据包格式。熟悉数据包格式对理解各层协议和网络设备工作原理十分重要。本附录只提供当前互联网实际使用的协议标准中涉及的、常用的数据包格式，按从底向上分层列出，以便于查找。

B.1　数据链路层数据帧格式

本节给出以太网常用的数据帧格式，即 Ethernet-802.3 帧格式，它由 8 部分组成：前导符、起始符、目的地址、源地址、长度、数据、填充和 CRC，如图 B.1 所示。

7B	1B	6B	6B	2B	0~1500B	0~46B	4b
前导符	超始符	目的地址	源地址	长度	数据	填充	CRC

图 B.1　Ethernet-802.3 帧格式

这 8 部分说明如下：

（1）前导符（Preamble）：7 字节的 10101010，接收方通过该字段提取同步时钟。

（2）起始符（Start-of-Frame Delimiter）：1 字节，10101011，用于帧定界。

（3）目的地址（Destination Address）：6 字节，用于标识目的站点。

（4）源地址（Source Address）：6 字节，用于标识源站点。

（5）长度（Length）：2 字节，用于指明数据段中的数据的字节数。

（6）数据（Data）：用于数据，长度为 0~1500 字节。每个以太网帧最多包含 1500 字节的用户数据，即以太网的 MTU（Maximum Transmission Unit）为 1500 字节。

（7）填充（pad）：0~46 字节。由于以太网规定它的最小帧长度为 64 字节，以保证主机能够在数据发送过程中进行冲突检测，因此当以太网帧长度小于 64 字节时，必须进行填充。

（8）CRC：4 位，是以太网帧格式中的最后一个字段。CRC 码的校验范围为目的地址、源地址、长度、数据和填充。

B.2　网络层报文格式

IP 协议的重要体现就是 IP 报文。IP 协议将所有的高层数据都封装成 IP 报文，然后通过各种路由器进行转发。IP 报文格式包括 IP 报头和数据区两部分。IP 协议当前两个重要版本是 IPv4 和 IPv6。IPv4 报头的长度是可变的,可以从最小的 20B 扩展到 60B,以便对各种选项进行处理,但是这会降低路由器处理 IPv4 报文的速度。而 IPv6 则采用 40B 的固定报头,选项功能放在扩展报头中,以此来改善路由器处理 IPv6 报文的速度。报头中的字段通常是按照 32b(4B)边界来对齐,32b 数据在进行传输时都是高位在前 (most significant bit first)。下面将分别介绍 IPv4 和 IPv6 报文格式。

B.2.1　IPv4 报文格式

IPv4 报文格式如图 B.2 所示。

32b			
版本	头长	服务类型	总长度
标识符			分段偏移
生存期		协议	头部校验和
源IP地址			
目的IP地址			
选项			
数据区			

图 B.2　IPv4 报文格式

(1) 版本(Version)字段占 4b,所有 IP 软件在处理 IP 报文之前都必须首先检查版本号,以确保版本正确。

(2) 头部长度字段占 4b,它记录 IP 报头的长度(以 32b 即 4B 为计算单位)。IPv4 报头由 20B 的固定字段和长度不定的选项字段组成。因此,当 IPv4 报头没有选项字段时,头部长度字段为最小值 5,意味着 IPv4 报头长度是 20B。对于 4b 的头部长度字段,其最大值是 15,这也就限制了 IP 报头的最大长度是 60B,由此可知选项字段最长不超过 40B。

(3) 服务类型(Type of Service,ToS)字段用来定义 IP 报文的优先级和所期望的路由类型。

(4) 总长度字段指明整个 IP 报文的长度,包括报头和数据。因为该字段长 16b,所以 IPv4 报文的总长度不超过 64KB,这个长度足够应付目前大多数的网络应用。

(5) 标识符字段、MF 和 DF 标志位以及分段偏移字段用于 IP 报文分段和重组过程。

(6) 生存期(Time To Live,TTL)字段用来限制 IP 报文在网络中所经过的跳数。通过生存期字段,路由器就可以自动丢弃那些已经在网络中存在了很长时间的报文,以避免 IP 报文在网络上不停地循环,浪费网络带宽。TTL 一般设置为 64,最大值为 255,每经过一个路由器或一段延迟后 TTL 值便减 1。一旦 TTL 减至 0,路由器便将该报文丢弃,同时向产生该报文的源端报告超时信息(通过 ICMP 协议)。正常情况下,IP 报文只会由于网络存在路径环而被丢弃。

(7) 协议(Protocol)字段用来表示 IP 报文数据区的数据是由哪个高层协议创建的,以便 IP 协议软件能正确地将接收到的 IP 报文交给适当的协议模块进行处理(如 TCP、

UDP 和 ICMP 等)。该字段的值就是高层协议的类型代码,代码由 IANA 负责分配,在整个 Internet 范围内保持一致。如 TCP 的协议 ID 为 6,UDP 的协议 ID 为 17,ICMP 的协议 ID 为 1,而 OSPF 的协议 ID 为 89。

(8) 头部校验和字段占 16b。为了验证 IP 报文在传输过程中是否出错,路由器或主机每接收一个 IP 报文,必须对 IP 报头计算校验和。如果 IP 报头在传输过程中没有发生任何差错,那么接收方的计算结果应该全为 1。如果 IP 报头的任何一位在传输中发生差错,则计算出的结果不全为 1,路由器或主机将报文丢弃。路由器在转发 IP 报文到下一节点时,必须重新计算校验和,因为 IP 报头中至少生存期字段发生了变化。IP 报头校验和只能保护 IP 报头,而 IP 数据区的差错检测由传输层协议完成。这样做虽然看似很危险,但却使 IP 报文的处理非常有效,因为路由器无须关心 IP 报文的完整性。

(9) 源 IP 地址和目的 IP 地址指明了发送放和接收方,在 IPv4 中,每个 IP 地址长度为 32b,包括网络号和主机号。

(10) IP 报头中有一些选项,这些选项长度是可变的,主要用于控制和测试。

B.2.2 IPv6 报文格式

IPv6 固定报头格式如图 B.3 所示。

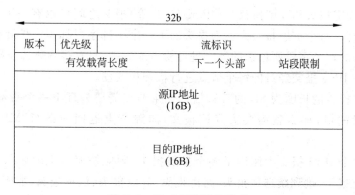

图 B.3 IPv6 固定报头格式

(1) 版本(Version)字段占 4b,对于 IPv6 来说,该字段值总为 6。

(2) 优先级(Priority)字段占 4b,表示报文的优先程度。优先级 0~7 一般用于标识非实时数据,而优先级 8~15 用于标识实时数据。这样的处理方式可以在网络发生拥塞时使路由器能够更好地处理报文,以保证实时数据的传输质量。IPv6 建议新闻组报文的优先级为 1,FTP 报文的优先级为 4,Telnet 报文的优先级为 6。因为对于新闻组,报文延迟几秒用户并没有什么感觉,但如果 Telnet 报文有延迟人们很快能察觉到,所以路由器要优先转发优先级为 6 的 Telnet 报文。

(3) 流标识(Flow Label)字段占 24b,用于标识从源主机某用户进程到目的主机某用户进程之间的一个流。一个流一般由源 IP 地址、目的 IP 地址、源端口号和目的端口号来标识。

(4) 有效负荷长度(Payload Length)字段占 16b,表明报文中用户数据的字节数,不包括40B的固定报头,但是IPv6扩展报头被认为是有效负荷的一部分,因此被计算在内。由于有效负荷长度字段只有2B,因此IPv6报文长度最大为64KB。但是,IPv6有一个Jumbogram扩展报头,如果有需要,通过这个扩展报头可以支持更大的IP报文。只有当IPv6节点连接到MTU大于64KB链路时,Jumbogram才起作用。

(5) 下一个头部(Next Header)字段占8b,实际上是IPv4中的协议类型(Protocol Type)字段。如果下一个报头是UDP或TCP,该字段将和IPv4中包含的协议类型相同,例如TCP的协议号为6,UDP的协议号为17。但是,如果使用了IPv6扩展报头,该字段就包含了下一扩展报头的类型,它位于IP报头和TCP或UDP报头之间。

(6) 站段限制(Hop Limit)字段占8b,用于保证报文不会在网络上无限期逗留,该字段相当于IPv4的TTL字段,一般情况下也是每通过一个路由器字段值自动减1。

(7) 源地址(Source Address)和目的地址(Destination Address)字段中保存的IPv6地址,长度均为16B,即128b。

IPv6采用把选项功能放在扩展报头的方法来改善路由器处理IPv6报文的速度。目前,IPv6定义了6种扩展报头,分别是跳到跳选项(Hop-by-Hop Options)、路由(Routing)、分段(Fragment)、目的选项(Destination Options)、认证(Authentication)和加密安全有效载荷(Encrypted Security Payload)。

在IPv6固定报头和高层协议(TCP或UDP等)报头之间可以有一个或多个扩展报头,也可以没有。每个扩展报头由前面报头的下一个头部字段标识。扩展报头只被IPv6固定报头的目的地址字段所标识的节点进行检查或处理,只有跳到跳选项报头例外,该扩展报头必须被IPv6报文经过的每个节点进行检查和处理。

每个扩展报头的长度为8B的整数倍。如果节点需要处理下一个头部字段,但是不能识别该字段的值,那么就需要丢弃该报文,向源节点返回一条"ICMPv6参数出错"报文。

如果在单个IPv6报文中使用了多个扩展报头,则应按照以下顺序依次安排各个报头:IPv6固定报头、跳到跳选项报头、路由报头、分段报头、认证报头、加密安全有效载荷报头、目的选项报头(用于只由数据包最终目的地址进行处理的选项)和高层协议报头。

B.3　传输层报文格式

传输层的主要功能是在网络层提供主机通信的基础之上实现进程通信功能,即提供端到端(End-to-End)的通信服务。Internet传输层协议有UDP和TCP。UDP协议就是在IP协议提供主机通信的基础之上通过端口机制提供进程通信功能。UDP协议除了提供应用进程对UDP的复用功能外,不提供任何差错控制和流量控制机制。也就是说,UDP提供的是不可靠的数据服务。

与UDP协议相比,TCP协议提供了面向连接的、可靠的字节流服务。TCP协议对应用程序是有用的,使用TCP协议的应用程序不必考虑数据可靠传输的问题。TCP可以提供应用进程之间面向连接的、全双工的、点到点的可靠传输服务。全双工意味着可以同时进行双向传播,点到点是指每个连接只有两个端点。TCP还支持流量控制机制和拥塞控制功能,能够限制发送方在给定时间内发送的数据量。

B.3.1 TCP 报文格式

TCP 报文分为头部和数据区两个部分。头部的前 20B 是固定的,后面有 4NB 的选项(N 为整数),因此 TCP 报文头部的最小长度为 20B,如图 B.4 所示。

```
              32b
┌──────────────────┬──────────────────┐
│      源端口       │      目的端口      │
├──────────────────┴──────────────────┤
│              发送序号                 │
├─────────────────────────────────────┤
│              确认序号                 │
├────┬──────┬──┬───┬──────────────────┤
│头部 │ 保留 │  │   │     通告窗口       │
│长度 │      │  │   │                  │
├────┴──────┴──┴───┼──────────────────┤
│      校验和        │     紧急指针       │
├──────────────────┴──────────────────┤
│            可选项和填充                │
├─────────────────────────────────────┤
│               数据                    │
└─────────────────────────────────────┘
```

图 B.4 TCP 报文格式

源端口(Source Port)和目的端口(Destination Port)字段分别占 16b,表示报文的源端口和目的端口。将 TCP 报文中源端口和目的端口字段加上 IP 报文中源 IP 地址和目的 IP 地址字段构成一个四元组(源端口、源 IP 地址、目的端口和目的 IP 地址),它可唯一地标识一个 TCP 连接。

序号(Sequence Number)、确认序号(Acknowledge Number)和通告窗口(Advertised Window)字段用于 TCP 滑动窗口机制。因为 TCP 是面向字节流的协议,所以报文段中的每个字节都有编号。序号字段给出了该 TCP 报文段中携带的数据的第一个字节在整个字节流中的字节编号(SYN 标志位为 0)。如果在 TCP 报文中 SYN 标志位为 1,则序号字段表示初始序号(Initial Sequence Number,ISN),而第一个数据字节的编号为 ISN+1。确认序号字段给出了接收方希望接收到的下一个 TCP 报文段中数据流的第一个字节的编号,即确认序号是序号加 1。确认序号字段只有在 ACK 标志位为 1 时有效。而通告窗口给出了接收方返回给发送方关于接收缓存大小的情况。

头部长度(Header Length)字段表示 TCP 头部长度,以 32b 为单位。TCP 报文头部之所以需要这个字段,是因为 TCP 报文头部有一个选项字段,而选项字段的长度是可变的。头部长度字段占 4b,意味着 TCP 报文头部最大长度是 60B。如果 TCP 报文头部没有选项字段,则 TCP 报文头部的最小长度为 20B。

6b 的标识位(Flags)字段用于区分不同类型的 TCP 报文,标志位有 SYN、ACK、FIN、RST、PSH 和 URG。

(1) SYN:这个标志位用于 TCP 连接建立。SYN 标志位和 ACK 标志位搭配使用,当请求连接时,SYN=1,ACK=0;当响应连接时,SYN=1,ACK=1。

(2) ACK:当 ACK 标志位为 1 时,意味着确认序号字段有效。

(3) FIN:发送 FIN=1 的 TCP 报文后,TCP 连接将被断开。

（4）RST：这个标志表示连接复位请求，用来复位那些产生错误的连接。

（5）URG：URG 标志位置位时，表示 TCP 报文的数据段中包含紧急数据，紧急数据在 TCP 报文数据段的位置由紧急指针(Urgent Pointer)字段给出。

（6）PSH：这个标志位表示 push 操作。所谓 push 操作，是指当 TCP 报文到达接收端以后，立即传送给应用程序，而不是在缓存中排队。

校验和(Checksum)字段是通过计算整个 TCP 报文头部、TCP 报文的数据以及来自 IP 报文头部的源地址、目的地址、协议和 TCP 长度字段构成的伪头部得来的。TCP 报文段中的校验和字段是必需的。

最常用的选项字段是最大段字段(Maximum Segment Size，MSS)。每个 TCP 连接的发起方在第一个报文中就指明了这个选项，其值通常是发送方主机所连接的物理网络的最大传输单元 MTU 减去 TCP 报文头部长度和 IP 报头长度，以避免发送主机对 IP 报文进行分段。

B.3.2　UDP 报文格式

在 UDP 协议中，标识不同进程的方法是在 UDP 报头的头部包含发送进程和接收进程使用的 UDP 端口。图 B.5 给出了 UDP 报文格式。

32b	
源端口	目的端口
长度	校验和
数据	

图 B.5　UDP 报文格式

UDP 报文包括报头和数据区两部分，其中报头包含源端口、目的端口、长度和校验和 4 个字段，每个字段都各占 16b。

虽然 UDP 没有提供差错控制，但它通过使用校验和来确保 UDP 报文的正确传输。 UDP 校验和的计算范围包括 UDP 报文头部、UDP 报文数据和伪头部(Pseudo Header)。 伪头部来自 IP 报文头部的 4 个字段(协议、源 IP 地址、目的 IP 地址、UDP 长度)和填充字段组成。其中填充字段全为 0，目的是使伪头部的长度为 32b 的整数倍；协议字段就是 IP 报文头部格式中的协议字段，UDP 协议对应的值为 17；UDP 长度字段表示 UDP 报文长度。

UDP 计算校验和时加上伪头部是为了验证 UDP 报文是否在两个端点之间正确传输。假如 UDP 报文在通过网络传输时，有人恶意篡改了 IP 地址，则能通过计算 UDP 校验和检查出来。

附录 C

子网掩码速查表

划分子网时经常需要根据网络位位数换算子网掩码,确定有多少个子网可用,每个子网中最多可容纳多少个主机。而在制定路由策略时,往往需要以 CIDR(无类别域间路由)格式描述源网络号和目的网络号,需要换算子网掩码对应的网络位位数。这些情况下,经常需要计算,目前有很多类似的计算工具软件程序,但很多时候也离不开手工计算,此时可借助本附录。

本附录列出了 IPv4 的 A 类地址、B 类地址和 C 类地址子网划分表,给出了点分十进制子网掩码及其对应的子网位位数、子网个数、主机位位数和主机数量,以备快速查找。这些子网划分表与 RFC 文档一致,主机位全 1 保留做广播地址,主机位全 0 作为网络号,因此可用主机数量为 2^n-2(n 为主机位数)。

C.1 A 类地址子网划分表

子 网 位 数	子 网 个 数	主 机 位 数	主 机 数 量	掩 码
1	2	23	8 388 608	255.128.0.0
2	4	22	4 194 302	255.193.0.0
3	8	21	2 097 150	255.224.0.0
4	16	20	1 048 574	255.240.0.0
5	32	19	524 286	255.248.0.0
6	64	18	262 142	255.252.0.0
7	128	17	131 070	255.254.0.0
8	256	16	65 534	255.255.0.0
9	512	15	32 766	255.255.128.0
10	1024	14	16 382	255.255.193.0
11	2048	13	8190	255.255.224.0
12	4096	12	4094	255.255.240.0
13	8192	11	2046	255.255.248.0
14	16 384	10	1022	255.255.252.0
15	32 768	9	510	255.255.254.0
16	65 536	8	254	255.255.255.0
17	131 072	7	126	255.255.255.128
18	262 144	6	62	255.255.255.193
19	524 288	5	30	255.255.255.224
20	1 048 576	4	14	255.255.255.240
21	2 097 152	3	6	255.255.255.248
22	4 194 304	2	2	255.255.255.252

C.2　B类地址子网划分表

子 网 位 数	子 网 个 数	主 机 位 数	主 机 数 量	掩　　码
1	2	15	32 766	255.255.128.0
2	4	14	16 382	255.255.193.0
3	8	13	8190	255.255.224.0
4	16	12	4094	255.255.240.0
5	32	11	2046	255.255.248.0
6	64	10	1022	255.255.252.0
7	128	9	510	255.255.254.0
8	256	8	254	255.255.255.0
9	512	7	126	255.255.255.128
10	1024	6	62	255.255.255.193
11	2048	5	30	255.255.255.224
12	4096	4	14	255.255.255.240
13	8192	3	6	255.255.255.248
14	16 384	2	2	255.255.255.252

C.3　C类地址子网划分表

子 网 位 数	子 网 个 数	主 机 位 数	主 机 数 量	掩　　码
1	2	7	126	255.255.255.128
2	4	6	62	255.255.255.193
3	8	5	30	255.255.255.224
4	16	4	14	255.255.255.240
5	32	3	6	255.255.255.248
6	64	2	2	255.255.255.252

附录 D

缩 略 语

本附录列出了本书中出现的所有网络术语的缩略语及其对应的英文全称和中文译名。按缩略语的英文字母顺序排序。

3G	3rd Generation Mobile Telecommunication	第三代移动通信
AAA	Authentication，Authorization，Accounting	认证、授权和记账
ACK	ACKnowledgement bit in a TCP segment	TCP 段中的确认位
ACL	Access Control List	访问控制列表
ADSL	Asymmetric Digital Subscriber Line	非对称数字用户线
AES	Advanced Encryption Standard	高级加密标准
AP	Access Point	接入点
ARP	Address Resolution Protocol	地址解析协议
ASIC	Application-Specific Integrated Circuit	专用集成电路
ATM	Asynchronous Transfer Mode	异步传输模式
BE	Best Effort	尽力而为
BGP	Border Gateway Protocol	边界网关协议
BGP4	BGP version 4	边界网关协议版本 4
BPDU	Bridge Protocol Data Unit	网桥协议数据单元
b/s	bit per second	比特每秒
BSS	Basic Service Set	基本服务集
CA	Certification Authority	认证中心
CCITT	Consultative Committee for International Telegraph and Telephone	美国国家电话和电报顾问委员会
CDMA	Code Division Multiple Access	码分多址
CERNET	China Education and Research Network	中国教育和科研计算机网
CIDR	Classless Inter-Domain Routing	无类别域间路由
CSMA/CD	Carrier Sense Multiple Access/Collision Detect	带冲突检测的载波监听多路访问
CSMA/CA	Carrier Sense Multiple Access/Collision Avoid	带冲突避免的载波监听多路访问
DDN	Digital Data Network	数字数据网

DDoS	Distributed DoS	分布式拒绝服务攻击
DES	Data Encryption Standard	数据加密标准
DHCP	Dynamic Host Configuration Protocol	动态主机配置协议
DiffServ	Differentiated Services	区分服务
DMZ	Demilitarized Zone	非军事区
DNS	Domain Name System	域名系统
DoS	Denial of Service	拒绝服务攻击
EAP	Extensible Authentication Protocol	扩展授权协议
EBGP	External BGP	外部 BGP
EGP	Exterior Gateway Protocol	外部网关协议
EIGRP	Enhanced Interior Gateway Routing Protocol	增强型内部网关协议
FCAPS	Fault，Configuration，Accounting，Performance and Security management (five functional areas of network management)	故障、配置、记账、性能和安全管理(网络管理的五大功能)
FDDI	Fiber Distributed Data Interface	光纤分布式数据接口
FLSM	Fixed Length Subnet Mask	等长子网掩码
FTP	File Transfer Protocol	文件传输协议
Gb/s	Gigabits per second	千兆位每秒
GPRS	General Packet Radio Service	通用分组无线业务
GPS	Global Positioning System	全球定位系统
GSM	Global Systems for Mobile Communications	移动通信全球系统
HAN	Home Area Network	家庭区域网络
HDLC	High-level Data Link Control	高级数据链路控制
HTTP	HyperText Transfer Protocol	超文本传输协议
HTTPS	HTTP over SSL	安全套接字超文本传输协议（SSL 超文本传输协议）
IBGP	Internal BGP	内部 BGP
ICMP	Internet Control Message Protocol	互联网控制报文协议
IDS	Intrusion Detection System	入侵检测系统
IEEE	Institute of Electrical and Electronics Engineers	电气和电子工程师协会
IETF	Internet Engineering Task Force	互联网工程任务组
IFS	InterFrame Space	帧间隔
IGP	Interior Gateway Protocol	内部网关协议
IGRP	Interior Gateway Routing Protocol	内部网关路由协议
IIS	Internet Information Server	互联网信息服务器(微软公司产品)
ILD	Injection Laser Diode	激光二极管

IntServ	Integrated Service	集成服务
IPS	Intrusion Prevention System	入侵保护系统
IP	Internet Protocol	互联网协议
IPSec	IP Security	IP 安全
IPv4	IP version 4	第 4 版 IP
IPv6	IP version 6	第 6 版 IP
IPX	Internetwork Packet Exchange	互联网分组交换
IrDA	Infrared Data Association	红外线数据标准协会
ISATAP	Intra-Site Automatic Tunnel Addressing Protocol	站内自动隧道寻址协议
ISC	Internet Systems Consortium	Internet 系统委员会
ISDN	Integrated Services Digital Network	综合业务数字网络
IS-IS	Intermediate System-to-Intermediate System	中继系统到中继系统
ISM	Industrial Scientific Medical band	工业科学医疗开放无线频段
ISO	International Organization for Standardization	国际标准化组织
ISP	Internet Service Provider	互联网服务提供商
ITU	International Telecommunication Union	国际电信联盟
Kb/s	Kilobits per second	千比特每秒
LAN	Local Area Network	局域网
LED	Light Emitting Diode	发光二极管
LLC	Logical Link Control	逻辑链路层
LSA	Link State Advertisement	链路状态通告
LSU	Link State Update	链路状态更新
MAC	Media Access Control	介质访问控制
Mb/s	Megabits per second	兆比特每秒
MD5	Message Digest algorithm 5	信息摘要算法 5
MIB	Management Information Base	管理信息库
MTU	Maximum Transmission Unit	最大传输单元
NAC	Network Admission Control	网络准入控制
NAS	Network Attached Translation	网络附带存储
NAT	Network Address Translation	网络地址转换
NFS	Network File System	网络文件系统
NIC	Network Interface Card	网卡
OSI	Open Systems Interconnection	开放系统互连
OSPF	Open Shortest Path First	开放最短路径优先
PDIOO	Plan, Design, Implement, Operate, and Optimize	规划、设计、实现、运行和优化
PDS	Premises Distribution System	综合布线系统

PDU	Protocol Data Unit	协议数据单元
PKI	Public Key Infrastructure	公钥基础设施
POP3	Post Office Protocol version 3	邮局协议版本 3
PPP	Point-to-Point Protocol	点到点协议
PSTN	Public Switched Telephone Network	公用交换电话网
PVC	Permanent Virtual Circuit	永久虚电路
PVST	Per-VLAN Spanning Tree	每个 VLAN 生成树协议
QoS	Quality of Service	服务质量
RF	Radio Frequency	射频
RFC	Requests For Comments	请求评论文档
RFID	Radio Frequency IDentification	射频识别
RIP	Routing Information Protocol	路由信息协议
RMON	Remote MONitoring	远程监控
RSVP	Resource reSerVation Protocol	资源预留协议
SAN	Storage Area Networking	存储区域网络
SLAAC	StateLess Address AutoConfiguration	无状态地址自动配置
SMTP	Simple Mail Transfer Protocol	简单邮件传输协议
SNMP	Simple Network Management Protocol	简单网络管理协议
SSH	Secure Shell	安全外壳
SSID	Service Set Identifier	服务组标识符
SSL	Secure Socket Layer	安全套接字协议层
STP	Shielded Twisted-Pair	屏蔽双绞线
	Spanning Tree Protocol	生成树协议
SYN	SYNchronize (bit in a TCP segment code field)	同步(TCP 报文中的同步位)
TCP	Transmission Control Protocol	传输控制协议
TDMA	Time Division Multiple Access	时分复用
TD-SCDMA	Time Division Synchronous Code Division Multiple Access	时分同步码分多址
TFTP	Trivial File Transfer Protocol	简单文件传输协议
TKIP	Temporal Key Integrity Protocol	临时密钥完整性协议
UDP	User Datagram Protocol	用户数据报协议
UMTS	Universal Mobile Telecommunications System	通用移动通信系统
URL	Uniform / Universal Resource Locator	统一资源定位器
USB	Universal Serial Bus	通用串行总线
UTP	Unshielded Twisted-Pair	非屏蔽双绞线
VC	Virtual Circuit	虚电路
VLAN	Virtual LAN	虚拟局域网

VLSM	Variable-Length Subnet Mask	变长子网掩码
VMPS	VLAN Membership Policy Server	VLAN 成员策略服务器
VoD	Video on Demand	视频点播
VoIP	Voice over IP	IP 语音
VPN	Virtual Private Network	虚拟专用网
VTP	VLAN Trunk Protocol	VLAN 干线协议
WAE	Wireless Application Environment	无线应用环境
WAN	Wide Area Network	广域网
WAP	Wireless Access Point	无线访问点
	Wireless Application Protocol	无线应用协议
WCDMA	Wide band Code Division Multiple Access	宽带码分多址
WDP	Wireless Datagram Protocol	无线数据报协议
WEP	Wired Equivalent Privacy	有线等效加密
Wi-Fi	Wireless Fidelity	无线保真
WLAN	Wireless LAN	无线局域网
WML	Wireless Markup Language	无线标记语言
WNIC	Wireless Network Interface Card	无线网卡
WPA	Wi-Fi Protected Access	无线保护访问
WSP	Wireless Session Protocol	无线会话协议
WTLS	Wireless Transport Layer Security	无线传输层安全
WTP	Wireless Transaction Protocol	无线事务协议
XML	eXtensive Markup Language	可扩展标记语言

参 考 文 献

1. Andrew S. Tanenbaum. 计算机网络(第5版). 严伟,等译. 北京:清华大学出版社,2012.
2. 陈向阳,肖迎元,等. 网络工程规划与设计. 北京:清华大学出版社,2007.
3. 蔡开裕,朱培栋,等. 计算机网络. 北京:机械工业出版社,2010.
4. Diane Teare,Catherine Paquet. 园区网络设计. 吴建章,等译. 北京:人民邮电出版社,2007.
5. 徐振明,秦智,等. 组网工程. 西安:西安电子科技大学出版社,2006.
6. 曾慧玲,陈杰义. 网络规划与设计. 北京:冶金工业出版社,2005.
7. 雷震甲. 计算机网络管理. 西安:西安电子科技大学出版社,2006.
8. 孙建华,等. 网络系统管理与应用开发. 北京:人民邮电出版社,2008.
9. 雷锐生,潘汉民,等. 综合布线系统方案设计. 西安:西安电子科技大学出版社,2006.
10. J. D. Wegner,Robert Rockell. IP地址管理与子网划分. 赵英,等译. 北京:机械工业出版社,2000.
11. 徐恪,吴建平,徐明伟. 高等计算机网络——体系结构、协议机制、算法设计与路由器技术. 北京:机械工业出版社,2009.